できる®
Outlook
アウトルック
2024
Copilot 生成AI 対応

Office 2024 & Microsoft 365 版

山田祥平 & できるシリーズ編集部

インプレス

ご購入・ご利用の前に必ずお読みください

本書は、2025年2月現在の情報をもとに「Microsoft Outlook 2024」や「Microsoft 365 の Outlook」の操作方法について解説しています。本書の発行後に「Microsoft Outlook 2024」の機能や操作方法、画面などが変更された場合、本書の掲載内容通りに操作できなくなる可能性があります。本書発行後の情報については、弊社のWebページ（https://book.impress.co.jp/）などで可能な限りお知らせいたしますが、すべての情報の即時掲載ならびに、確実な解決をお約束することはできかねます。また本書の運用により生じる、直接的、または間接的な損害について、著者ならびに弊社では一切の責任を負いかねます。あらかじめご理解、ご了承ください。

本書で紹介している内容のご質問につきましては、巻末をご参照のうえ、メールまたは封書にてお問い合わせください。ただし、本書の発行後に発生した利用手順やサービスの変更に関しては、お答えしかねる場合があります。また、本書の奥付に記載されている初版発行日から1年が経過した場合、もしくは解説する製品やサービスの提供会社がサポートを終了した場合にも、ご質問にお答えしかねる場合があります。あらかじめご了承ください。

動画について

操作を確認できる動画をYouTube動画で参照できます。画面の動きがそのまま見られるので、より理解が深まります。QRコードが読めるスマートフォンなどからはレッスンタイトル横にあるQRコードを読むことで直接動画を見ることができます。パソコンなどQRコードが読めない場合は、以下の動画一覧ページからご覧ください。

▼動画一覧ページ
https://dekiru.net/outlook2024

無料電子版について

本書の購入特典として、気軽に持ち歩ける電子書籍版（PDF）を以下の書籍情報ページからダウンロードできます。PDF閲覧ソフトを使えば、キーワードから知りたい情報をすぐに探せます。

▼書籍情報ページ
https://book.impress.co.jp/books/1124101132

●用語の使い方

本文中では「Microsoft Outlook 2024」のことを「Outlook 2024」または「Outlook（classic）」、「Microsoft Windows 11」のことを「Windows 11」または「Windows」と記述しています。また、本文中で使用している用語は、基本的に実際の画面に表示される名称に則っています。

●本書の前提

本書では、「Windows 11（24H2）」に「Microsoft Outlook 2024」または「Microsoft 365のOutlook」がインストールされているパソコンで、インターネットに常時接続されている環境を前提に画面を再現しています。また一部のレッスンでは有料版のCopilotを契約してMicrosoft 365のOutlookでCopilotが利用できる状況になっている必要があります。

「できる」「できるシリーズ」は、株式会社インプレスの登録商標です。
Microsoft、Windowsは、米国Microsoft Corporationの米国およびその他の国における登録商標または商標です。
そのほか、本書に記載されている会社名、製品名、サービス名は、一般に各開発メーカーおよびサービス提供元の登録商標または商標です。
なお、本文中には™および®マークは明記していません。

Copyright © 2025 Syohei Yamada and Impress Corporation. All rights reserved.
本書の内容はすべて、著作権法によって保護されています。著者および発行者の許可を得ず、転載、複写、複製等の利用はできません。

まえがき

　メールやスケジュールといったOutlookが扱う個人情報管理を担う多くのサービスは、それらの情報を預かったままでキープするある種のストレージサービスとしても利用されるようになりました。そのおかげで、インターネットにつながるパソコンさえあれば、いつでもどこでもどんなパソコンからでも自分の個人情報を参照できるようになりました。パソコンのみならず、スマートフォン用のアプリも提供され、スマホがパソコンと同等の役目を果たします。

　これなら機械としてのパソコンやスマホを紛失しても、盗難にあっても、何らかのアクシデントで故障、破壊されてしまっても大事な情報が失われることはありません。サービス側が責任を持って情報を預かってくれているからです。

　しかも、今は、そこにAIが介入し、さまざまな情報を扱う私たちを手助けしてくれます。今後、この傾向はますます顕著になるでしょう。そして、AIに尋ねれば自分は今何をしなければならないか、今週は、どのような作業を中心に進めればいいのかといったことはもちろん、数年前に美味しいステーキを食べた店はどこだったかといったことも答えてくれるようになるでしょう。そのために私たちは受け取るメール、送るメールのすべてを蓄積し、あらゆる予定をメールで決め、それらをスケジュール情報として残すのです。

　今、手元で使っているOutlookアプリは、およそ30年分約50万通のメールデータと、それらのメールがやりとりされた結果としての予定表情報を参照しています。AIがこれらの情報をしっかりと学習して把握してくれるなら、自分自身の分身としての役割を委ねてもいいかもしれないとさえ思うくらいです。

　私たちは今、そんな時代の中に生きています。

　本書では、Outlookアプリの基本的な使い方に始まり、その活用までを網羅的に解説しています。仕事はもちろん、日常の暮らしの中で発生するコミュニケーションと、そこから派生する各種の情報を、どのように扱うかがOutlookのエッセンスです。そして、それらのデータを、機器を問わずに、いつでもどこでも参照し管理していくことができるようになることを目指します。

　なお、本書は、できるシリーズ編集部との共同執筆によるものです。担当の小野孝行氏のきめこまかいサポートに感謝します。この場を借りてお礼申し上げます。

2025年2月 山田祥平

本書の読み方

レッスンタイトル
やりたいことや知りたいことが探せるタイトルが付いています。

サブタイトル
機能名やサービス名などで調べやすくなっています。

操作手順
実際のパソコンの画面を撮影して、操作を丁寧に解説しています。

● 手順見出し

1 イベントを作成する

操作の内容ごとに見出しが付いています。目次で参照して探すことができます。

● 操作説明

1 最初の日にマウスポインターを合わせる

実際の操作を1つずつ説明しています。番号順に操作することで、一通りの手順を体験できます。

● 解説

数日にわたる期間を選択できた

操作の前提や意味、操作結果について解説しています。

YouTube動画で見る
パソコンやスマートフォンなどで視聴できる無料の動画です。詳しくは2ページをご参照ください。

レッスン 31 数日にわたる予定を登録するには

イベント

終日の予定は「イベント」として登録するといいでしょう。出張や展示会などの予定をイベントとして入力すれば、時間帯で区切った予定とは別に管理できます。

1 イベントを作成する

ここでは、1月29日～30日に名古屋に出張する予定を登録する

レッスン28を参考に、最初の予定を登録する週を表示しておく

1 最初の日にマウスポインターを合わせる

2 最後の日までドラッグ

数日にわたる期間を選択できた

選択した期間にイベントとして予定を作成する

3 [新しい予定]をクリック

キーワード
イベント	P.309
カレンダーナビゲーター	P.310
ビュー	P.312

ショートカットキー
保存して閉じる　[Alt]+[S]

使いこなしのヒント
週をまたぐイベントを設定するには
長期間の予定は[月]ビューで表示してから入力しましょう。[月]ビューで連続した日付を選択するとイベントとして扱われ、既存の予定などとの重なりが把握しやすくなります。

1 [月]をクリック

[月]ビューに切り替わった

期間を縦横にドラッグして選択できる

⚠ **ここに注意**
間違った期間を選択した場合は、もう一度ドラッグして正しい期間を選択し直します。

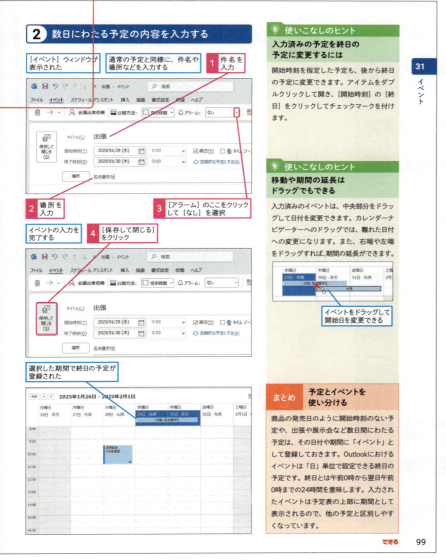

マウスやタッチパッドの操作方法

◆マウスポインターを合わせる
マウスやタッチパッド、スティックを動かして、マウスポインターを目的の位置に合わせること

マウス 　タッチパッド 　スティック

1 アイコンにマウスポインターを合わせる　　アイコンの説明が表示された

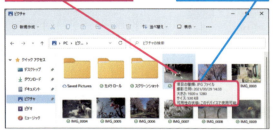

◆ダブルクリック
マウスポインターを目的の位置に合わせて、左ボタンを2回連続で押して、指を離すこと

マウス 　タッチパッド 　スティック

1 アイコンをダブルクリック　　アイコンの内容が表示された

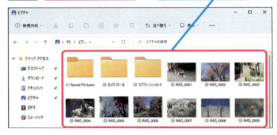

◆クリック
マウスポインターを目的の位置に合わせて、左ボタンを1回押して指を離すこと

マウス 　タッチパッド 　スティック

1 アイコンをクリック　　アイコンが選択された

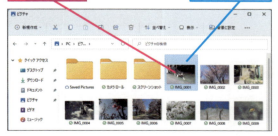

◆右クリック
マウスポインターを目的の位置に合わせて、右ボタンを1回押して指を離すこと

マウス 　タッチパッド 　スティック

1 ファイルを右クリック　　ショートカットメニューが表示された

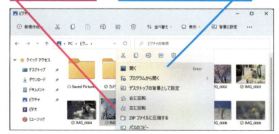

👍 スキルアップ
マウスのホイールを使おう

マウスのホイールを回すと、表示している画面をスクロールできます。ホイールを下に回すと画面が上にスクロールし、隠れていた内容が表示されます。

1 ホイールを下に回す　　画面が上にスクロールする

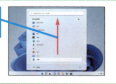

主なキーの使い方

＊下はノートパソコンの例です。機種によってキーの配列や種類、印字などが異なる場合があります。

キーの名前	役割
❶エスケープキー [Esc]	操作を取り消す
❷半角/全角キー [半角/全角]	日本語入力モードと半角英数モードを切り替える
❸シフトキー [Shift]	英字を大文字で入力する際に、英字キーと同時に押して使う
❹エフエヌキー [Fn]	数字キーまたはファンクションキーと同時に押して使う
❺スペースキー [space]	空白を入力する。日本語入力時は文字の変換候補を表示する

キーの名前	役割
❻方向キー [←][→][↑][↓]	カーソルキーを移動する
❼エンターキー [Enter]	改行を入力する。文字の変換中は文字を確定する
❽バックスペースキー [Back space]	カーソルの左側の文字や、選択した図形などを削除する
❾デリートキー [Delete]	カーソルの右側の文字や、選択した図形などを削除する
❿ファンクションキー [F1]から[F12]	アプリごとに割り当てられた機能を実行する

👍 スキルアップ

ショートカットキーを使うには

複数のキーを組み合わせて押すことで、アプリごとに特定の操作を実行できます。本書では[Ctrl]+[S]のように表記しています。

● [Ctrl]+[S]を実行する場合

1 [Ctrl]キーと[S]キーを同時に押す

目次

本書の前提	2
まえがき	3
本書の読み方	4
マウスやタッチパッドの操作方法	6
主なキーの使い方	7
本書の構成	22

基本編

第1章 Outlook 2024の基本を知ろう　23

01 Outlookの特徴を知ろう　Introduction　24

メールが重要な時代だからこそ使いこなしたいのがOutlook
メールの送受信だけじゃもったいない！　豊富な機能を使いこなそう
仕事にまつわるすべての情報を集中管理

02 利用するメールサービスを確認しよう　サービスの種類と利用方法　26

Outlookが接続できるメールサービス

スキルアップ Exchange OnlineならOutlookと完全に連携できる　27

クラウドで情報を管理しよう
Outlook.comの活用

03 Outlookを起動するには　Outlookの起動　28

すべてのアプリを表示する
Outlookを起動する

04 プロバイダーのメールアカウントを追加するには　アカウントの追加　30

アカウントの追加画面を表示する
メールアカウントの設定を開始する
メールアカウントの設定を完了する

スキルアップ 既定のアカウントを設定するには　33

05 Outlookの画面を確認しよう　各部の名称と役割　34

Outlook 2024の画面構成

06 管理できる情報の種類を確認しよう　アイテム、フォルダー、ビュー　36

アイテムとビューの関係を知ろう
Outlookで利用できるフォルダー

8 できる

07 **Outlookを終了するには** Outlookの終了 38

リボンから終了する
[閉じる] ボタンから終了する
タスクバーから終了する

この章のまとめ **仕事にまつわる多様な情報を管理できる** 40

基本編

第2章 **メールの基本を身に付けよう** 41

08 **メールをやりとりする画面を知ろう** Introduction 42

画面の基本構成と役割を知っておこう
メール作成の基本をおさえる
メールの受信・確認の基本をおさえる
メールの検索・管理の基本をおさえる

09 **メールの形式って何？** HTML形式 44

メールには3つの形式がある
豊かな表現が可能なHTML形式
シンプルに内容だけを伝えるテキスト形式

10 **メールに署名が入力されるようにするには** 署名とひな形 46

[署名とひな形] ダイアログボックスを表示する
署名を入力する

11 **メールを送るには** 新しい電子メール 48

新しいメッセージを作成する
スキルアップ **フォルダーウィンドウの表示を最小化するには** 49
件名と本文を入力する
メールを送受信する
送信済みのメールを確認する

12 **メールを読むには** すべてのフォルダーを送受信 52

新着メールの有無を確認する
スキルアップ **新着メールを確認する頻度を変更できる** 53

13 **複数のメールを同時に表示するには** ウィンドウで表示 54

メールを別のウィンドウで開く
スキルアップ **複数のウィンドウを並べて表示できる** 55
メッセージのウィンドウを閉じる

できる 9

14 メールに返信するには 返信 56

返信するメールを選択する
メールを送信する

15 ファイルをメールで送るには ファイルの添付 58

[ファイルの挿入] ダイアログボックスを表示する
ファイルを添付する

16 添付ファイルを確認・保存するには ワンクリックプレビュー、添付ファイルの保存 60

添付ファイルを表示する
メール本文を表示する
添付ファイルを保存する
保存したファイルを確認する

17 メールに表示されていない画像を表示するには 画像のダウンロード、信頼できる差出人 64

表示されていない画像を表示する
差出人を信頼できる差出人として登録する

18 メールを下書きとして保存するには 下書き 66

メールを下書きとして保存する
下書きとして保存したメールを送信する

19 メールを複数の宛先に送るには 複数のTO、CC、BCC 68

メールを複数の宛先に送る
メールのコピーを送る
ほかの宛先が見えないようにメールのコピーを送る

20 メールを転送するには 転送 70

受信したメールをほかの人に転送する

21 メールを印刷するには 印刷、PDFとして保存 72

メールを印刷するには
メールをPDFとして保存するには

22 メールの文字を大きくするには ズーム 74

10％ずつ画面を拡大する

スキルアップ タッチパッドやマウスのホイールでも拡大・縮小ができる 75

23 メールの一覧を並べ替えるには グループヘッダー 76

差出人別に並べ替える
未読メールだけを表示する

24 特定のキーワードを含むメールを探すには　検索ボックス　78

メールを検索する
スキルアップ Outlook全体を検索対象にできる　78

25 受信した順にすべてのメールを表示するには　優先受信トレイの設定　80

[その他] フォルダーの内容を表示する
受信した順にすべてのメールを表示する
この章のまとめ 作成・確認・管理の基本こそ活用への第一歩　82

基本編

第3章　予定表でスケジュール管理しよう　83

26 スケジュールを管理しよう　Introduction　84

画面の基本構成を覚えよう
ビューの切り替えを活用しよう
予定にはさまざまな情報を登録することもできる

27 予定を確認しやすくするには　カレンダーナビゲーター、ビュー　86

予定表を表示する
予定表を週単位に切り替える
翌月の予定表を表示する
スキルアップ たくさんの予定を1画面に表示できる　89

スキルアップ 指定した日数分の予定を表示できる　89

28 予定を登録するには　新しい予定　90

予定表を週単位に切り替える
スキルアップ 月曜日を週の始まりに設定できる　91

予定の件名を入力する
アラームを解除する
スキルアップ アラームの初期設定を変更できる　92

入力した予定を保存する

29 予定を変更するには　予定の編集　94

予定の日付を変更する
予定に情報を追加する

できる　11

30 毎週ある予定を登録するには 　定期的な予定の設定　 96

日時を選択して定期的な予定を作成する
定期的な予定の内容を入力する

31 数日にわたる出張の予定を登録するには 　イベント　 98

イベントを作成する
数日にわたる予定の内容を入力する

32 予定を検索するには 　予定の検索　 100

予定を検索する
検索結果を絞り込む

この章のまとめ 　予定を整理して管理するメリットを知ろう 102

基本編

第**4**章 連絡先で宛先を管理しよう 103

33 個人情報を管理しよう 　Introduction　 104

連絡先の登録は時短の第一歩
連絡先の画面を活用しよう
連絡先の登録を楽にする機能を使いこなそう

34 連絡先を登録するには 　新しい連絡先　 106

[連絡先] ウィンドウを表示する
氏名や会社名、メールアドレスを入力する
電話番号と住所を入力する
入力した内容を保存する

35 連絡先の内容を修正するには 　連絡先の編集　 110

連絡先の内容を追加する
メモを入力する

36 連絡先を使ってメールを送るには 　電子メールの送信先、名前の選択　 112

連絡先の一覧で宛先を選択する
メッセージのウィンドウで宛先を入力して選択する

37 連絡先を探しやすくするには 　現在のビュー　 114

連絡先を [名刺] のビューで表示する
連絡先を [一覧] のビューで表示する

38 ほかのアプリの連絡先を読み込むには　インポート／エクスポートウィザード　116

［開く］の画面を表示する
インポートするファイルの種類を選択する
インポートする連絡先のファイルを選択する

スキルアップ Outlookの連絡先をメールに添付して送信できる　119

スキルアップ vCardファイルをダブルクリックしてインポートできる　119

この章のまとめ 連絡先をしっかり登録しておけば活用の幅が広がる　120

基本編

第5章 タスクで進捗を管理しよう　121

39 自分のタスクを管理しよう　Introduction　122

日々の仕事をタスクで管理してみよう
タスクの登録でおさえたいポイントを知ろう
登録したタスクを管理する

40 リストにタスクを登録するには　新しいタスク　124

タスクリストを表示する
タスクの内容を入力する

41 タスクの期限とアラームを確認するには　アラーム　126

再通知の設定をする
アラームを削除する

42 完了したタスクに印を付けるには　進捗状況が完了　128

タスクを完了の状態にする

スキルアップ 完了したタスクも確認できる　129

43 タスクの期限を変更するには　タスクの編集　130

タスクの期限を変更する
変更を保存する

44 一定の間隔で繰り返すタスクを登録するには　定期的なアイテム　132

定期的なタスクを作成する
繰り返しのパターンを設定する

この章のまとめ タスクは日々進捗を管理することで真価を発揮する　134

13

活用編

第6章 メール管理の効率をアップしよう 135

45 大量のメールを効率よく整理しよう Introduction 136

必要なメールを見つけ出す「一歩進んだ」検索機能を使いこなす
検索とは一味違うメールの探し方をおぼえよう
ちょっと手を加えて整理するだけで効率アップできる

46 同じ件名のメールをまとめるには スレッド表示 138

スレッド表示へ切り替える
スレッド表示されたメールを確認する

47 迷惑メールを振り分けるには 受信拒否リスト、迷惑メール 140

メールを［迷惑メール］フォルダーに移動する

スキルアップ **詐欺メールに騙されないためには** 141

誤って迷惑メールとして処理されたメールを戻す
［受信トレイ］に移動したメールを確認する

スキルアップ **文字化けしてしまったメールを読むには** 145

48 メールを削除するには 削除 146

メールを削除する

スキルアップ **削除済みのメールを完全に削除するには** 147

削除したメールを確認する

49 メールを削除せずに保管するには アーカイブ 148

メールをアーカイブする

スキルアップ **メールを自動的にアーカイブするには** 149

50 メールを色分けして分類するには 色分類項目 150

色分類項目を設定する
メールを色で分類する

51 メールを整理するフォルダーを作るには 新しいフォルダーの作成 152

新しいフォルダーを作成する
メールをフォルダーに移動する
フォルダーの内容を確認する

52 メールが自動でフォルダーに移動されるようにするには　仕分けルールの作成　154

分類したいメールを選択する
仕分けルールを作成する
スキルアップ　仕分けルールは細かく設定できる　156
仕分けルールを実行する

53 関連するメールをまとめて読むには　関連アイテムの検索　158

関連したスレッドのメッセージを表示する
差出人のメッセージをまとめて表示する

54 分類項目や添付ファイルを基にメールを探すには　電子メールのフィルター処理　160

設定された色分類項目で検索する
スキルアップ　[検索] タブからも絞り込み検索ができる　161
添付ファイルのあるメールを検索する

55 複数の条件でメールを探すには　高度な検索　162

複数の条件でメールを検索する
スキルアップ　演算子を使ってもっと複雑な条件を指定するには　162
スキルアップ　検索条件を追加できる　163

56 検索条件を保存して素早くメールを探すには　検索フォルダー　164

検索フォルダーを設定する

57 重要なメールにアラームを設定するには　アラームの追加　166

メールにアラームを設定する
アラームとして追加されたタスクを完了にする
この章のまとめ　「検索」だけでなく「整理」も重要だと知っておこう　168

活用編
第7章　**時短ワザで仕事のスピードを上げよう**　169

58 メールにまつわる作業を効率化しよう　Introduction　170

メールを軸にした連携ワザをおぼえよう
メールの作成をスピードアップする便利ワザをおぼえよう
メール対応を自動化しよう

59 頻繁に行う操作を素早く実行するには　クイックパーツ、クイック操作　172

クイックパーツを新しく作成する
登録されたクイックパーツを挿入する
クイック操作を新しく作成する
作成されたクイック操作を実行する

スキルアップ リアクションを送信するには　175

60 指定日時にメールを自動送信するには　配信タイミング　176

メールを送信する日時を設定する
送信する日時を設定したメールを確認する

61 自動で不在の連絡を送るには　自動応答　178

自動応答の設定画面を表示する

スキルアップ 特定の条件でメールを転送することもできる　178

自動応答のメッセージを入力する
自動応答メッセージを確認する

62 メールのテンプレートを作るには　Outlookテンプレート　182

マイテンプレートの作成画面を表示する
テンプレートの返信文を保存する
テンプレートをファイルとして保存する
テンプレートのファイルからメールを作成する

63 メールを共有するには　Outlookメッセージ　186

メールを添付ファイルとして共有する
メールをファイルとして保存する

64 メールの返信時に引用記号を付けるには　引用記号の挿入　188

返信するメールで相手の文章に引用記号を付ける
引用記号が付くように設定する

スキルアップ 引用記号を変更できる　189

スキルアップ 一部を引用するときに便利　189

引用記号を確認する

65 メールで受けた依頼をタスクに追加するには　メールをタスクに変換　190

メールからタスクを作成する

66 メールの内容を予定に組み込むには　メールを予定に変換　192

メールから予定を作成する
作成された予定を保存する

16　できる

67 メールの差出人を連絡先に登録するには　　メールを連絡先に変換　194

メールの情報を連絡先に登録する
差出人が登録された連絡先を保存する

68 複数の宛先を1つのグループにまとめるには　　連絡先グループ　196

連絡先グループを作成する
連絡先グループを宛先に指定する

この章のまとめ　メールの多様な作業は連携ワザと事前準備で効率化！　200

活用編

第8章 共同作業に役立つ活用法を知ろう　201

69 Outlookをもっと効率よく使いこなす！　　Introduction　202

会議の調整・管理をもっと楽にできる
会議や予定の情報を再利用しよう
ほかのアプリと連携できる

70 予定の下準備をタスクに追加するには　　予定をタスクに変換　204

予定からタスクを作成する
登録したタスクを確認する

71 会議への出席を依頼するには　　会議出席依頼　206

出席依頼を送る
出席依頼に返答する

スキルアップ　Outlook 2024以外でも出席依頼に返信できる　208

72 メールの誤送信を防ぐには　　接続したら直ちに送信する　210

送信前に送信トレイへ保存されるように設定する
送信トレイに一度保存したメールを送信する

73 Excelの表をメールに貼り付けるには　　貼り付けのオプション　212

Excelの表をコピーする
メッセージに表を貼り付ける

74 Outlookの機能をフルに使うには　　企業、学校向けExchangeサービスの紹介　214

予定やタスクを共有してコラボレーション
コラボレーションはExchangeサービスで
個人や家族でも使えるExchangeサービス

できる　17

75 予定表を共有するには　共有メールの送信　216

予定表を共有する
予定表のアクセス権を変更する

76 共有されたスケジュールを追加するには　この予定表を開く　218

共有のお知らせメールから予定表を開く
共有相手の予定表を直接設定する

77 複数人の予定を調整した会議を作成するには　グループスケジュール　220

会議を招集する

78 オンライン会議の招待を簡単に送るには　Teams会議　222

オンライン会議を主催するには
招待されたビデオ会議に参加するには
スキルアップ　Microsoft Teamsがインストールされていないときは　225

79 メールに起因する情報漏洩を防ぐには　CCとBCC、誤送信　226

パターン1：CCに入れてメールアドレス流出
パターン2：誤送信で機密情報を漏洩

80 なりすましメールを見分けるには　ヘッダー情報の確認　228

ヘッダーを確認する

この章のまとめ　共有とアプリ連携でOutlookはパワーアップ！　230

活用編

第**9**章　スマートフォンと連携して使いこなそう　231

81 スマートフォンと連携しよう　Introduction　232

身近なスマートフォンとの連携でもっと便利に
パソコンとスマートフォンでスマートに使い分ける！

82 スマートフォンでOutlookを活用しよう　スマートフォンとの連携　234

iPhoneでのOutlookの利用イメージ
AndroidスマートフォンでのOutlookの利用イメージ

83 スマートフォンでOutlookを使うには ［Outlook］アプリ 236

iPhoneの場合
  Outlookアカウントを追加する
  フォルダーの一覧を表示する
  メールを新規作成する
Androidスマートフォンの場合
  Outlookアカウントを追加する
  フォルダーの一覧を表示する
  メールを新規作成する

84 受信メールを後から再チェックするには 再通知 244

再通知の設定画面を表示する
再通知の時間を設定する

85 GmailとGoogleカレンダーをOutlookで確認するには アカウントの追加 246

Gmailのアカウントを追加するには
スキルアップ 3つめ以降のアカウントを追加するには 248
アカウントを切り替えるには
予定表の表示と非表示を切り替えるには

86 パソコンで作ったタスクをスマートフォンでチェックするには ［Microsoft To Do］アプリ 250

［Microsoft To Do］アプリを設定する
［Microsoft To Do］アプリでタスクを確認する

87 スマートフォンで書いたメールをパソコンで送るには 下書き 252

スマートフォンでメールを下書きとして保存する
パソコンで下書きのメールを編集する

88 Webページや地図のURLを共有するには 共有 254

［Googleマップ］アプリから地図情報を共有する
［Chrome］アプリからWebページのURLを共有する

この章のまとめ **利用シーンに合わせて最適な使い方ができる！** 256

活用編
第**10**章 もっと使いやすい表示にカスタマイズしよう 257

89 自分に必要な情報を表示してみよう Introduction 258

「見やすい」「使いやすい」画面が素早い作業を可能に
用途に合わせた表示を作り出せる
よく使う機能を常に表示してスピードアップ！

90 予定表に祝日を表示するには　祝日の追加　260

予定表に休日を追加する
祝日を見やすくする

スキルアップ 祝日のデータをまとめて削除できる　263

91 複数の予定表を重ねて表示するには　重ねて表示　264

予定表を追加する
予定表を重ねて表示する

92 To Doバーを表示するには　To Doバー　266

予定表のTo Doバーを表示する
タスクのTo Doバーを表示する

スキルアップ To Doバーでタスクの登録や予定の確認ができる　267

93 To Doバーの表示内容を変更するには　列の表示　268

To Doバーの表示を設定する画面を表示する
To Doバーの表示内容を設定する

94 メールの一覧性を上げた表示を作るには　［受信トレイ］フォルダーのカスタマイズ　270

閲覧ウィンドウを非表示にする
表示するメールの数を増やす
メールのプレビューを無効にする

95 タスクの進捗管理に特化した表示を作るには　［タスク］フォルダーのカスタマイズ　272

フィールドを削除する
フィールドを追加する

96 作成した表示画面を保存するには　ビューの管理　274

ビューを保存する
ビューをリセットする
保存したビューに切り替える

97 よく使う機能のボタンを追加するには　クイックアクセスツールバー　278

クイックアクセスツールバーを表示する

スキルアップ リボンにあるボタンをクイックアクセスツールバーに追加できる　278

スキルアップ リボンにないボタンも追加できる　279

クイックアクセスツールバーにボタンを追加する

98 リボンにボタンを追加するには　リボンのユーザー設定　280

リボンにボタンを追加する
追加したボタンを動作させる

スキルアップ Outlook Todayですべての情報を管理する　283

この章のまとめ スムーズな仕事は見やすい表示から生まれる　284

活用編
第11章 生成AIでメールの処理をもっとスピードアップしよう 285

99 生成AIの特長を知ってメール処理を効率化しよう　Introduction　286

メールの下書きはAIアシスタント「Copilot」にお任せ！
長文のメールも素早く要約できる
作成したメールをブラッシュアップできる

100 メールの下書きを生成するには　Copilot、下書き　288

下書きの生成を開始する
作成された下書きを反映する

スキルアップ 下書きを生成し直せる　289

101 生成された下書きを調整するには　Copilot、下書きの調整　290

下書きの調整を実行する
指示を追加して再生成する

102 メールの要約を生成するには　Copilot、要約　292

メールの要約を実行する

スキルアップ 要約された内容を引用して活用できる　293

103 作成したメールを生成AIで見直すには　Copilot、コーチング　294

下書きのコーチングを開始する
評価内容を確認する

この章のまとめ 生成AIを併用すれば効率アップが期待できる！　296

付録1　Microsoftアカウントを新規に取得するには　297

付録2　古いパソコンからメールを引き継ぐには　300

用語集　307

索引　314

本書を読み終えた方へ　318

本書の構成

本書は手順を1つずつ学べる「基本編」、便利な操作をバリエーション豊かに揃えた「活用編」の2部で、Outlookの基礎から応用まで無理なく身に付くように構成されています。

基本編 第1章～第5章
Outlookの基本的な機能や使い方を中心に解説します。メールや予定、タスク、連絡先を使う上で必要となる基本操作はもちろん、知っておくと役立つ機能も紹介していきます。

活用編 第6章～第11章
メールのテンプレート作成や自動応答、予定の共有など仕事のスピードをアップする使い方を解説。スマートフォン連携や企業向けに提供されている機能、AIアシスタントの活用も分かります。

用語集・索引
重要なキーワードを解説した用語集、知りたいことから調べられる索引などを収録。基本編、活用編と連動させることで、Outlookについての理解がさらに深まります。

登場人物紹介

Outlookを皆さんと一緒に学ぶ生徒と先生を紹介します。各章の冒頭にある「イントロダクション」、最後にある「この章のまとめ」で登場します。それぞれの章で学ぶ内容や、重要なポイントを説明していますので、ぜひご参照ください。

北島タクミ（きたじまたくみ）
元気が取り柄の若手社会人。うっかりミスが多いが、憎めない性格で周りの人がフォローしてくれる。好きな食べ物はカレーライス。

南マヤ（みなみまや）
タクミの同期。しっかり者で周囲の信頼も厚い。タクミがミスをしたときは、おやつを条件にフォローする。好きなコーヒー豆はマンデリン。

アウトルック先生
Outlookのすべてをマスターし、日々、仕事にすぐ効く便利技を研究し続けている。好きな機能はAIアシスタント「Copilot」。

基本編

第1章

Outlook 2024の基本を知ろう

Outlookは電子メールのやりとりをはじめ、予定や会議、タスクなど、毎日の生活の中で生まれる各種の個人情報を管理するためのアプリです。Outlookを使い始めるにあたり、その概要を知っておきましょう。この章では、利用しているサービスの状況に応じて、Outlookを使い始めるための前準備をします。

01	Outlookの特徴を知ろう	24
02	利用するメールサービスを確認しよう	26
03	Outlookを起動するには	28
04	プロバイダーのメールアカウントを追加するには	30
05	Outlookの画面を確認しよう	34
06	管理できる情報の種類を確認しよう	36
07	Outlookを終了するには	38

レッスン 01

Introduction この章で学ぶこと

Outlookの特徴を知ろう

毎日のスケジュールや仕事、メモ、メールなど、私たちの身の回りにはさまざまな情報があります。Outlookは、それらの情報を複合的に管理するためのアプリです。この章では基本的な機能をはじめ、その便利さを紹介しましょう。

メールが重要な時代だからこそ使いこなしたいのがOutlook

みんなはOutlookにどんなイメージを持っているかな？

やっぱりメールアプリっていうイメージが強いですね。
アイコンもメールのアイコンですし（笑）。
実際に自分が使っている機能もメールがダントツです。
というか、ほかの機能はあまり使っていないかも……。

一応、連絡先や予定の管理などにも使っていますが実は私もメールのアプリという印象です。

仕事ではメールがとても重要なツールだよね。ということは、メールアプリであるOutlookの使い方次第で、普段の仕事の効率をグーンとアップさせられるんだよ。

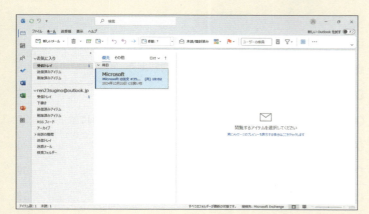

え、そうなんですか!?
いままで何となく使ってきたので、ぜひ教えてください!!!

メールの送受信だけじゃもったいない！　豊富な機能を使いこなそう

仕事が増えてくると、メールの量も増えてきて、メールを探すのに苦労したり、大切なメールを見逃してしまったりすることがありました。

え、そうなんですか？
まだそんなに不便を感じないけど、仕事が増えてくると、たいへんそう……。

そんなときに役立つ機能がOutlookにはいろいろあるんだ。例えば、関連するメールを自動でまとめてくれたりする機能や、素早くメールを作成するのに便利なテンプレート機能などもあるんだよ！

メールを探しやすくする機能以外にも、そんな便利な機能があるんですね！

仕事にまつわるすべての情報を集中管理

メールには色々な情報が含まれているよね？　取引先の住所や担当者の氏名、メールアドレス、電話番号……。
そんな情報をOutlookの連絡先に登録する、なんてこともできるんだ。

確かに！　取引先に向かうときに、いちいちメールの署名を検索していたことを考えると効率的！

メールで届いた会議の予定を、Outlookの予定に登録することもできるし、作業内容をタスクとして登録することもできる。つまり、仕事に必要な情報をOutlookで集中管理できるんだ。

仕事にまつわる情報が1つにまとまっていると、確かに便利ですね！

レッスン

02 利用するメールサービスを確認しよう

サービスの種類と利用方法

基本編

第1章

Outlook 2024の基本を知ろう

Outlookを使うにはインターネットを経由したメールを受け取るためのクラウドサービスが必要です。自分が使っているメールサービスを確認しておきましょう。

🔍 **キーワード**

Microsoft Exchange Online	P.308
クラウド	P.310

Outlookが接続できるメールサービス

メールサービスはインターネットに接続するために契約しているプロバイダーが提供するもの、ドコモやauといった携帯電話事業者が提供するもの、マイクロソフトやグーグルなどインターネット関連サービス各社が個人用に提供するもの、企業や学校が自前で提供、またはクラウドサービスとして契約しているものなどの形態があります。そのほとんどのメールは、Outlookで読むことができます。それぞれのサービスに特徴があり、メールの設定手順も異なります。

本書で解説している操作は基本的にどのサービスでも利用できますが、特定のサービス向けの解説もあるので、下の図で確認してください。

まだメールアカウントを持っていない方は、付録1を参考にOutlook.comのアカウントを取得してください。

●代表的なメールサービス

Outlook.com
例 ○△×@outlook.jp

メールの設定方法→**レッスン03**

Gmail
例 ○△×@gmail.com

Googleが提供しているメールサービスです。OutlookではGmailはもちろん、Googleアカウントの予定表を読み込むこともできます。

メールの設定方法→**レッスン04**

キャリアメール
例 ○△×@docomo.ne.jp
　　○△×@i.softbank.jp

携帯電話事業者各社がスマートフォン／フィーチャーフォン向けに提供しているメールサービスです。ドコモ、ソフトバンクのメールをOutlookで扱うことができます。

メールの設定方法→**レッスン04**

プロバイダーのメールサービス
例 ○△×@xxx.biglobe.ne.jp
　　○△×@aa2.so-net.ne.jp

インターネットサービスプロバイダーが提供しているメールサービスです。

メールの設定方法→**レッスン04**

企業や学校のメール
例 ○△×@（企業名）.co.jp

一部の企業や学校では、Microsoft 365プランのサービスに含まれるExchangeというメールサービスを使っています。このメールサービスはOutlookの便利な機能をフルに使いこなせます。

メールの設定方法→**レッスン04**
予定表や会議の共有方法→**第8章**

26　できる

👍 スキルアップ
Exchange OnlineならOutlookと完全に連携できる

無料のサービスであるOutlook.comでは、Outlookのすべてのデータをクラウドと連携できるわけではありません。有料サービスであるExchange Onlineなら、Outlookで扱うすべてのデータを扱えます。メモや下書きなどの特殊なフォルダーのデータやTo Doバーのタスクリストなど、Outlookのフル機能を使えます。Exchange Onlineにはいくつかのプランがありますが、一番安いプランでは、1ユーザーあたり月額599円（税抜2025年1月現在）で利用できます。

クラウドで情報を管理しよう

Outlookで扱うメールや個人情報の置き場所は、普段使っているパソコンに置く方法と、クラウドサービスに預かってもらう方法の2種類が用意されています。いろいろな情報をクラウドサービスに置いておけば、パソコンの買い換えや故障などにおいても面倒な移行の作業が必要ありません。

Outlook.comの活用

クラウドサービスにデータを預かってもらうことで、複数台のパソコン、そして日常的に携帯しているスマートフォン、またはタブレットなど、機器やOSを問わずに単一の情報にアクセスできるようになります。本書では、マイクロソフトが提供するOutlook.comのサービスを使い、メールや予定表のデータをクラウドサービスに置くことを前提に説明を進めます。

Windows 11のサインインに必要なMicrosoftアカウントは、Outlook.comのアカウントとしても使えるほか、新規に取得した場合はメールアドレスとしても使えます。アカウントの例は、298ページにあるヒントの表も参考にしてください。

💡 使いこなしのヒント
クラウドサービスって何?

離れたところにあるコンピューターにデータを預け、Webブラウザーやアプリを使ってインターネット経由で利用するサービスです。メールサービスをはじめ、データを預けるストレージサービス、ワープロ、表計算、プレゼンテーションなど、あらゆるものが提供されています。

💡 使いこなしのヒント
Outlook.comって何?

マイクロソフトが提供する有料のクラウドサービスMicrosoft 365に含まれるメールサービスです。Outlookとの親和性が高く、メールはもちろん、予定表やタスク、連絡先を保存でき、さまざまな機器からそのデータを利用できます。また、CopilotによるAI機能も利用できます。

まとめ
Outlookと各サービスの関係を知っておこう

自分がOutlookを使って利用するクラウドサービスを最初に決めます。本書ではマイクロソフトが個人向けに提供するクラウドサービスOutlook.comとメールや個人情報のストレージや運用に使うことを前提にレッスンを進めます。

Outlook 2024でメールや連絡先、予定を一括管理する

Outlook.comを介して、パソコンとスマートフォン、タブレットなど複数の機器間で常に最新のメールや連絡先、予定を共有できる

レッスン 03 Outlookを起動するには

Outlookの起動

スタートボタンで表示されるメニューからOutlookを起動しましょう。初回の起動時には、初期設定のための画面が表示されます。

キーワード
Microsoftアカウント　P.308

ショートカットキー
[スタート]メニューの表示

1 すべてのアプリを表示する

1 [スタート]をクリック
2 [すべて]をクリック

使いこなしのヒント
2つのOutlookがあるときは

本書で解説しているOutlookは、MicrosoftのOfficeスイートに含まれる有償のアプリです。便宜上、「クラシックOutlook」、「Outlook(classic)」、または「Outlook for Windows」、「Outlook.exe」などと呼ばれることもあります。一方、現時点のWindowsには、同名無印の「Outlook」または、「Outlook(new)」、「新しいOutlook」と呼ばれるアプリが同梱され、有償のOutlookの機能の一部を切り出した環境を無償で利用できるようになっています。本書で解説している処理ができなかったり、操作方法が異なったりする場合があります。

使いこなしのヒント
初回起動時にアカウントを追加する

Outlookの初回起動時、Windowsへのサインインに使用しているMicrosoftアカウントがメールアドレスとして自動的に設定されます。異なるアドレスを設定したいときは入力し直しましょう。

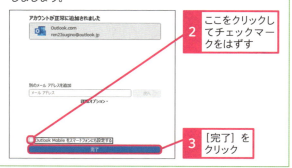

自動的にWindowsで使用しているMicrosoftアカウントが入力される

1 [接続]をクリック
2 ここをクリックしてチェックマークをはずす
3 [完了]をクリック

② Outlookを起動する

[O］のグループを表示して、Outlookを起動する

1 ここをドラッグして下にスクロール

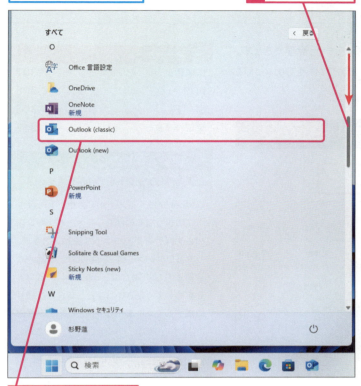

2 ［Outlook(classic)］をクリック

［Microsoft 365アプリのテーマを選択する］と表示されたら、選択して［OK］をクリックしておく

Outlookのウィンドウが表示された

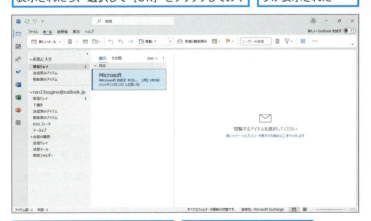

このままWindowsのMicrosoftアカウントのメールアドレスを使用するときは、レッスン05に進む

ほかのメールアカウントを登録するときは次のレッスン04を参考に設定する

使いこなしのヒント

Outlookをすぐに起動できるようにするには

Outlookを［スタート］メニューにピン留めしておけば素早く起動できます。起動したOutlookはタスクバーにボタンとして表示されますが、ボタンを右クリックすればタスクバーにもピン留めできます。

1 ［Outlook（classic）］を右クリック

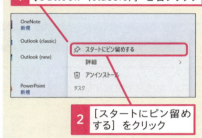

2 ［スタートにピン留めする］をクリック

ここに注意

［スタート］メニューにはOutlook(classic)とOutlookまたはOutlook(new)という2種類のOutlookアプリが存在します。本書のレッスンを進めるために、必ずOutlook(classic)をクリックして開きます。

まとめ　クラウドで情報を管理できるようにする

パソコンを使っているときには、別のアプリでほかの作業をしているときも、Outlookを終了せずに常に起動した状態にしておきます。Outlookは新着メールをチェックし続け、設定したアラームを鳴らすなど、バックグラウンドでの処理を続けます。なお、私物のパソコンで使うOutlookに、会社や学校から提供されたメールアドレスを設定する場合は、管理者からの指示に従ってください。ほとんどの場合は、初回設定時にメールアドレスを入力するだけで、すべての設定が自動的に行われるはずです。

レッスン 04 プロバイダーのメールアカウントを追加するには

アカウントの追加

Outlookは、複数のメールアカウントのメールを一元管理できます。ここでは、プロバイダーから取得したメールアカウントをOutlookに追加します。

1 アカウントの追加画面を表示する

プロバイダーから取得したメールアドレスを追加で設定する

1 [ファイル] タブをクリック

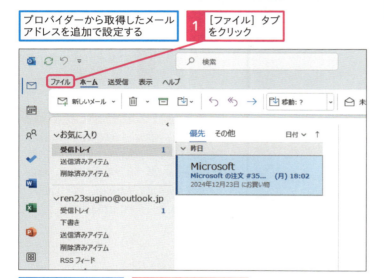

[アカウント情報] の画面が表示された

2 [アカウントの追加] をクリック

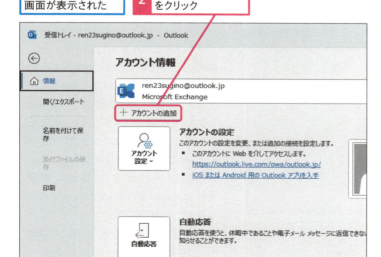

キーワード

IMAP	P.307
POP	P.308
SMTP	P.308
プロバイダー	P.312

使いこなしのヒント
どんなアカウントを追加できるの?

Outlookが扱えるメールアカウントには主に次のようなものがあり、メールアドレスの入力だけでアカウントが追加されます。これら以外のメールアドレスが、自動的に登録されない場合は、32ページのヒントを参照してください。また、レッスン通りに操作したのに送信だけができない場合は33ページのヒントを参照してください。

●Outlookに設定できる主なメールアカウント

- プロバイダーによるPOP、SMTP方式で送受信するメール
- プロバイダーによるIMAP方式で送受信するメール
- Outlook.comやExchange onlineなど、Microsoftが個人向けに提供しているクラウドサービスのメール
- 会社や学校がMicrosoftとMicrosoft 365サービスなどを契約して発行された組織用のメール
- 個人向けのGmail(31ページのヒント参照)

使いこなしのヒント
アカウントを選択して送信するには

アカウントを複数設定した場合、既定のアカウントが差出人となります。別のアカウントで送信したい場合は、メッセージのウィンドウの [差出人] ボタンをクリックして別のアカウントを選択しましょう。

2 メールアカウントの設定を開始する

アカウントの追加画面が表示された

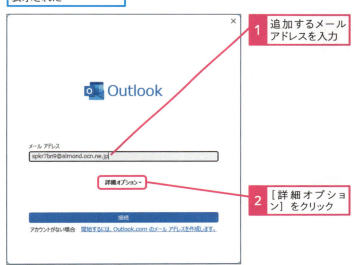

1 追加するメールアドレスを入力
2 ［詳細オプション］をクリック

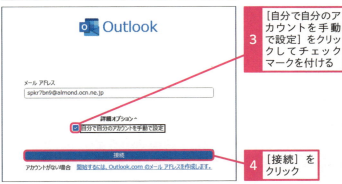

3 ［自分で自分のアカウントを手動で設定］をクリックしてチェックマークを付ける
4 ［接続］をクリック

アカウントの種類を選択する｜ここではPOPアカウントを設定する

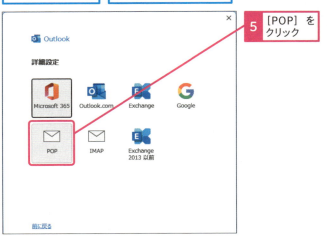

5 ［POP］をクリック

使いこなしのヒント
Gmailを設定するには

GmailをOutlookから読み書きするには、IMAPと呼ばれる形式を使います。Outlookの新規アカウント設定ではGmailの受信に必要な項目を自動的に設定できます。

手順2でGmailのメールアドレスを入力して［接続］をクリックすると、次のような画面が表示される

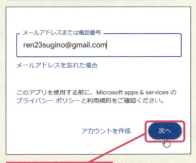

1 ［次へ］をクリック

画面の指示に従ってGmailのメールアドレスを追加する

使いこなしのヒント
特定のアカウントのメールのみ受信するには

［すべてのフォルダーを送受信］ボタンをクリックすると、すべてのアカウントでメールの送受信が実行されますが、下の操作を行うことで、特定のアカウントだけを選択してメールの送受信ができます。

1 ［送受信］タブをクリック
2 ［送受信グループ］をクリック
3 ［受信トレイ］をクリック

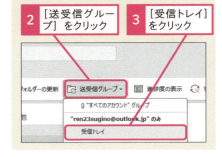

04 アカウントの追加

次のページに続く

できる 31

3 メールアカウントの設定を完了する

パスワードを入力してメールサーバーに接続する

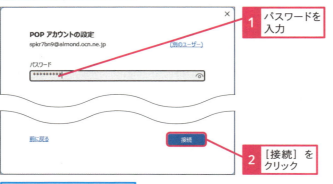

1 パスワードを入力

2 [接続] をクリック

Outlookでメールを送受信するための設定が完了した

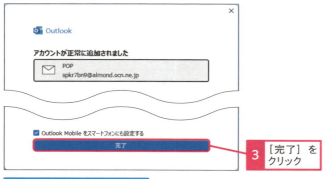

3 [完了] をクリック

メールアカウントが追加された

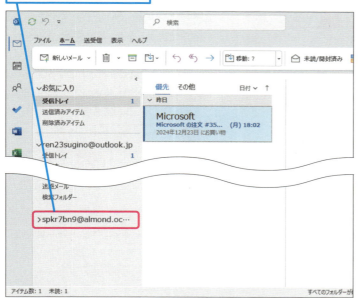

使いこなしのヒント

自動的にアカウントが追加されないときは

多くの場合、メールアドレスの入力だけで各種情報が自動設定されます。Outlookの自動設定に対応していないサービスのメールアドレスの場合は、サービス側が指定しているサーバー名、暗号化方法、ポート番号といった情報を正確に入力します。サーバー名に含まれるピリオドひとつはもちろん、ポート番号なども確認しておきましょう。

次のような画面が表示されたら、サーバーの名前やポートなどを入力する

まとめ 設定するメールの情報をしっかりと準備する

Outlookの利用にはアカウントの追加が必要です。アカウント名はメールアドレスでもあり、その送受信のための設定情報は、一字一句間違いのないように正確に入力する必要があります。ほとんどのケースでは設定情報が自動入力されますが、それでもアカウント名とパスワードの入力は必須です。パスワードは入力する文字の大文字小文字の区別、記号等も重要なので、事前に確認しておきましょう。カンマとピリオド、小文字のエルと数字の1の取り間違いなどがないように気をつけます。プロバイダーのサポートページを参照したり、契約時に送られてきた書類などを準備しておくと安心です。

スキルアップ

既定のアカウントを設定するには

複数のアカウントを追加した場合、差出人の情報や送信に使われるアカウントは、既定に設定されたものとなります。最もよく使うアカウントを既定に設定しておきましょう。

[アカウント設定]ダイアログボックスが表示された

1 手順1を参考に、[アカウント情報]の画面を表示しておく

2 [アカウント設定]をクリック

3 既定に設定したいアカウントをクリック

4 [既定に設定]をクリック

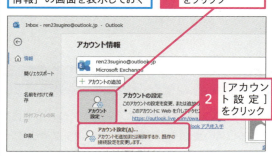
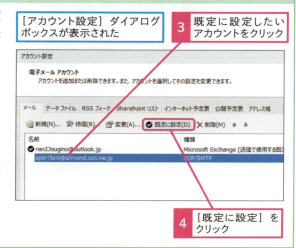

使いこなしのヒント

プロバイダーのメールはパソコンで受信後にサーバーから削除される

プロバイダーのメールサービスがアカウント宛てのメールを預かるのは、パソコンで受信されるまでの間のみです。パソコンが正常に受信したところで、サーバーからメールが削除され、手元のパソコンにあるデータが唯一無二のものとなります。大事なデータはバックアップするなど自己責任で管理する必要があります。ここが、受信後もサービス側がデータを預かるOutlook.comなどのメールサービスと大きく異なる点です。

使いこなしのヒント

受信ができるのに送信ができないときは

正しく自動設定がされたように見えても、セキュリティ上の理由などから、通常の設定では送信処理が正常に行えない場合があります。その場合は、プロバイダーからの情報を元に、最新の追加情報を手動で入力してください。

上のスキルアップを参考に、[アカウント設定]ダイアログボックスを表示しておく

1 送信できないアカウントをクリック

2 [修復]をクリック

3 [自分で自分のアカウントを手動で修復]をクリックしてチェックマークを付ける

4 [修復]をクリック

表示された画面で、サーバーの名前やポートなどを入力する

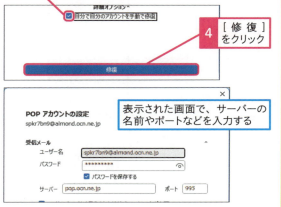

レッスン 05 Outlookの画面を確認しよう

各部の名称と役割

Outlookは入力済みの個人情報を整理してウィンドウに表示します。ウィンドウは複数の領域に分割され、効率よくデータを利用できるようになっています。

🔍 キーワード	
アイテム	P.309
ビュー	P.312

Outlook 2024の画面構成

Outlookのウィンドウは「ペイン」と呼ばれる複数の領域に分かれています。ペインはアプリのウィンドウを区切る領域の単位です。ナビゲーションバーに並ぶボタンで表示する項目の種類を切り替え、上部のタブやリボンを使って各種の操作を行います。本書のレッスンを通して、使用頻度の高い機能から順に覚えていきましょう。

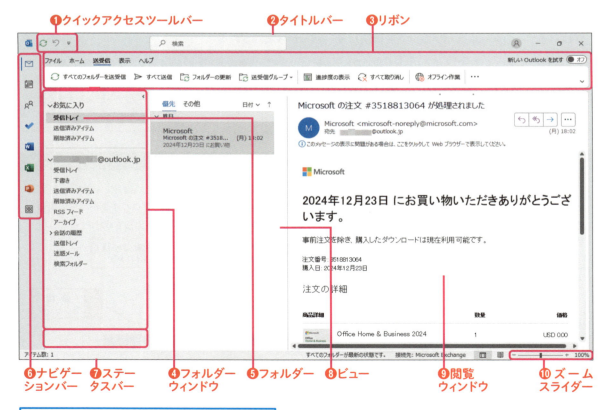

❶クイックアクセスツールバー　❷タイトルバー　❸リボン　❹フォルダーウィンドウ　❺フォルダー　❻ナビゲーションバー　❼ステータスバー　❽ビュー　❾閲覧ウィンドウ　❿ズームスライダー

> 本書では、画面の解像度が1280×800ドットの状態でOutlookを表示しています。画面の解像度によって、リボンの表示やウィンドウの大きさが異なります

❶クイックアクセスツールバー
アプリの操作中に頻繁に使う機能をタイトルバーの左端にボタンとしてまとめたものです。表示する機能についてはユーザー自身が選択して追加／削除することができます。

❷タイトルバー
Outlookのアイコンと検索ボックスが表示される。ダブルクリックするとウィンドウを最大化できる。

❸リボン
複数のタブが用意され、タブグループごとに機能がボタンとして表示されるメニュー領域。タブをクリックすることでタブグループを切り替え、目的の機能を選択して作業する。

❹フォルダーウィンドウ
ナビゲーションバーで選択した項目のフォルダーが一覧で表示される。作業の邪魔にならないように、ウィンドウを折り畳むこともできる。

❺フォルダー
受信したメールや送信したメール、削除したメールなどが分類されている。必要に応じて自分で作ることもできる。

❻ナビゲーションバー
メールや予定表、連絡先、タスクなどOutlookの機能を切り替える領域。ウィンドウサイズに応じて表示が変わる。

❼ステータスバー
アイテムの総数や未読数、フォルダーの状態などの詳細情報が表示される。

❽ビュー
アイテムの一覧表示領域。ビューを切り替えることで、格納されているアイテムをいろいろな方法で表示できる。

❾閲覧ウィンドウ
選択したアイテムの内容を表示する領域。画面の右や下に表示できるほか、非表示にすることもできる。

❿ズームスライダー
左右にドラッグして画面の表示をズームできる。［拡大］ボタンや［縮小］ボタンで10%ごとに表示の拡大や縮小ができる。［ズーム］をクリックすると、［ズーム］ダイアログボックスが表示される。

🔆 使いこなしのヒント
画面の大きさによってリボンの表示が変わる

画面の解像度によって、リボンの表示内容や形式が変わります。本書では、「1280×800ドット」の解像度で説明を進めますが、手元の画面表示と異なる場合は、マウスポインターをボタンに重ねたときの表示などを参考に操作を進めてください。

🔆 使いこなしのヒント
タブでリボンの内容が切り替わる

Outlookのタブごとにリボンの内容は異なります。また、そのときの操作内容に応じてタブは自動的に切り替わり、その結果リボンの内容も切り替わります。リボンには頻繁に使われる機能がグループ化されたボタンとして表示され、必要な作業を容易に処理できるようになっています。ボタンの並びなどはデスクトップの解像度で変わるほか、必要のないボタンは削除して非表示にするなどのカスタマイズができます。

🔆 使いこなしのヒント
選択中の項目に応じて別のタブが表示される

選択中のアイテムに応じて、「コンテキストタブ」が表示されることがあります。例えば、メールに添付されたファイルを選択すると、［添付ファイル］タブが表示されます。

まとめ　よく使う機能から覚えていこう

Outlook アプリのウィンドウは、さまざまな要素で構成されています。初めてリボンやタブを使うという方でも、この後のレッスンで順を追って操作を解説するので、心配はありません。まずはよく使う機能から覚えていき、後からこのページを見返すようにするといいでしょう。

レッスン 06 管理できる情報の種類を確認しよう

アイテム、フォルダー、ビュー

Outlookで管理できる情報は、すべてがアイテムという単位で管理されます。それぞれのアイテムは、それが格納されたフォルダーごとに見え方が異なります。

アイテムとビューの関係を知ろう

Outlookには「外観」という意味があります。Outlookで管理されるデータの1つ1つは「アイテム」と呼ばれ、どのフォルダーにあるかに応じて、Outlookが適切な外観を与えます。この「フォルダーに応じてアイテムの見え方を変える」ものが「ビュー」です。メールが受信トレイに届き、予定を予定表に書き込むという操作は、これらのビューのおかげで分かりやすく操作できるようになっています。「アイテムがあるフォルダーの種類によって見え方が変わる」という考え方は、今後、Outlookを使っていく上で、極めて重要な役割を果たします。

🔍 キーワード

アイテム	P.309
タスク	P.311
ビュー	P.312
フォルダー	P.312

💡 使いこなしのヒント
Windowsのフォルダーと何が違うの？

Outlookのフォルダーは、Windowsで利用しているフォルダーと基本的な考え方は同じです。ただし、Outlookのフォルダーは、いくつかのデータファイルとして管理されています。Windowsにとっては、複数のファイルにすぎないということになります。

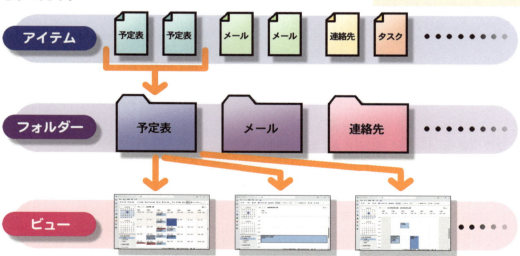

💡 使いこなしのヒント
ビューって何？

Outlookのアイテムが各フォルダーに表示されるときの見え方を「ビュー」と呼びます。フォルダー内に存在するアイテムが同じであっても、その見え方を変更することで、多様な角度からアイテムを扱うことができます。ちょうど、Windowsのフォルダーが、アイコンの表示形式や［名前順］［日付順］などの並び順を変更できることに似ています。

Outlookで利用できるフォルダー

Outlookには、メールや予定、連絡先といった数多くの情報を効率よく管理するために、下の画面にあるようなフォルダーが用意されています。情報の種類に応じたフォルダーに入れておくことで、最適の表示画面で内容を参照できるのです。フォルダーを上手に使い分けて、Outlookで情報を管理していきましょう。

◆ ［受信トレイ］フォルダー
送受信したメールの閲覧や保管ができる

◆ ［予定表］フォルダー
今日の予定や数カ月先のイベントや毎年の記念日など、あらゆる予定を入力して管理できる

◆ ［連絡先］フォルダー
住所やメールアドレスなどの情報を入力し、必要な情報を一覧にして参照できる

◆ ［タスク］フォルダー
忘れてはいけない作業を入力し、それぞれに期限や優先度を設定して一覧で管理できる

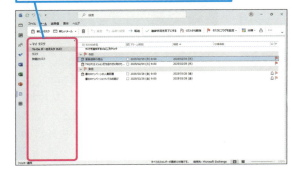

まとめ 各種の情報がどのように扱われているのかを知る

Outlookが扱う個々のデータはアイテムと呼ばれ、基本的にはメール、予定、連絡先、タスク、メモの5種類です。それぞれのアイテムは種類に応じたフォルダーに格納され、そのフォルダーを開けば、アイテムを適切な見え方で確認できます。さらに各フォルダーはビューを切り替えることで、アイテムを異なる角度で眺めることができます。「フォルダー」や「ビュー」はアプリを操作する中で随所に出てくるOutlookの基本的な考え方です。しっかりと理解しておきましょう。

レッスン 07 Outlookを終了するには

Outlookの終了

Outlookの終了方法は、ほかのアプリケーションと同様です。複数の方法で終了できるので、そのときの状況に応じて各方法を使い分けましょう。

1 リボンから終了する

1 [ファイル] タブをクリック

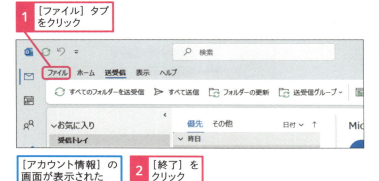

[アカウント情報]の画面が表示された

2 [終了] をクリック

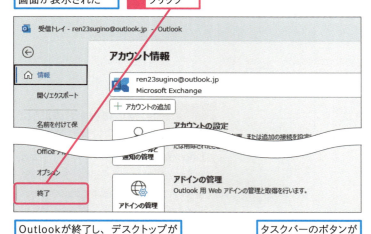

Outlookが終了し、デスクトップが表示された

タスクバーのボタンが消えた

キーワード
アイテム　　P.309

ショートカットキー
終了　　Alt + F4

使いこなしのヒント
複数のOutlookを同時に起動することもできる

すでにOutlookのウィンドウが開いている状態でも、ナビゲーションバーから任意のフォルダーのボタンを右クリックし、ショートカットメニューから[新しいウィンドウで開く]をクリックすれば、別のウィンドウが開き、そこで、別のフォルダーを扱うことができます。スケジュールを参照しながらメールの返事を書くといった使い方に便利です。

タスクバーのボタンにマウスポインターを合わせて、[受信トレイ]のウィンドウと[予定表]のウィンドウの切り替えができる

使いこなしのヒント
終了すると開いているアイテムも閉じる

各アイテムは、その詳細を参照したり、入力したりするために、個別にウィンドウを開きます。Outlookを終了すると、そのとき開いているアイテムのウィンドウは、同時にすべて閉じられます。

2 ［閉じる］ボタンから終了する

Outlookが終了する

3 タスクバーから終了する

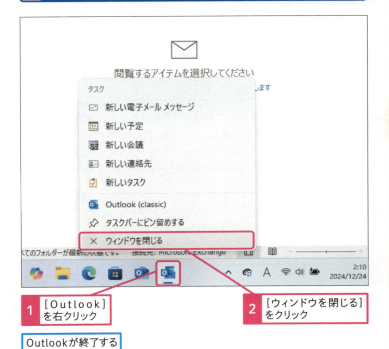

Outlookが終了する

使いこなしのヒント
Outlookを終了するのはいつ?

Outlookは、個人情報管理のために、常に起動しておきたいアプリケーションです。ただし、ほかのアプリケーションをインストールするような場合は、インストールプログラムの誤動作を回避するために、Outlookをいったん終了させるようにしましょう。

ここに注意

［閉じる］ボタン（✖）の左側にある［元に戻す］ボタン（◻）をクリックしてしまうと、最大化されていたウィンドウのサイズが元のサイズに戻ります。その状態で、もう一度［閉じる］ボタンをクリックすれば、Outlookが終了されます。

まとめ　常にOutlookを起動しておこう

パソコンでの作業は多岐にわたります。作業中にも、Outlookを開いたままにしておけば、いつでも重要な情報を参照できます。参照のたびにOutlookを起動しているのでは、素早く情報を確認できないだけでなく、新着メールにも気付けません。開きっぱなしのウィンドウが邪魔に感じる場合は、［最小化］ボタンで最小化しておきましょう。Outlookを開いたままでWindowsをシャットダウンしても正常に終了処理が行われます。

この章のまとめ

仕事にまつわる多様な情報を管理できる

パーソナルコンピューター（パソコン）が「パーソナル」という言葉から始まるのは、コンピューターが個人のものとして活用されることが想定されているからです。パソコンさえ手元にあれば、後は何もいらないというくらいに、すべての情報が集約されていてこそ、パーソナルコンピューターだといえます。Outlookは、コンピューターを、そんな道具にしてくれます。個人が、コンピューターを使って自分の身の回りの情報を扱うために、さまざまな便宜を図ってくれるのです。

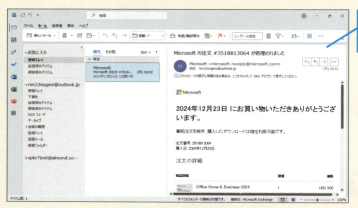

メールや予定、連絡先、タスクなどを、Outlookだけですべて管理できる

こうしてみると、Outlookにはメールだけでなく、予定や連絡先、タスクなど、仕事に必要な情報を集約できるように作られているのだと、あらためて思い知りました……。

ここではメールの一覧が大きく表示された画面を中心に解説してきたけど、自分が使いやすいように、表示をカスタマイズもできるんだ。詳しくは第10章で説明するよ！

メールを使いこなして効率を上げる方法を早く知りたいです！

私はスマートフォンとの連携方法が知りたいです！

2人とも気が早いなぁ（笑）。
メールの使いこなし方が知りたいなら、第6章〜第8章を読んでみて。スマートフォンとの連携は第9章で解説しているよ。でも、まずは第2章〜第5章でOutlookに情報を集約するための基本をマスターすることをおすすめするよ！

基本編

第2章

メールの基本を
身に付けよう

現代社会のコミュニケーションにおいて、メールはもはや欠かせない手段となりました。報告、連絡、相談と、あらゆる場面でメールが使われます。この章では、Outlookでメールをやりとりする基本的な方法を最初にマスターしましょう。

08	メールをやりとりする画面を知ろう	42
09	メールの形式って何？	44
10	メールに署名が入力されるようにするには	46
11	メールを送るには	48
12	メールを読むには	52
13	複数のメールを同時に表示するには	54
14	メールに返信するには	56
15	ファイルをメールで送るには	58
16	添付ファイルを確認・保存するには	60
17	メールに表示されていない画像を表示するには	64
18	メールを下書きとして保存するには	66
19	メールを複数の宛先に送るには	68
20	メールを転送するには	70
21	メールを印刷するには	72
22	メールの文字を大きくするには	74
23	メールの一覧を並べ替えるには	76
24	特定のキーワードを含むメールを探すには	78
25	受信した順にすべてのメールを表示するには	80

レッスン
08

Introduction　この章で学ぶこと
メールをやりとりする画面を知ろう

なんといってもメールの読み書きはOutlookアプリで最も頻繁に行う作業でしょう。この章では、メール機能の画面構成、作成、送受信から検索まで、メールの読み書きに関するさまざまな基本機能を解説します。

基本編　第2章　メールの基本を身に付けよう

画面の基本構成と役割を知っておこう

まずはメールの基本からですか？

そうだね。Outlookのメールは最もよく使うことになるから、画面の構成とそれぞれの役割を改めて確認しておこう。

レッスン05を参考に、画面の構成とそれぞれの役割を確認しておく

メール作成の基本をおさえる

画面構成と役割が分かったところで、まずは欠かせないのはメール作成の基本だね。単にメールを作成するだけではなく、メールにファイルを添付したり、メールに署名を自動挿入したりする方法も解説していくよ。

メールにファイルを添付して送信する

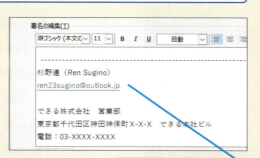

あらかじめ設定しておくと、署名を自動で挿入できる

メールの受信・確認の基本をおさえる

次はメールの確認だね。受信したメールの確認はもちろん、文字の大きさを変えて見やすくしたり、複数のメールを同時に表示したり、添付ファイルを開かずに内容を確認したりする方法を解説していくよ。

閲覧ウィンドウに表示される文字のサイズを自由に設定できる

閲覧ウィンドウ内で添付ファイルを確認できる

メールの文字サイズって細かく設定できるんですね！

メールの検索・管理の基本をおさえる

最後はメールの検索や管理の基本だね。メールが増えてくると、必要なメールをいかに素早く探せるかが重要になってくるよね。そこで、メールの検索方法や並べ替え方を解説していくよ。

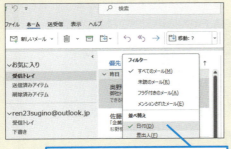

受信したメールを差出人や未読などの条件で並べ替えられる

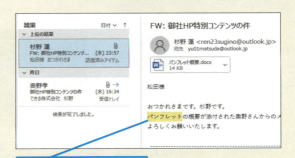

特定の文字を含むメールを検索できる

自分にとって必要な条件で並べ替えられるのですね。それは便利かも！

レッスン 09 メールの形式って何?

HTML形式

メールには複数の形式があり、現在はHTML形式が広く使われています。文字フォントやその色、サイズなどを自由に設定してメールを作成できます。

キーワード	
HTMLメール	P.307
メールアドレス	P.313

メールには3つの形式がある

Outlookは、テキスト形式、HTML形式、リッチテキスト形式の3種類の形式のメールを扱えます。このうち、最も一般的に使われているのがHTML形式です。また、テキスト形式のメールもよく使われます。リッチテキスト形式はあまり使われることはありません。HTML形式はWord文書のように、写真などを挿入するなど自在にレイアウト、文字装飾ができるのに対して、テキスト形式は基本的な文字情報のみで構成されたメールとなります。既定値はHTML形式となっています。

メールの用途や受信先などに応じて適切な送信形式を選択する

HTML形式ではメールに写真などを挿入できる

テキスト形式では文字情報のみで構成される

豊かな表現が可能なHTML形式

HTMLメールは、ワードプロセッサでの文書作成と同様に、文字情報だけではなく、ビジュアル要素などを加え、読みやすくレイアウトすることが可能です。編集もMicrosoft Wordとほとんど同じ操作で可能なので、カンタンに見栄えのよいメールを作成できます。今となってはHTMLメールが正しく表示できないメールアプリはありませんが、かつてはそのようなアプリのためにテキスト形式でのやりとりが推奨されてきましたが、現在は、そのような配慮の必要はなくなりました。

HTML形式のメールはタイトルバーに「HTML形式」と表示される

画像を挿入したり、Webページと同じようなデザインでメールを送れる

シンプルに内容だけを伝えるテキスト形式

装飾のない文字のみで構成されたシンプルなメールを作成します。表示される文字のサイズ等は相手の環境に依存します。図や表などを添えるには、ファイルを別途添付します。テキスト形式は、どんなメールアプリでも正しく表示できるため、かつてはメールによるコミュニケーションの基本形式として利用されましたが、近年は、各種デバイスとアプリの高機能化により、HTMLに標準形式の座を譲り渡すことになりました。とはいえ、今なお、シンプルさを強調するために広く使われています。

テキスト形式のメールはタイトルバーに「テキスト形式」と表示される

文字だけで構成されているためどのような環境でも素早く閲覧できる

使いこなしのヒント
HTMLメールの画像をダウンロードするには

HTMLメールを開いたときに、本文内に設定されたリンクが特定のサイトから画像をダウンロードするようになっている場合があります。悪意のあるメールが受信者の許可を得ずに画像をダウンロードすると、そのメールが確かに読まれたことを送信者が知り、有効なメールアドレスとして認知され、以降、迷惑メールが増加してしまう可能性があります。自動的にダウンロードしないのは、それを回避するためです。メール内の画像を手動で表示する方法については、レッスン17で解説しています。

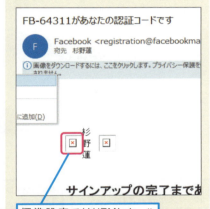

標準設定ではHTMLメールの画像は表示されないようになっている

まとめ
HTMLとテキスト、どっちの形式を使うの？

どちらの形式を使っても問題はありませんが、相手の形式に合わせるのが無難です。Oultlookではテキスト形式のメールに対して返信しようとすると、自動的にテキスト形式に設定され、HTMLメールに返信しようとするとHTML形式に設定されます。

レッスン 10 メールに署名が入力されるようにするには

署名とひな形

メールには必ず署名を付けます。このレッスンの方法で設定すれば、メールの作成時に署名が自動で挿入されます。いわば、名前入りの便箋のような機能です。

キーワード
Outlookのオプション	P.308
URL	P.309
署名	P.311
メール	P.313

ショートカットキー
[Outlookのオプション] ダイアログボックスの表示
Alt + F + T

1 [署名とひな形] ダイアログボックスを表示する

[ファイル] タブの [オプション] をクリックして、[Outlookのオプション] ダイアログボックスを表示しておく

1 [メール] をクリック
2 [署名] をクリック

[署名とひな形] ダイアログボックスが表示された

署名を作成する

3 [新規作成] をクリック

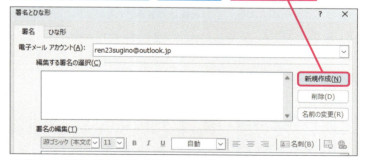

[新しい署名] ダイアログボックスが表示された

設定する署名の名前を入力する

4 「社内用」と入力

5 [OK] をクリック

使いこなしのヒント
署名の見せ方を工夫しよう

署名では、ハイフン（-）やイコール（=）、アンダーバー（_）などを罫線代わりに使ったり、空白を行頭に入力して、多少、右に寄せたりするのもいいでしょう。ただし、相手がメールを読むときに使っているフォントが等幅であるとは限りません。文字種による文字幅の違いから、こちらが期待したレイアウトになるとは限らない点に注意してください。

ここに注意

署名の登録後に署名の間違いに気付いたときは、手順1から操作して [署名とひな形] ダイアログボックスの [署名の編集] に入力した内容を修正します。複数の署名があるときは、修正する署名の名前を正しく選択してから操作してください。

2 署名を入力する

初めに改行を入力する
1 Enter キーを押して改行
名前や会社名、住所など、自分に関する情報を入力する

本文と署名を明確に区別するために、「-」を使って区切り線を入れる

2 署名を入力

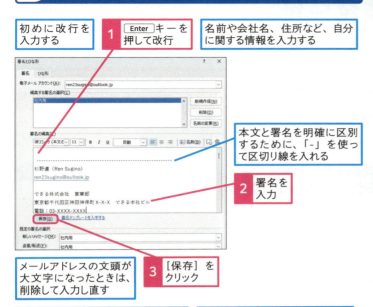

メールアドレスの文頭が大文字になったときは、削除して入力し直す

3 [保存]をクリック

[新しいメッセージ]に手順3で入力した署名の名前が表示された

メールの返信や転送のときにも署名を使用できるようにする

4 [返信/転送]のここをクリックして、手順1で入力した署名の名前を選択

5 [OK]をクリック

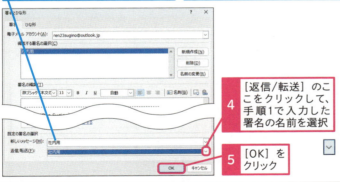

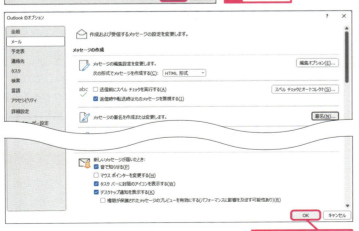

6 [OK]をクリック

使いこなしのヒント
メールアドレスの文頭が大文字になってしまったときは

署名にメールアドレスやURLを入力すると、ハイパーリンクの自動書式設定によって色が青く変わり、下線が付きます。メールアドレスの文頭の文字が大文字になってしまったときは、先頭の文字を削除して入力し直しましょう。

使いこなしのヒント
署名を使い分けることもできる

複数の署名を用意しておき、メールの相手ごとに使い分けることもできます。自動的に挿入された署名を右クリックし、ショートカットメニューに表示される別の署名に差し替えます。個人情報を知られたくない相手にメールを送るときは、電話番号などの個人情報を署名に含めないようにするなどの使い分けができます。

1 自動的に挿入された署名を右クリック

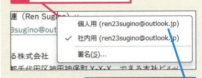

別の署名を選択できる

まとめ 署名は短く簡潔に

署名は簡潔で分かりやすい内容にしましょう。手書きのサインとは異なり、メールの差出人を公式に証明する手段にはなりませんが、誰から来たメッセージなのかメールを受け取った相手がすぐに分かるようにするべきです。そのためにも、日本語表記のフルネームを添え、ビジネスメールなら正式な会社名や部署などの情報も含めておきましょう。また、相手がメール以外の手段で連絡を取れるように、郵便番号つきの住所や電話番号などの情報を入れておくと親切です。

レッスン 11 メールを送るには

新しい電子メール

Outlookで新しいメールを作成し、実際に送信してみましょう。ここでは、メールの形式や署名の表示などの設定を確認するため、自分宛にメールを送ります。

キーワード
BCC　P.307
CC　P.307

ショートカットキー
新しいメッセージの作成
Ctrl + Shift + M

1 新しいメッセージを作成する

自分宛のテストメールを作成する

1 [新しいメール]をクリック

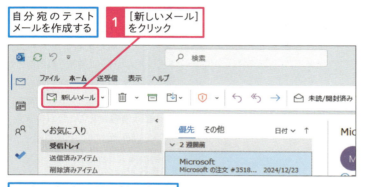

メッセージのウィンドウが表示された

メールを送る相手のメールアドレスを入力する

2 [宛先]に自分のメールアドレスを半角英数字で入力

レッスン10で作成した署名が自動的に挿入されている

3 Enter キーを押す

使いこなしのヒント

2回目以降に同じアドレスを入力すると候補が表示される

過去にメールを送ったメールアドレスは連絡先候補として記憶されます。メールアドレスの先頭の数文字を[宛先]や[CC]に入力すると、候補が表示され、一覧からメールアドレスを選択できます。

2回目以降、先頭の数文字を入力すると候補が表示される

Enter キーを押すとアドレスが挿入される

使いこなしのヒント

ボタンをクリックしてメールアドレスを指定できる

第4章で解説する連絡先に登録しておけば、[宛先]や[CC]をクリックすることで、一覧から送付先のメールアドレスを選べます。

ここに注意

手順1で[新しいアイテム]ボタンの右側にある▽をクリックしてしまった場合は、そのまま[電子メールメッセージ]を選択してください。

👍 スキルアップ

フォルダーウィンドウの表示を最小化するには

メール一覧や閲覧ウィンドウの表示が窮屈に感じる場合は、フォルダーウィンドウを折りたたんだ状態に最小化できます。また、境界線をドラッグすることで、幅を調整することも可能です。画面サイズにあわせ、使いやすいレイアウトに設定しておきましょう。

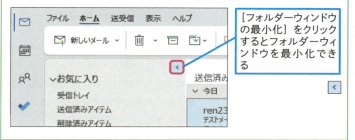

［フォルダーウィンドウの最小化］をクリックするとフォルダーウィンドウを最小化できる

💡 使いこなしのヒント

複数の人に同じメールを送るには

複数の人に同じメールを送るには、メールアドレスを半角の「;」（セミコロン）で区切って［宛先］に入力します。また、CCは、カーボンコピー（Carbon Copy）のことで、参考のために、同じ文面を別のアドレス宛にも送信するときに使います。宛先とCCの使い分けについてはレッスン19で詳しく説明します。

2 件名と本文を入力する

1 ［件名］に「テストメール」と入力

メールの用件が分かる件名を入力する

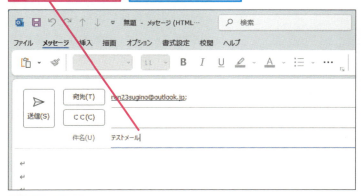

2 本文を入力

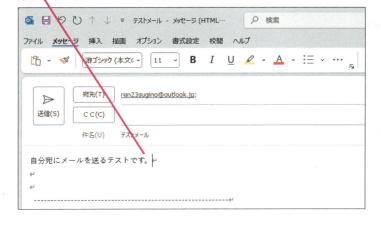

💡 使いこなしのヒント

互いに面識のない複数の相手にメールを送るには

［BCC］に入力したアドレスはメールを受け取ったすべての人に対して隠されます。不特定多数へのメールで、個別のメールアドレスを隠したい場合に使います。使い方についてはレッスン19で詳しく説明します。

11 新しい電子メール

次のページに続く→

できる 49

3 メールを送受信する

作成したテストメールを送信する

1 [送信]をクリック

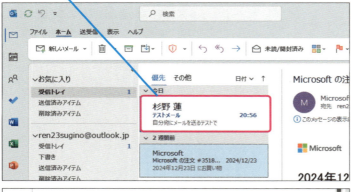

メールを送信できた

しばらく待つと、メールが自動的に受信される

受信したメールが[受信トレイ]に表示された

メールが届くと、タスクバーのアイコンの表示が変わる

使いこなしのヒント

[下書き]フォルダーに書きかけのメールを保存できる

[閉じる]ボタン（ ■ ）をクリックして書きかけのメッセージを閉じようとすると、メッセージの保存を確認するダイアログボックスが表示されます。ここで、[はい]ボタンをクリックすれば、そのメールは[下書き]フォルダーに保存されます。それを開くことで、作業を再開できます。書きかけのメールを残しておいて、後で続きを書きたいときに便利です。使い方についてはレッスン18で説明します。

使いこなしのヒント

メールの重要度を指定できる

送信するメールに、重要度として「高」または「低」を指定できます。重要度が指定されたメールは、相手がOutlookのような高機能のメールソフトを使っている場合、その旨が表示されます。ただし、自分にとって重要度が高であっても、相手にとってはそうでない場合もあります。重要度を指定する場合は、相手に失礼のないようにしたいものです。

1 [その他のコマンド]をクリック

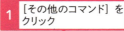
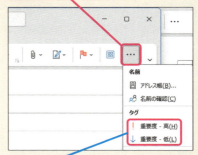

[重要度 - 高]か[重要度 - 低]をクリックして選択する

● 受信したメールの内容を表示する

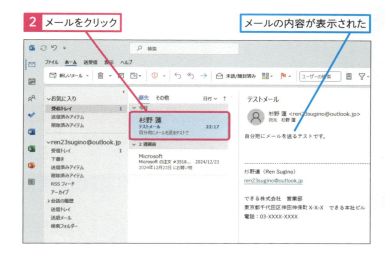

4 送信済みのメールを確認する

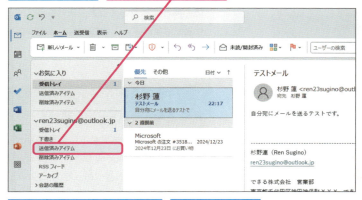

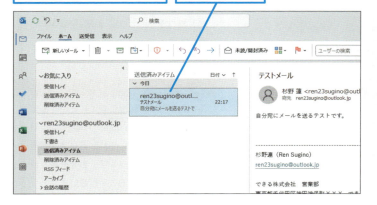

使いこなしのヒント
送ったメールは取り消せない

いったん送信したメールは、すぐに相手のメールサーバーに届きます。送信の操作を取り消すことはできないと考えましょう。もし、送信後に内容の誤りや気になる点を見つけたら、その旨を記したメールを新たに書いて、相手に知らせるようにします。また、レッスン72では送受信タイミングの設定について説明しています。

使いこなしのヒント
メールがすぐに送信されないときは

インターネットに接続されていない場合や、何らかの理由でサービスが利用できない場合、送信したメールは、いったん[送信トレイ]に保留されます。パソコンをインターネットに接続したり、サービスが再開したりすれば、自動的に送信され、[送信トレイ]から[送信済みアイテム]に移動します。

⚠ ここに注意

手順4で、別のフォルダーを開いてしまった場合は、もう一度、[送信済みアイテム]をクリックし直します。

まとめ
相手のパソコンに直接メールが届くわけではない

書き上げたメールは、[送信]ボタンをクリックすると、自分の送信メールサーバーを経由して相手のメールサーバーに配信され、そのコピーが「送信済みメール」として保存されます。メールを受け取ったメールサーバーは、メールの宛先情報を確認して相手のサーバーにメールを配信します。このように、メールは自分のパソコンから相手のパソコンに直接届くわけではなく、サーバー上で読まれるのを待機することになります。

51

レッスン 12 メールを読むには

すべてのフォルダーを送受信

自分宛にメールが届いていないか確認してみましょう。このレッスンでは、[すべてのフォルダーを送受信]ボタンを利用して新着メールの有無を確認します。

キーワード

受信トレイ	P.311
メールサーバー	P.313

ショートカットキー

前のアイテム	Ctrl + <
次のアイテム	Ctrl + >
すべてのフォルダーを送受信	F9

1 新着メールの有無を確認する

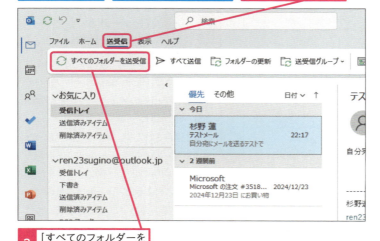

[受信トレイ]を表示する
1 [受信トレイ]をクリック
[受信トレイ]が表示された
新しいメールがないかを手動で確認する
2 [送受信]タブをクリック
3 [すべてのフォルダーを送受信]をクリック

使いこなしのヒント
メールは自動的に受信される

クラウドメールサービスではメールが自動的に送受信されます。通常は、特に送受信の操作を行う必要はありません。すぐに届くはずのメールが届かない場合などに、手動での送受信を試しましょう。

使いこなしのヒント
新着通知からもメールを開ける

メールが届くと、画面右下に新着通知が表示されます。Outlookのウィンドウがほかのウィンドウの背後にあったり、最小化されていたりしても、メールの着信が分かります。新着通知をクリックすると、新着メールが別のウィンドウに表示されます。何も操作をしないと、新着通知はすぐに消えます。

ここに注意

[Mail Delivery Subsystem]という差出人から英語のメールが届いた場合は、宛先に入力した自分のメールアドレスが間違っていた可能性があります。もう一度、レッスン11からやり直してください。

👍 スキルアップ

新着メールを確認する頻度を変更できる

メールがメールサーバーに届いているかどうかをOutlookは30分ごとに自動で確認します。新着メールがあるかどうかを確認する時間を変更するには、以下の手順で操作しましょう。なお、ここでの設定にかかわらず、Outlook.comやGmailなど、昨今の一般的なメールサービスではサーバーに新着メールが届いた直後にOutlookに配信されます。

[ファイル]タブの[オプション]をクリックして、[Outlookのオプション]ダイアログボックスを表示しておく

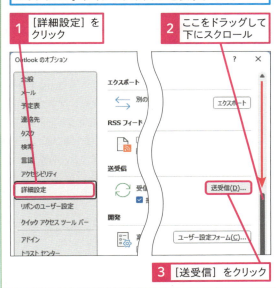

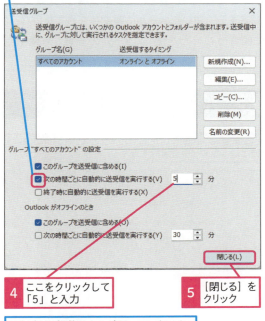

1 [詳細設定]をクリック
2 ここをドラッグして下にスクロール
3 [送受信]をクリック
4 ここをクリックして「5」と入力
5 [閉じる]をクリック

[送受信グループ]ダイアログボックスが表示された

ここでは確認の頻度を5分に設定する

[次の時間ごとに自動的に送受信を実行する]のここにチェックマークが付いていることを確認する

5分ごとに新着メールが届いていないか、自動で確認が行われる

●新着メールが表示された

クリックすると、メールの内容が表示される

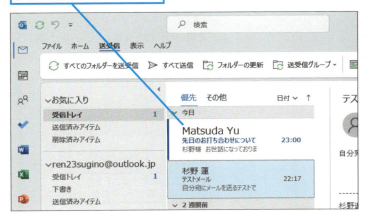

まとめ メールはできるだけ頻繁に確認しよう

自分宛に届いたメールは、できるだけ頻繁に確認するようにしましょう。相手が返信を求めている場合もあります。確認などで返信に時間がかかりそうなときには、その旨を知らせる気配りも必要です。自分が送ったメールに対して何日も反応がなければ不安になってしまいます。メールアドレスを他人に伝えた以上は、できるだけ頻繁に、新着メールをチェックし、必要に応じて返事を書くのがビジネスマナーです。そのためにも、パソコンを使っているときには、常に、Outlookを起動しておきましょう。

レッスン 13 複数のメールを同時に表示するには

ウィンドウで表示

複数のメールを同時に表示するためには、ウィンドウとして個々のメールを開きます。届いたメールに順次目を通すだけならレッスン12のように閲覧ウィンドウを使ってメールの一覧から素早くメール本文を確認できます。

🔍 キーワード
閲覧ウィンドウ	P.310
タブ	P.312

💡 使いこなしのヒント
閲覧ウィンドウの表示方法を変更するには

標準の設定では、閲覧ウィンドウが右に表示されます。閲覧ウィンドウのレイアウトを変更するには、[表示] タブの [レイアウト] グループの [閲覧ウィンドウ] ボタンの一覧から配置方法を選びましょう。なお、[オフ] に設定すると、閲覧ウィンドウが非表示になります。

1 メールを別のウィンドウで開く

ここでは新着メールがないため、レッスン11で自分宛に送ったメールを選択する

1 メールをダブルクリック

選択したメールが別のウィンドウで表示された

2 差出人や宛先を確認

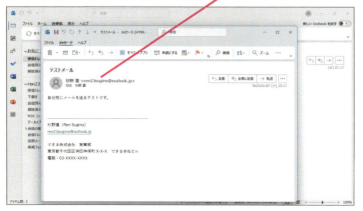

💡 使いこなしのヒント
メッセージの開封に関するメッセージが表示されたときは

メールによっては、開こうとすると、「確認メッセージを送信しますか？」というメッセージが表示される場合があります。[はい] ボタンをクリックすると、メールを開いた日時を記載したメールが自動的に相手に送信されます。必要がない場合は、[いいえ] ボタンをクリックします。

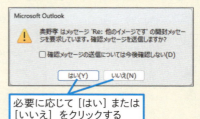

必要に応じて [はい] または [いいえ] をクリックする

基本編 第2章 メールの基本を身に付けよう

54

スキルアップ

複数のウィンドウを並べて表示できる

複数のメールを並べてウィンドウ表示する場合は、ウィンドウズのスナップレイアウトを使うと便利です。手順で紹介している方法のほか、■キーを押しながら方向キー（矢印キー、カーソルキー）を押す方法もあります。■キー+Zで表示サイズや位置を直接指定することもできます。

1 タイトルバーにマウスポインターを合わせて、画面の左端にドラッグ

2 右側に表示するメールのサムネールをクリック

複数のメールの画面が左右に並べて表示された

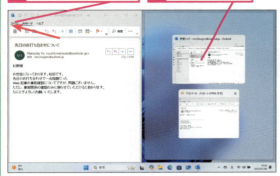

② メッセージのウィンドウを閉じる

メールを読み終わったのでメッセージのウィンドウを閉じる

1 [閉じる]をクリック

メッセージのウィンドウが閉じた

ほかにメールが届いているときは、手順1～2と同様にして読んでおく

まとめ　シーンによってメールの表示方法を使い分けよう

過去に受け取った複数のメールを同時に参照しながら新しいメールを書く場合は、閲覧ウィンドウではなく、個々のメールを別のウィンドウとして開きましょう。閲覧ウィンドウに表示できるのは一覧中のひとつのメールだけです。参照したい関連事項が複数のメールにまたがって記載されている場合などの状況に応じて表示を工夫します。

レッスン 14 メールに返信するには

返信

[返信] ボタンをクリックするだけで、メールに返事を書くことができます。相手が返答を求めているときには、できるだけ迅速に返事を書くようにしましょう。

キーワード
CC	P.307
RE:	P.308
閲覧ウィンドウ	P.310
全員に返信	P.311

1 返信するメールを選択する

[受信トレイ] を表示しておく

ここでは自分宛に出したメールに自分で返信する

1 メールをクリック
2 [返信] をクリック

閲覧ウィンドウが返信用のメッセージを入力する画面に切り替わった

元の件名の先頭に「RE:」の文字が自動で入力される

宛先は自動的に入力される

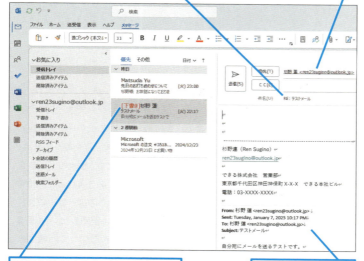

返信を送信するまでは、返信元のメールに「[下書き]」と表示される

元のメールの情報と本文が引用される

使いこなしのヒント
[宛先] や [CC] に入っているすべての人にメールを返信するには

このレッスンのように、[返信] ボタンをクリックすると、そのメールの差出人への返信メールを作成できます。そのメールの宛先が複数あったとしてもそれらのメールアドレスには返信されません。[宛先] に入力されているほかのメールアドレスや [CC] に入っているメールアドレスの全員に返信するときは、[全員に返信] ボタンをクリックします。作業を共有しているメンバーや同じ部署内での連絡メールなど、全員で同じ情報を共有する必要があるときは、メンバー全員にメールを返信するようにしましょう。[CC]の詳細についてはレッスン19で詳しく説明します。

ここに注意
手順1で間違ったメールを選択して [返信] ボタンをクリックしたときは手順2の画面で [宛先] ボタンの上にある [破棄] ボタンをクリックして、手順1から操作をやり直します。

2 メールを送信する

1 本文を入力

2 ［送信］をクリック

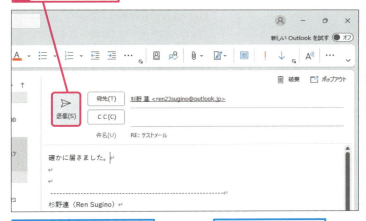

自分宛に送信したので、送信したメールが［受信トレイ］に受信された

返信したメールには、返信済みを示すアイコンが表示される

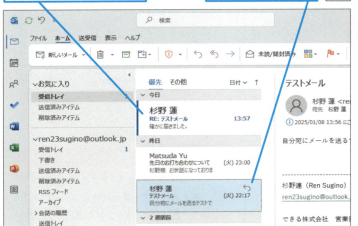

使いこなしのヒント
メールの状態を確認しよう

［受信トレイ］では、メールの表示で、未開封（アイテムの左に青いマーク）、開封済み（青いマークなし）、返信済み（返信のアイコン）、転送済み（転送のアイコン）といった状態が分かります。なお、閲覧ウィンドウに本文を表示したタイミングでメールは開封済みになります

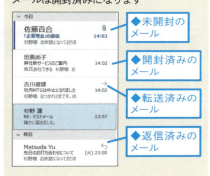

◆未開封のメール
◆開封済みのメール
◆転送済みのメール
◆返信済みのメール

使いこなしのヒント
話題が変わる場合は新規にメールを作成しよう

新規の用件なら、新しくメールを作成しましょう。過去にもらった別件のメールを探し、それに返信するのは、「RE:」というタイトルが付いてしまうため、スマートではありません。

まとめ　差出人のみに返信でいいのかよく確認しよう

メールを返信する場合、メールの差出人が宛先となり、件名の先頭に自動で「RE:」が追加されます。「RE:」は「〜について」を意味します。相手が付けた件名に対する返信であることがひと目で分かる仕組みです。数人でメールを使って打ち合わせをするような場合は、［全員に返信］ボタンを利用して必ず全員にメールを返信し、連絡漏れのないようにしましょう。

レッスン 15 ファイルをメールで送るには

ファイルの添付

メールには、Office文書や画像といったファイルを添付して送ることもできます。ここでは、ファイルを添付したメールを送信してみましょう。

キーワード
HTMLメール	P.307
サーバー	P.310
添付ファイル	P.312

1 ［ファイルの挿入］ダイアログボックスを表示する

レッスン11を参考に、メールを作成しておく

ここでは、あらかじめ［ドキュメント］フォルダーに保存しておいたWord文書を添付する

1 ［メッセージ］タブをクリック
2 ［ファイルの添付］をクリック
3 ［このPCを参照］をクリック

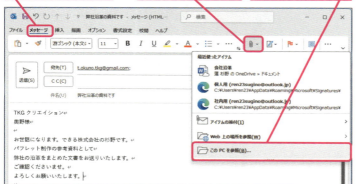

［ファイルの挿入］ダイアログボックスが表示された

4 ［ドキュメント］をクリック

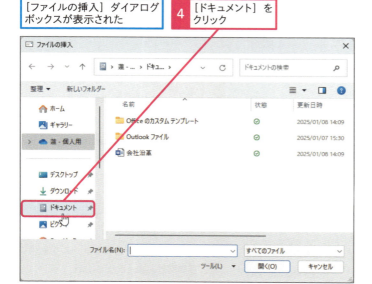

使いこなしのヒント

プログラムファイルはメールで送付できない

Outlookにプログラムファイルを添付して、［送信］ボタンをクリックすると、警告のメッセージが表示されます。これはプログラムファイルを「悪意のあるユーザーがシステムに重大な被害を与えることができる種類のファイル」とOutlookが判断するためです。［はい］ボタンをクリックしてメールを送信しても、相手にデータが届かない場合があります。プログラムファイルをメールで送付したいときは、ZIP形式に圧縮したファイルを添付しましょう。

プログラムファイルを添付して［送信］をクリックすると、警告のメッセージが表示される

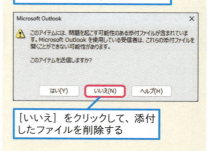

［いいえ］をクリックして、添付したファイルを削除する

ここに注意

手順1の操作4で［ドキュメント］以外の内容を表示してしまった場合は、そのままもう一度［ドキュメント］を選択し直します。

2 ファイルを添付する

[ドキュメント] フォルダーの内容が表示された

1 メールに添付するファイルをクリック

2 [挿入] をクリック

[添付ファイル] に添付したファイルの名前とファイルサイズが表示された

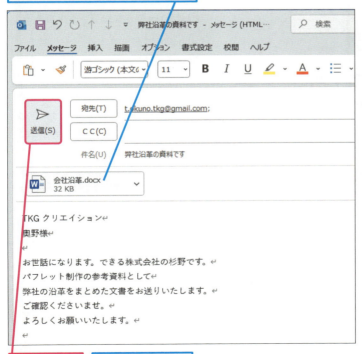

3 [送信] をクリック

ファイルを添付したメールが送信される

使いこなしのヒント
ファイルの添付をやめるには

手順2で表示された添付ファイルが目的のファイルと違っていたときは、添付ファイルの名前をクリックして選択し、Deleteキーを押して削除しましょう。

使いこなしのヒント
ファイルサイズに気を付けよう

添付は便利な機能ですが、メールサービス側の制限を超えたサイズのファイルはメールで送付できません。また、学校や企業で使っている場合は管理者が何らかのポリシーで上限を設定している場合もあります。おおよそ、10MB未満を目安にするとよさそうです。サイズが大きいファイルは、メールに添付するのではなく、OneDriveなどのクラウドストレージにファイルを保存しておき、その在処を伝えて共有する方法を検討してください。なお、[送信] ボタンをクリックした後に「添付ファイルのサイズがサーバーで許容されている最大サイズを超えています。」というメッセージが表示されたときは、[OK] ボタンをクリックして添付したファイルを削除しましょう。

まとめ　メールの特性を生かしてファイルを共有しよう

HTMLメールでは、任意の画像をワープロ文書と同様に文中に挿入できますが、このレッスンで解説した方法を実行すれば、文書や画像を独立したファイルとしてメールで送信できます。目的に応じて使い分けましょう。ただし、ファイルの種類やファイルサイズによっては、添付ができない場合もあります。ファイルの内容や添付ファイルがあることが分かるように件名やメッセージ内容を工夫しましょう。

レッスン 16 添付ファイルを確認・保存するには

ワンクリックプレビュー、添付ファイルの保存

YouTube動画で見る
詳細は2ページへ

メールに添付されたファイルは、その場で閲覧ウィンドウを使って内容を確認できます。添付ファイルを選択すると、閲覧ウィンドウにファイルの内容が表示されます。さらに、添付ファイルは通常のフォルダーにも保存できます。

🔍 キーワード

閲覧ウィンドウ	P.310
添付ファイル	P.312

💡 使いこなしのヒント
プレビューできるファイルの種類とは

Outlookの閲覧ウィンドウでは、ExcelやWord、PowerPointなどのOffice文書をはじめ、JPEG形式やPNG形式などの画像ファイルの内容がプレビューで表示されます。Office文書の場合は、専用のビューワーツールが起動してファイルの内容が表示されます。

1 添付ファイルを表示する

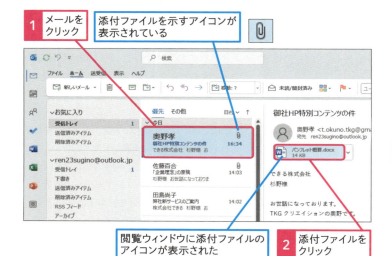

1 メールをクリック
添付ファイルを示すアイコンが表示されている

閲覧ウィンドウに添付ファイルのアイコンが表示された
2 添付ファイルをクリック

添付ファイルの内容が表示された

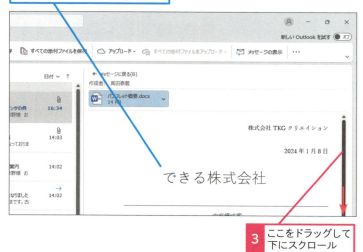

3 ここをドラッグして下にスクロール

💡 使いこなしのヒント
プレビューできないファイルもある

Outlookのビューワーツールが対応していない添付ファイルを選択したときは、「このファイルのプレビューを表示できません。このファイル形式用のプレビューアーがインストールされていません。」というメッセージが表示されます。また、閲覧できるアプリケーションがパソコンにあってもプレビューが表示されないことがあります。ファイルの送信元が安全と分かっているときは、手順1で添付ファイルをダブルクリックし、[添付ファイルを開いています]ダイアログボックスで[開く]ボタンをクリックしてください。

⚠️ ここに注意
手順1でファイルを添付していないメールを開いてしまった場合は、もう一度メールを選択し直します。

2 メール本文を表示する

添付ファイルの末尾まで表示された

閲覧ウィンドウを切り替えてもう一度メール本文を表示する

1 [メッセージに戻る]をクリック

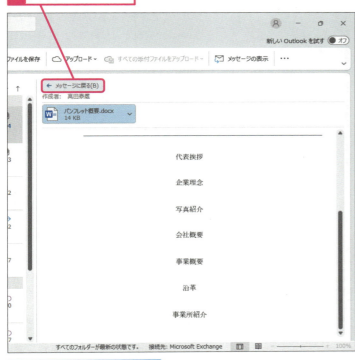

閲覧ウィンドウにメール本文が表示された

💡 使いこなしのヒント

入手先を確認する警告が表示されたときは

添付ファイルの種類によっては、クリックすると、警告と［ファイルのプレビュー］ボタンが画面に表示されます。［ファイルのプレビュー］ボタンが表示されたときは、クリックして内容を確認できます。ただし、ファイルによっては、内容の一部が表示されない場合があります。

添付ファイルをクリックしたら、警告のメッセージが表示された

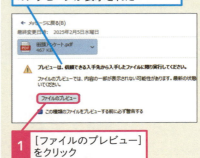

1 ［ファイルのプレビュー］をクリック

添付ファイルの内容が表示された

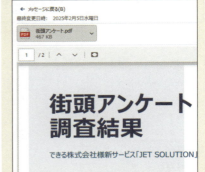

3 添付ファイルを保存する

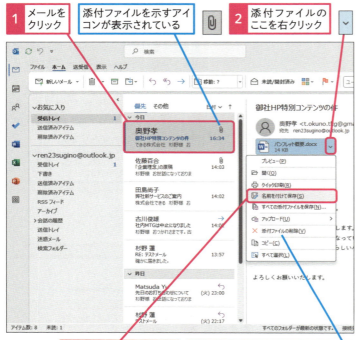

1 メールをクリック
添付ファイルを示すアイコンが表示されている
2 添付ファイルのここを右クリック
3 [名前を付けて保存]をクリック
[添付ファイルの削除]をクリックすると、添付ファイルが削除される

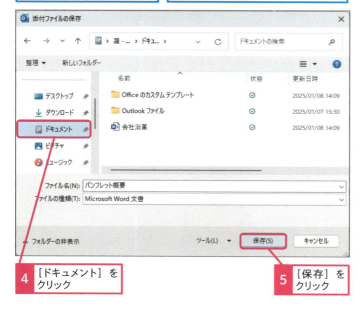

[添付ファイルの保存]ダイアログボックスが表示された
ここでは添付ファイルを[ドキュメント]フォルダーに保存する
4 [ドキュメント]をクリック
5 [保存]をクリック

使いこなしのヒント
開けない添付ファイルもある

プログラムファイルやアプリケーション形式のファイルが添付されていた場合は、警告のメッセージが表示され、自動でファイルが削除されます。これは、「パソコンに危害を与える可能性がある」とOutlookが判断するためです。拡張子が「.bat」「.exe」「.vbs」「.js」のファイルは、Outlookで受け取れません。メールで受け取りたいときは、ZIP形式などに圧縮したファイルを再送してもらいましょう。

被害を与える可能性のあるファイルが削除され、メッセージが表示される

使いこなしのヒント
セキュリティ対策ソフトが添付ファイルの安全性を検査している

メールの添付ファイルは、受信時から開こうとする間までの、何段階ものタイミングで検査され、危険であれば隔離されます。それを担うのがセキュリティ対策ソフトです。Windows 11では、標準でMicrosoft Defenderが装備されています。

⚠ ここに注意

手順3の操作2で、添付ファイルのアイコンをダブルクリックしてしまったら、いったん開いたウィンドウを閉じ、もう一度操作1から操作をやり直します。

4 保存したファイルを確認する

[ドキュメント] フォルダーに保存したファイルを確認する

1 [エクスプローラー] をクリック

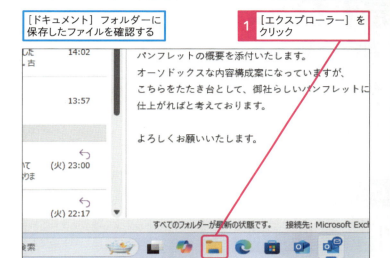

フォルダーウィンドウが表示された

2 [ドキュメント] をダブルクリック

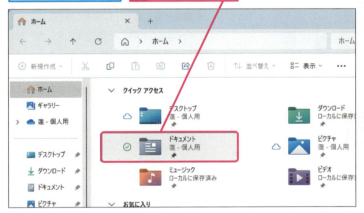

[ドキュメント] フォルダーに保存した添付ファイルが表示された

[閉じる] をクリックして [ドキュメント] を閉じておく

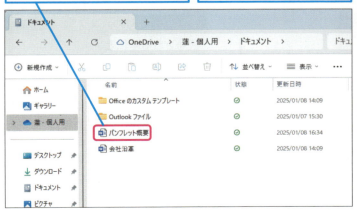

使いこなしのヒント

複数の添付ファイルをまとめて保存するには

添付ファイルが複数あるときは、いずれかの添付ファイルをクリックし、[添付ファイルツール] の [添付ファイル] タブにある [すべての添付ファイルを保存] ボタンをクリックするといいでしょう。表示される [添付ファイルの保存] ダイアログボックスで添付ファイルを確認し、[OK] ボタンをクリックすると [すべての添付ファイルを保存] ダイアログボックスが表示されます。手順3以降の操作を参考にファイルを保存してください。

まとめ

添付ファイルは危険と便利が背中合わせ

Office文書や画像、テキストファイルなど、メールで受け取った多くのファイルは、表示して内容を確認できます。内容を参照するだけなら、プレビュー表示で十分なことが多いものです。対応するアプリケーションが起動する時間を待つことなく内容を確認できるため、スピーディーに大量のメールを処理できます。

添付ファイルは、パソコンで扱えるさまざまな種類のデータをやりとりでき、とても便利です。ただ、その反面、ウイルス感染などの原因になる可能性もあり、扱いには十分な注意が必要です。見知らぬ人からの添付ファイルは、開かずに、レッスン48を参考に [削除] ボタンをクリックしてメールごと削除しましょう。

レッスン 17 メールに表示されていない画像を表示するには

画像のダウンロード、信頼できる差出人

メール本文に画像が設定されていると、表示はブロックされます。不快感を与える可能性のある内容の表示や、悪意のあるコードによる攻撃を防ぐためです。また、既読であることが相手に伝わる可能性を回避し、プライバシーを保護します。

キーワード

HTMLメール	P.307
サーバー	P.310
差出人	P.311

1 表示されていない画像を表示する

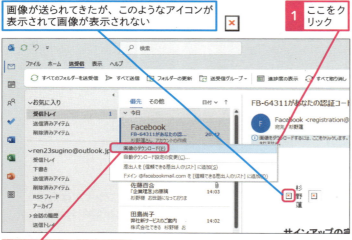

画像が送られてきたが、このようなアイコンが表示されて画像が表示されない

1 ここをクリック

2 [画像のダウンロード]をクリック

画像が表示された

使いこなしのヒント
どうして画像が表示されないの？

画像など、メール本文に埋め込まれた外部データへのリンクは、決して安全であるとは限りません。リンクはデータの実体と違って、外部のサーバーに接続してダウンロードされるので、送信者はサーバーを確認することで、無差別に送信したメールの既読／未読を確認できます。その結果、アドレスの有効性を知ることもできるため、不用意に画像を表示していると、迷惑メールの数が増える可能性もあります。

使いこなしのヒント
表示される画像と表示されない画像の違いは？

メール本文に設定される画像は、画像データそのものがメールに添付されている場合と、外部のサーバーに保存された画像データへのリンクである場合があります。表示されない画像は主に後者で、悪意のあるコードによる攻撃を防ぐために既定で非表示になります。

2 差出人を信頼できる差出人として登録する

信頼できる差出人から画像が送られてきた

1 ここをクリック

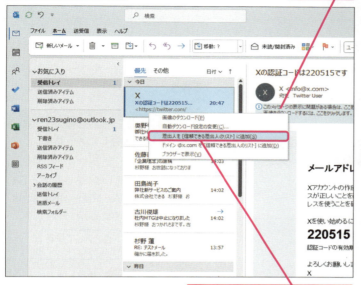

2 ［差出人を［信頼できる差出人のリスト］に追加］をクリック

画像が表示された　この差出人からのメールの画像は、常に表示されるように設定された

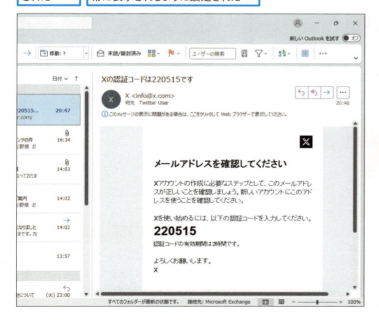

使いこなしのヒント

信頼できる差出人のリストを確認するには

任意の差出人を「信頼できる差出人」として設定しておくことで、その人から送られてきたリンク画像については無条件にダウンロードするように設定しておくことができます。リストをまとめてチェックすることができるほか、間違って信頼できる差出人に設定してしまった場合には、削除も可能です。

1　［ホーム］タブをクリック

2　［その他のコマンド］-［迷惑メール］-［迷惑メールのオプション］をクリック

3　［信頼できる差出人のリスト］タブをクリック

［追加］をクリックすると、信頼できる差出人を追加できる

まとめ　よく確認して設定しよう

HTMLメールに含まれる画像等は、メールにデータの実体が埋め込まれているものと、サーバーに置かれたデータにリンクされ、表示時に初めてダウンロードされるものがあります。悪意のある攻撃を回避するために、既定ではリンク先のデータはダウンロードされないようになっています。なお、特定のユーザーを信頼する差出人に登録しておくことで自動的にダウンロードが行われますが、安易な設定は禁物です。

レッスン 18 メールを下書きとして保存するには

下書き

メールを書き始めたはいいものの、途中で別の用事ができるなどして、中断せざるを得ない場合があります。書きかけのメールを下書きとして保存しておくことで、時間ができたときに、メールの作成を再開できます。

キーワード
クイックアクセスツールバー	P.310
下書き	P.311

使いこなしのヒント
下書きとして保存したメールを破棄するには

メールの作成画面上部にあるボタン［破棄］をクリックすると下書きは削除されます。書きかけの内容は失われます。

手順2を参考に下書きとして保存したメールを表示しておく

1 ［破棄］をクリック

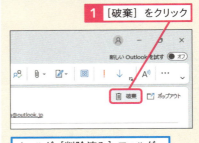

メールが［削除済み］フォルダーに移動する

1 メールを下書きとして保存する

レッスン11を参考に、メールを作成しておく

1 ［上書き保存］をクリック

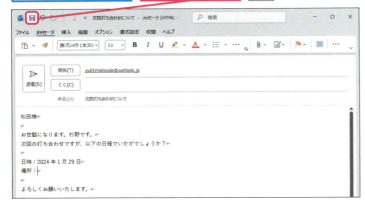

2 ［閉じる］をクリック

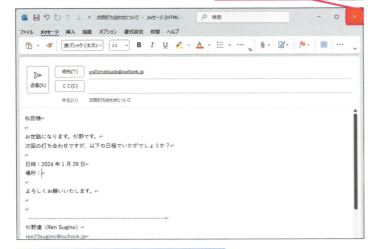

メールが［下書き］フォルダーに保存される

ここに注意

クイックアクセスツールバーにボタン［上書き保存］がない場合でも、［閉じる］をクリックすれば、変更を保存するかどうかを尋ねるダイアログボックスが表示されます。そこで保存すれば、書きかけのメールが下書きとして保存されます。

② 下書きとして保存したメールを送信する

手順1を参考に、書きかけのメールを下書きとして保存しておく

1 ［下書き］をクリック

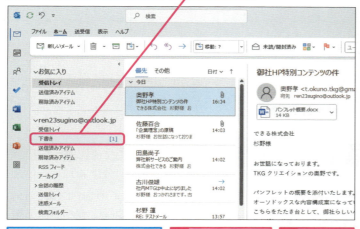

下書きとして保存されたメールの一覧が表示された

2 作成を再開するメールをクリック

3 メールの続きを入力

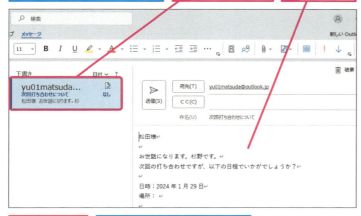

4 ［送信］をクリック

下書きとして保存したメールが送信される

使いこなしのヒント

作成中のメールは一定時間ごとに自動的に保存されている

書きかけのメールは自動的に下書きフォルダーに保存されています。何らかの理由で書きかけのメールを保存せずに閉じてしまった場合は、下書きフォルダー内を確認してみましょう。また、自動保存の間隔は既定では3分ですが、［Outlookのオプション］ダイアログボックスにある［メール］-［メッセージの保存］で変更できます。

まとめ

あわててメールを送信しないで下書きを保存しよう

メールの作成に時間がとれないなど、余裕がない状態でメールを書くと、文面の吟味ができなかったり、誤字脱字の多い書面で送信してしまうことになりがちです。書きかけのメールをあわてて送信せず、後で時間がとれたときに落ち着いて仕上げるようにしましょう。

レッスン 19 メールを複数の宛先に送るには

複数のTO、CC、BCC

メールの送信先は、複数の宛先を指定する同報に加え、通常の宛先としてではなく、CC、BCCという特別な宛先を指定できます。ここでは通常の宛先としてのTO、カーボンコピーとしてのCC、ブラインドカーボンコピーとしてのBCCの使い分けについて説明します。

🔍 キーワード

BCC	P.307
CC	P.307
カーボンコピー	P.310

1 メールを複数の宛先に送る

レッスン11を参考に、メールを作成しておく
宛先を入力しておく
1 「;」と入力
2 もう1つの宛先を入力
3 Enter キーを押す
複数の宛先が入力された
レッスン11を参考に、メールを送信しておく

💡 使いこなしのヒント
CCとBCCを使い分けよう

宛先当事者としてのTOではなくカーボンコピーとしてのCCには、念のために当事者以外にも写しを送っておくという意味合いがあります。さらに、[BCC]に入力したアドレスはメールを受け取ったすべての人に対して隠されます。[宛先]にAさん、[CC]にBさん、[BCC]にCさんのメールアドレスを指定してメールを送ると、AさんとBさんにはCさんに同じメールが送られていることが分かりません。

2 メールのコピーを送る

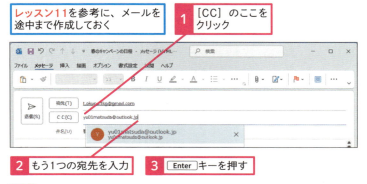

レッスン11を参考に、メールを途中まで作成しておく
1 [CC]のここをクリック
2 もう1つの宛先を入力
3 Enter キーを押す

💡 使いこなしのヒント
ドラッグアンドドロップで宛先を変更できる

宛先、CC、BCCの欄に入力して確定した個々のメールアドレスは、ドラッグして別の欄に移動することができます。いったんは宛先に入れたアドレスを、やはりCCにしたいといった場合の操作が簡単にできます。

●もう1つの宛先が入力された

CCに宛先が入力された

3 ほかの宛先が見えないようにメールのコピーを送る

レッスン11を参考に、メールを作成しておく

宛先が入力されている

1 [オプション]タブをクリック

2 [その他のコマンド]をクリック

3 [BCC]をクリック

[BCC]と表示された

4 もう1つの宛先を入力

5 Enterキーを押す

もう1つの宛先が入力された

[宛先]や[CC]に入力されたメールアドレスからは、[BCC]に入力された宛先が見えないようにメールを送信できる

使いこなしのヒント

自分が宛先にないメールを受け取ったら

自分のアドレスが宛先にないメールは、BCCとして送られてきた可能性があります。部下が取引先に送るメールを念のために上司にも送っておくというような場合に使います。特に問題がない限り、返信などを行う必要はありません。何らかの理由でそのメールに返信する場合は、全員に返信せずに、差出人だけに返信するようにしましょう。CCの宛先にメールが届くことで、余計なトラブルが起こる可能性があるからです。

まとめ

宛先やCCとBCCは絶対に間違えないようにしよう

不特定多数の相手に対する同報メールの多くは配信用の特別なシステムが使われますが、手作業でアドレスが入力されている場合もあります。まれに、何百人というメールアドレスが宛先欄に並んだメールが届くことがありますが、ほとんどの場合は、送信時のミスです。こうしたミスが起こらないように、宛先、CC、BCCの用途と役割を正しくを理解して正確に使い分けましょう。

レッスン 20 メールを転送するには

転送

受信したメールを別の人に読んでもらいたい場合は、ほかの宛先に転送することができます。いつ誰から送られてきたメールかが明確になるので転送対象、転送する相手については個人情報等に留意して使いましょう。

キーワード	
Outlookのオプション	P.308
差出人	P.311

使いこなしのヒント
添付ファイルも転送される

転送対象のメールにファイルが添付されている場合は、そのファイルも転送の対象になります。本当にそのファイルを転送してもいいのかどうかに十二分な配慮をしてください。

1 受信したメールをほかの人に転送する

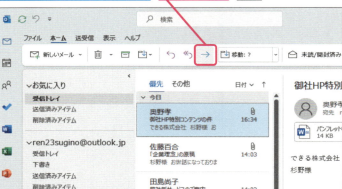

レッスン12を参考に、転送したいメールを表示しておく

1 ［転送］をクリック

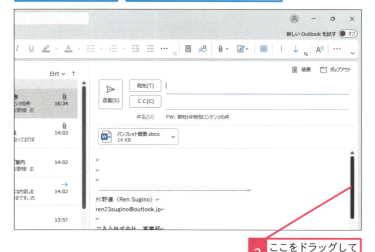

メールの作成画面が表示された

元の件名の先頭に「FW：」と自動的に入力される

2 ここをドラッグして下にスクロール

ここに注意
手順1で左隣のボタン［全員に返信］をクリックしてしまった場合は、いったんそのメールを破棄して、もう一度やり直しましょう。

● 送信するメールの続きが表示された

| 元のメールがコピーされている | 3 ここをドラッグして上にスクロール |

| 4 宛先を入力 |

| 5 本文を入力 | 6 [送信] をクリック |

| ほかの人にメールが転送された | 転送したことを示すアイコンが表示されている |

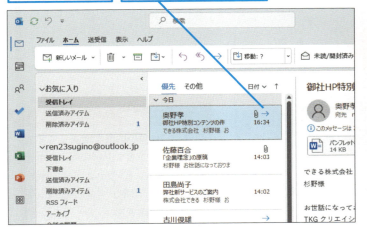

使いこなしのヒント

転送した文章に引用の記号を付けるには

転送内容は通常のメール本文です。転送対象であることがわかるように引用記号を付けて自分のメール本文とは異なることを明確にすることができます。詳細はレッスン64で説明します。

[ファイル]タブの[オプション]をクリックして、[Outlookのオプション]ダイアログボックスを表示しておく

1 [メール]をクリック

2 画面を下にスクロール

3 [メッセージを転送するとき]のここをクリックして[元のメッセージの行頭にインデント記号を挿入する]を選択

4 [OK]をクリック

まとめ メールの転送で情報共有するときは注意しよう

転送はメールを受け取ったアドレスが差出人となって行われます。もともとの差出人には転送されたことがわかりません。いってみれば未承諾の勝手な情報共有であるともいえます。差出人や転送対象のメール内容にもよりますが、転送先に隠したい内容については削除等の配慮が必要です。

レッスン 21 メールを印刷するには

印刷、PDFとして保存

メールの内容によっては本文を印刷したり、PDFにしたりすることで、より有効に活用できるかもしれません。ここではメールの出力について説明します。

キーワード	
タブ	P.312
メッセージ	P.313

使いこなしのヒント
スマートフォンやタブレットからでもメールを確認できる

スマートフォンやタブレットなど、さまざまな機器からでも同じメールを読み書きできます。印刷せずに、それらの機器を使ってメールを参照してもいいでしょう。詳しくは、第9章を参照してください。

1 メールを印刷するには

パソコンにプリンターを接続して電源をオンにしておく

レッスン12を参考に、印刷したいメールを表示しておく

1 [ファイル] タブをクリック

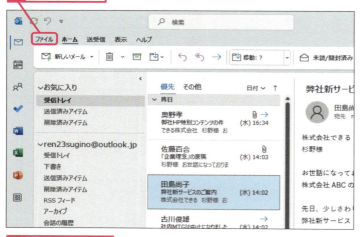

2 [印刷] をクリック

ここに注意
手順1の3枚目の画面で間違って[プレビュー]ボタンをクリックしたときは、[印刷オプション]をクリックして[印刷]を表示するか、[印刷]ボタンをクリックして印刷を実行します。

● ［印刷］の画面が表示された

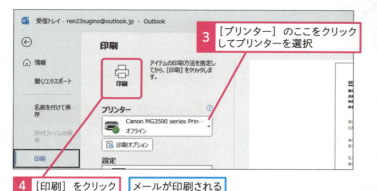

3 ［プリンター］のここをクリックしてプリンターを選択
4 ［印刷］をクリック　メールが印刷される

2 メールをPDFとして保存するには

| レッスン12を参考に、PDFとして保存したいメールを表示しておく | 手順1を参考に［印刷］の画面を表示しておく |

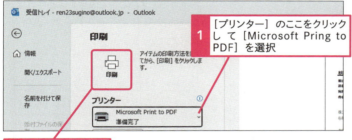

1 ［プリンター］のここをクリックして［Microsoft Pring to PDF］を選択
2 ［印刷］をクリック

［印刷結果を名前を付けて保存］ダイアログボックスが表示された

3 保存場所を選択
4 ファイル名を入力

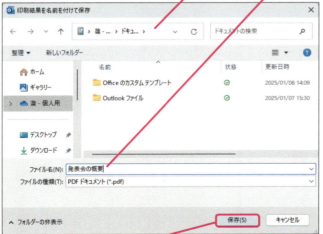

5 ［保存］をクリック　　選択した保存場所に、メールがPDFとして保存される

使いこなしのヒント

複数のメールをまとめて印刷できる

関連する一連のメッセージをまとめて印刷することもできます。複数のメールを選択して右クリックし、［クイック印刷］を選びましょう。

1 メールをクリック
2 [Ctrl]キーを押しながら別のメールをクリック

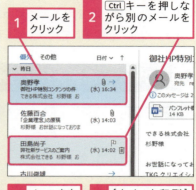

3 メールを右クリック
4 ［クイック印刷］をクリック

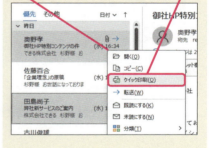

まとめ　紙と電子を併用しよう

紙への印刷やPDFファイルへの出力は、紛失や処分の際などに注意が必要ですが、電子デバイスに格納するよりも便利な場合があります。相手にプレゼンしながらのミーティング中に、ノートパソコンの限られた作業領域では表示しきれない情報も、印刷して手元で参照すれば安心です。

レッスン 22 メールの文字を大きくするには

ズーム

標準設定ではメール本文の文字が読みにくい場合があります。また、HTMLメールでは、文字サイズが差出人の設定に依存する場合があります。サイズを変更して読みやすく表示させましょう。

🔍 キーワード

HTMLメール	P.307
閲覧ウィンドウ	P.310
差出人	P.311

💡 使いこなしのヒント

数値を指定して拡大するには

現在の拡大率が右下に表示されています。この値をクリックするとスライダーでの設定よりも細かく、任意のズーム倍率を設定できます。ここで設定を保存すれば、以降の表示はここで設定したズーム倍率が有効になります。

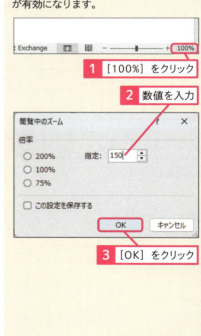

1 [100%] をクリック
2 数値を入力
3 [OK] をクリック

1 10%ずつ画面を拡大する

メールの文字のサイズを拡大する

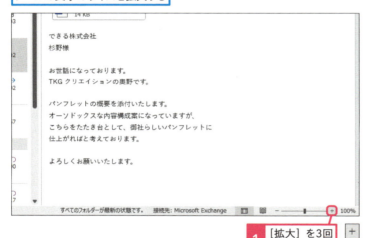

1 [拡大] を3回クリック

文字が130%に拡大された

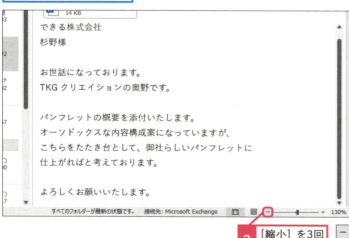

2 [縮小] を3回クリック

👍 スキルアップ
タッチパッドやマウスのホイールでも拡大・縮小ができる

閲覧ウィンドウ内のプレビュー内容は、タッチパッドでのピンチ操作やマウスホイールによってズーム倍率を変更できます。画面を直接タッチしての操作ができなくても、タッチパッドが装備されたノートパソコンでは、直感的な操作が可能です。

● タッチパッドでの操作

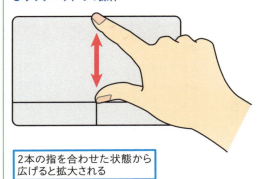

2本の指を合わせた状態から広げると拡大される

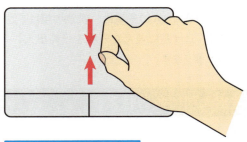

2本の指を広げた状態から合わせると縮小される

● ホイールでの操作

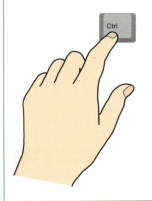
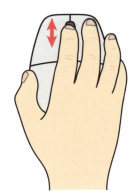

Ctrlキーを押しながら、ホイールを前に回すと拡大、後ろに回すと縮小される

● 文字の大きさが元に戻った

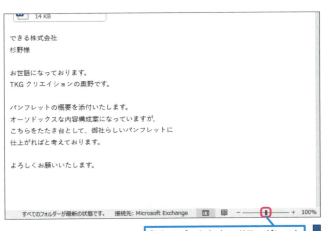

[ズーム]を左右にドラッグしても拡大と縮小ができる

まとめ　メールなら文字の大きさを簡単に変えられる

テキストメールとは違って、HTMLメールでは、本文の文字サイズは差出人側の設定に依存します。相手の環境に依存し、その設定によっては読みにくく感じる場合があるかもしれません。そんなときには、ズーム倍率を変更してみましょう。このレッスンでは閲覧ウィンドウでのプレビューの表示を変更していますが、メールをウィンドウ表示している場合には、スキルアップで説明しているようにタッチパッドやマウスホイールの操作でズーム倍率を変更できます。

レッスン 23 メールの一覧を並べ替えるには

グループヘッダー

ビューに表示されるメールの一覧は、特定の項目で並べ替えができます。ここでは、日付順に並んだ一覧を［差出人］や［未読］という条件で並べ替えます。

キーワード

差出人	P.311
受信トレイ	P.311
添付ファイル	P.312
ビュー	P.312

1 差出人別に並べ替える

［受信トレイ］フォルダーの内容を表示しておく

1 ［日付］をクリック

2 ［差出人］をクリック

メッセージ一覧が差出人別に並べ替えられた

ここをクリックすると昇順と降順を切り替えられる

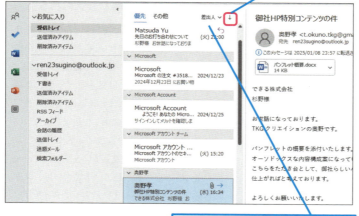

［差出人］-［日付］の順にクリックして、元の表示に戻しておく

使いこなしのヒント

昇順と降順での並べ替えを知ろう

手順1では、グループヘッダーから［差出人］を選択してメールの並べ替えを行いました。［差出人］の［昇順］では、メールに表示される差出人名の「A〜Z→あ〜ん」の順で並べ替えられます。降順の場合は「ん〜あ→Z〜A」の順になります。

使いこなしのヒント

サイズや添付ファイルでも並べ替えができる

グループヘッダーをクリックし、［サイズ］や［添付ファイル］を選択してもメールの並べ替えができます。添付ファイルがあるメールのみをビューで確認するには、［添付ファイルあり］の分類に表示されるメールを確認しましょう。

ここに注意

手順1の操作2で間違って別の項目を選択してしまった場合は、もう一度やり直して［差出人］をクリックします。

2 未読メールだけを表示する

[受信トレイ] フォルダーの内容を表示しておく

1 [日付] をクリック

2 [未読のメール] をクリック

ビューの一覧に未読のメールのみが表示された

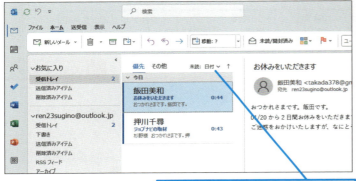

[未読：日付] - [すべてのメール] の順にクリックして、元の表示に戻しておく

使いこなしのヒント
表示を元に戻すには

特定の条件で並べ替えたメールを元通りに日付順で並べ替えるには、手順1を参考に [日付] をクリックします。日付に切り替えると、受信日が新しい順から古い順にメールが並びます。

使いこなしのヒント
並べ替えたメールを次々に読める

並べ替えた状態でメールを表示しているときにはキーボードの↑↓キーを使って、前後のメッセージを確認できます。ます。例えば [差出人] の [昇順] なら、[次のアイテム] ボタンをクリックすると、差出人名の順でメールがウィンドウに表示されます。大量のメールを閲覧ウィンドウで次々に確認していくときに便利です。

まとめ　用途に応じて並べ替えよう

特定のフォルダーにあるメールを条件にしたがって並べ替えることで、日付や差出人、件名、添付ファイルなどでグループ化して順にメールを読むことができます。この並べ替えは、フォルダー内のメッセージだけでなく、検索結果一覧に対しても有効です。手動でメールをフォルダーに移動する場合にも、決まった法則でメールが並んでいた方が効率が上がります。いろいろな場面で並べ替えを活用しましょう。

レッスン 24 特定のキーワードを含むメールを探すには

検索ボックス

特定のキーワードを含むメールを探すには、検索ボックスが便利です。検索ボックスにキーワードを入れるだけで、瞬時に該当のメールが見つかります。

キーワード	
Outlook.com	P.308
Outlookのオプション	P.308
受信トレイ	P.311

1 メールを検索する

検索したいフォルダーの内容を表示しておく

ここでは[受信トレイ]フォルダーの内容を表示しておく

1 検索ボックスをクリック

カーソルが表示されて文字を入力できる状態になった

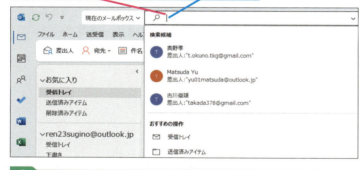

使いこなしのヒント

キーワードに該当するメールがなかったときは

Outlook.comなどのメールサービスアカウントを利用している場合、サービス側には過去のすべてのメールが保存されていますが、手元のパソコンには過去1年分、3カ月分など一部のメールしか保存されていない場合があります。

👍 スキルアップ

Outlook全体を検索対象にできる

検索ボックスを利用した検索対象範囲は、[現在のフォルダー]に設定されています。検索対象が[受信トレイ]フォルダーの場合、選択中のアカウントのメールボックスが選択対象範囲です。以下の手順で検索対象を[すべてのメールボックス]に変更すれば、Outlookに登録されているすべてのアカウントのメールボックスを検索対象範囲に設定できます。

1 検索ボックスをクリック

2 [その他のコマンド]-[検索ツール]-[検索オプション]をクリック

[Outlookのオプション]ダイアログボックスの[検索]の項目が表示された

3 [すべてのメールボックス]をクリック

4 [OK]をクリック

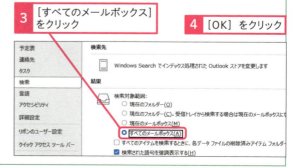

● 検索キーワードを入力する

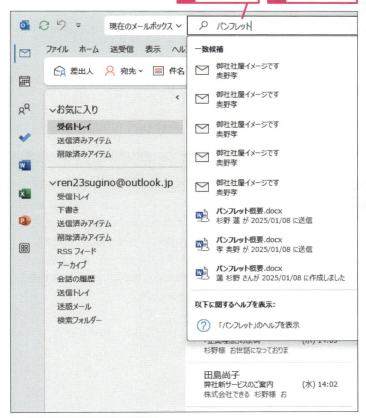

操作2で入力した文字を含むメールが表示された

検索した文字の部分が色付きで表示された

[検索結果を閉じる]をクリックすると、メッセージの一覧が表示される

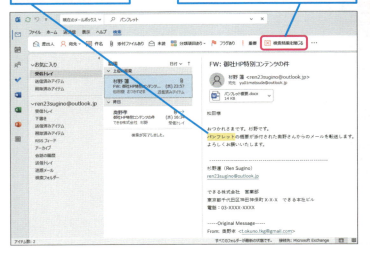

使いこなしのヒント

高度な検索を駆使しよう

検索ボックスをクリックし、右端のフィルターボタンをクリックすると、高度な検索ができます。本文、宛先、懸命、添付ファイルの有無や内容、受信日時の範囲などを指定して検索ができます。キーワード等の単純な検索では探しているメールが見つけられない場合に活用しましょう。また、検索ボックスでのキーワード検索でも、AND、NOT、ORといった論理演算子も利用できます。

●Outlookで検索する方法

⚠ ここに注意

キーワードの入力を間違えて、意図しない検索結果が表示された場合は、検索ボックス右側の[検索結果を閉じる]ボタン（☒）か[検索ツール]の[検索]タブにある[検索結果を閉じる]ボタンをクリックしてキーワードを入力し直します。

まとめ　目的のメールを素早く見つけ出せる

過去に誰かからメールをもらったはずなのに、どのメールだったか思い出せない。受信するメールの数が多くなればなるほど、こうしたケースも多くなります。検索ボックスを使えば、キーワードを指定するだけで、そのキーワードが含まれるメールを一瞬で見つけ出せます。メール本文に含まれる語句だけではなく、差出人の名前や添付ファイル名なども検索対象になります。検索結果からメールをさらにスレッド表示させたり、並べ替えをしたりすることで、目的のメールを見つけます。

レッスン 25 受信した順にすべてのメールを表示するには

優先受信トレイの設定

優先受信トレイは、過去のメールの履歴から、Outlookが重要だと判断したメールだけが自動的に集められた仮想的なフォルダーですが、まれにその優先度が邪魔になって大量のメールを俯瞰するのに不便を感じます。ここでは受信した順にすべてのメールを表示するように設定してみましょう。

🔍 キーワード	
フォルダー	P.312
メール	P.313
優先受信トレイ	P.313

💡 使いこなしのヒント

［優先］と［その他］の違いは？

［その他］メールでは優先受信トレイに分類されなかったメールを一覧できます。優先受信トレイを使う場合にも、たまに［その他］メールをチェックして、重要なメールが紛れ込んでいないかどうかを確認しておきましょう。

1 ［その他］フォルダーの内容を表示する

［優先］フォルダーが表示されている

1 ［その他］をクリック

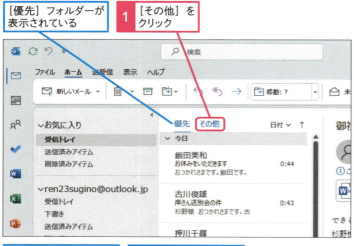

［その他］フォルダーの内容が表示された

［優先］をクリックして表示を元に戻しておく

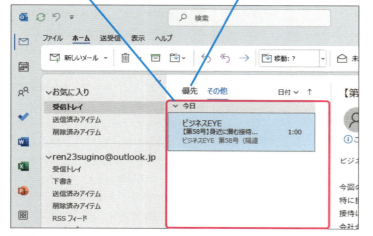

② 受信した順にすべてのメールを表示する

[優先]と[その他]にフォルダーが分けられている

1 [表示]タブをクリック

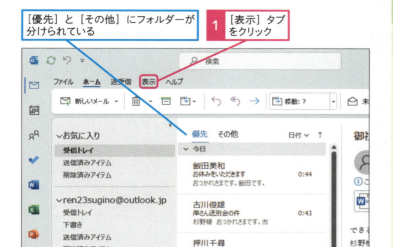

2 [優先受信トレイを表示]をクリック

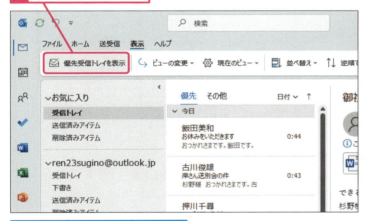

[すべて]と[未読]にフォルダーが分けられた

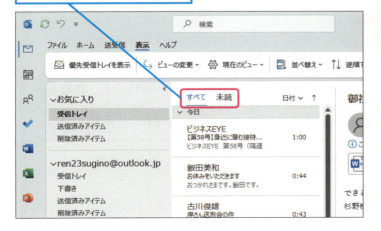

使いこなしのヒント

初期設定では優先受信トレイが表示されている

Outlookの標準設定では優先受信トレイが有効です。そのままでは、本当は優先されるべきメールがそのほかのメールとして扱われることもあります。相手が送ったはずのメールが届いていない場合は、[その他]メールを確認してみましょう。

まとめ　メールを見逃さないように設定しよう

優先受信トレイは仮想的なフォルダーです。物理的にメールが振り分けられているわけではありません。このフォルダーは便利そうに見えますが、本当は重要なメールなのにピックアップされず、気が付かないということも起こります。その可能性がゼロではない以上、日常的には受信トレイのすべてのメールを確認するようにしておくことをお勧めします。

この章のまとめ

作成・確認・管理の基本こそ活用への第一歩

プライベートからビジネスまで、メールは、現代社会の重要なコミュニケーション手段としてすっかり定着しました。Outlookを使えば、日々やりとりするメールを蓄積し、その情報を活用できるようになるはずです。昨今では、LINEなどのインスタントメッセージなどもコミュニケーション手段として定着してきていますが、ビジネスコミュニケーションの基本中の基本はメールです。メールの基本をしっかりおさえることでより便利に使いこなすための工夫もできるようになります。

キーワードでメールを素早く検索できる

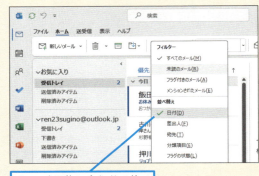

メールを目的に合わせて並べ替えると素早く見つけられる

メールの基本といいながらも、作成だけでなくメール一覧の並べ替えとか、いままであまり使ってこなかった機能もあって、とても勉強になりました！

そうね！　取引先ごとに並べ替えつつ、未読のメールだけを表示する……。メールが増えてくると、かなり便利に使えそうな機能です。それに、メールが読みにくければ文字を大きく、長文メールなら小さくしてたくさん表示するなど、自分の目的に合った使い方ができそうです！

そうそう！　ここで紹介した機能は基本的なことかもしれないけど、使い方を工夫することで活用の糸口が見えてくるんだ。
活用のためにはまず基本をしっかりとおさえることが重要だよ！

基本編

第3章

予定表で
スケジュール管理しよう

Outlookでスケジュールを管理することで、これまで使っていた紙の手帳では考えられなかった便利さが手に入ります。スケジュール管理はビジネスにおいて、とても重要な要素の1つです。それをどう効率的なものにするかで働き方が大きく変わります。

26	スケジュールを管理しよう	84
27	予定を確認しやすくするには	86
28	予定を登録するには	90
29	予定を変更するには	94
30	毎週ある予定を登録するには	96
31	数日にわたる予定を登録するには	98
32	予定を検索するには	100

レッスン 26

Introduction この章で学ぶこと

スケジュールを管理しよう

Outlookでは予定表でスケジュールを管理できます。予定を一度登録すれば、1日単位、1週間単位、1か月単位と、随時、そのビューを切り替えることで、予定を俯瞰する期間と目的に応じた見え方で管理できます。

基本編 第3章 予定表でスケジュール管理しよう

画面の基本構成を覚えよう

Outlookのメールと同様に、予定を管理する画面があるんだ。メールとはまた違う構成になっているから、各部分の役割を知っておこう。

◆カレンダーナビゲーター
フォルダーウィンドウを展開すると表示される。日付や月をクリックして表示する期間を変更できる

◆[表示形式]グループ
予定表の表示形式をボタンで切り替えられる

現在のビューに表示されている期間が表示される

終日の予定はここに表示される

◆予定表
[予定表]をクリックして予定表を表示する

◆ビュー
選択した表示形式で予定を表示する

月間カレンダーが表示されているあたりが、メールとはまったく違いますね！

今日の日付は、青い背景色で表示される

ビューに表示されている期間は、水色で表示される

予定が登録されている日は、太字で表示される

🔍 用語解説

ビュー

Outlookのアイテムがメールや予定表、タスクなどの各フォルダーに表示されるときの見え方を「ビュー」と呼びます。

ビューの切り替えを活用しよう

登録されている予定はビューに表示されるようになっているんですね。1週間分の予定しか表示できないのですか……？

そんなことはないよ。ビューはいくつか用意されていて、自在に切り替えられるようになっているんだ。週間のスケジュールだけでなく、月間のスケジュールも確認できるよ！

予定にはさまざまな情報を登録することもできる

予定にはとりあえず行先とアポイントメントの時刻を登録しておけば十分ですよね？

それは最低限の情報だね。もちろんそれだけでもいいけど、打ち合わせでやるべきことなどもまとめておいた方が効率がよくないかい？

確かにそうですね。一言でもいいので、重要なポイントを入れておくと便利かも。

Outlookの予定では、件名や時間だけでなく、詳細を記入して保存しておくこともできるんだ。
予定には1日で終わるものがほとんどだろうけど、定例会議のように繰り返す日程や、遠方への出張など複数日に渡る予定もしっかりと対応しているよ！

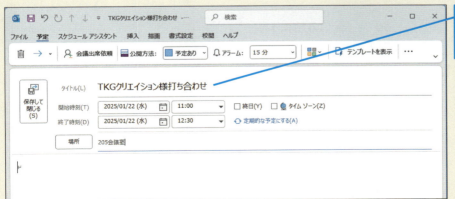

予定には件名や時間はもちろん、場所や補足情報などもまとめておける

レッスン 27 予定を確認しやすくするには

カレンダーナビゲーター、ビュー

ビューを切り替えて、予定を日ごとや週ごと、月ごとに表示してみましょう。カレンダーナビゲーターを利用すると、表示する期間を簡単に切り替えられます。

キーワード

カレンダーナビゲーター	P.310
ビュー	P.312

ショートカットキー

予定表の表示	Ctrl + 2
[日] ビューの表示	Ctrl + Alt + 1
[月] ビューの表示	Ctrl + Alt + 4

1 予定表を表示する

使いこなしのヒント

画面を切り替えずにプレビューできる

予定表以外のフォルダーの内容を表示していても、ナビゲーションバーの[予定表]ボタンにマウスポインターを合わせると、当月のカレンダーと直近の予定が表示されます。

ここに注意

手順1で[予定表]以外をクリックしてしまったときは、あらためて[予定表]をクリックします。

2 予定表を週単位に切り替える

今日の予定表が表示された

クリックした日付の予定が表示される

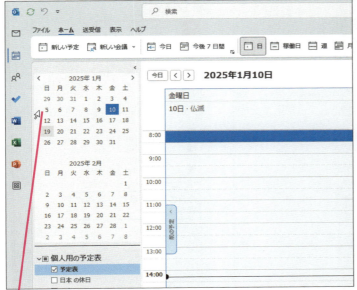

1 週の先頭にマウスポインターを合わせる

マウスポインターの形が変わった

2 そのままクリック

選択した週の予定が表示された

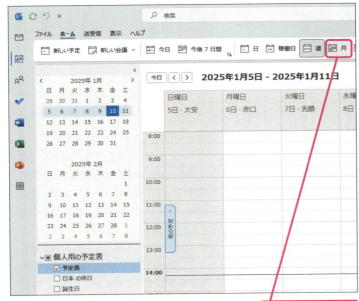

予定表の表示を月単位に切り替える

3 ［月］をクリック

使いこなしのヒント
カレンダーナビゲーターの表示を切り替えるには

カレンダーナビゲーターに表示される月は、画面の解像度によって変わります。目的の月が表示されていないときは、以下の手順で表示する月を変更するといいでしょう。

●ボタンで選択

ここをクリックすると前後の月を表示できる

●一覧から選択

1 ここをクリック

表示された一覧から月を変更できる

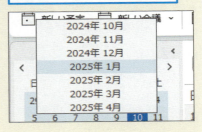

使いこなしのヒント
ボタンでビューを切り替えるには

［ホーム］タブの［週］ボタンをクリックすると、土日を含む1週間単位のビューに切り替わります。また、［月］ボタンは1カ月単位のビューに切り替えます。また、［日］ボタンで1日単位になります。

3 翌月の予定表を表示する

選択中の月の予定が表示された

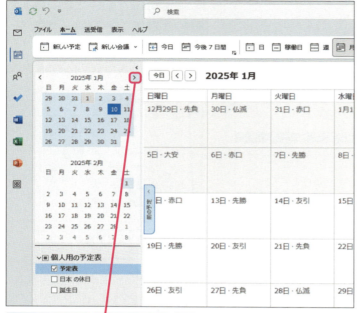

翌月の予定表を表示する

1 ［進む］をクリック

［戻る］をクリックすると前の月の予定表を表示できる

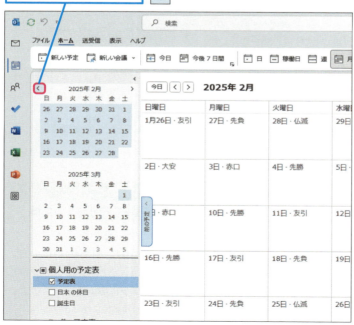

使いこなしのヒント
今日の予定表に戻るには

［ホーム］タブの［今日］ボタンをクリックすると、今日の日付を含む予定表が表示されます。

1 ［今日］をクリック

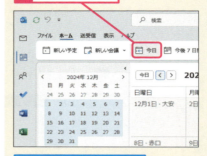

今日の日付を含む予定表が表示された

まとめ　ビューを切り替えてスケジュールを確認しよう

翌週の予定を問い合わせる電話があったり、ミーティングの最後に次回の日程を決めたりするときは、該当する予定の前後に、ほかの予定が入っていないかを確認します。この日のこの時間帯なら空いているということを確認するために、ビューをうまく利用して目的の日や週をすぐに表示できるようにしましょう。週単位や日単位で予定を確認すれば、空き時間や行動予定を効率よく把握できるようになります。

スキルアップ
たくさんの予定を1画面に表示できる

多くの予定を一覧で表示するには、以下の手順で操作するといいでしょう。予定の一覧は［開始日］の［昇順］で表示されますが、［件名］や［場所］［分類項目］で並べ替えが可能です。週単位や月単位の表示に戻すには、操作1～2を繰り返し、操作3で［予定表］をクリックします。なお、レッスン90の方法で予定表に祝日を追加すると、こどもの日や海の日などの祝日が予定表に表示されます。

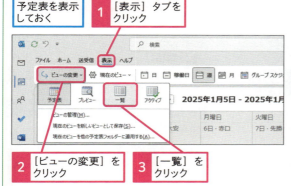

スキルアップ
指定した日数分の予定を表示できる

ショートカットキーを使うと、最大10日間までの予定を1画面に表示できます。[Alt]キーを押しながら数字の[1]～[9]のキーを押すと、選択した数字のキーに応じた期間の予定が表示されます。10日分の予定を確認するときは、[Alt]+[0]キーを押してください。なお、カレンダーナビゲーターで連続した日付をドラッグすると、その期間にある予定だけが表示されます。

●ショートカットキーで指定する

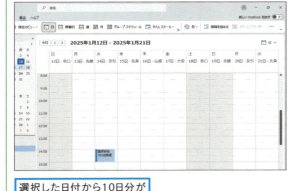

●カレンダーナビゲーターで指定する

選択した期間が1画面に表示された

レッスン 28 予定を登録するには

新しい予定

新しい予定を登録してみましょう。［予定］ウィンドウには、予定の概要を表す「件名」や場所、開始時刻、終了時刻を入力するフィールドが用意されています。

キーワード

Outlookのオプション	P.308
アラーム	P.309
色分類項目	P.309
フィールド	P.312

ショートカットキー

保存して閉じる　　[Alt]+[S]

新しい予定の作成
　　　　　　　　[Ctrl]+[Shift]+[A]

1 予定表を週単位に切り替える

レッスン27を参考に予定表を表示しておく

1月22日の11:00～12:30に打ち合わせの予定を入れる

① 予定を入れる週の先頭にマウスポインターを合わせる

マウスポインターの形が変わった

② そのままクリック

1月22日を含む週の予定表が表示された

予定の日時をドラッグして選択する

③ 7月20日の［11:00］にマウスポインターを合わせる

④ ［12:30］までドラッグ

💡 使いこなしのヒント

予定の件名をすぐに入力するには

手順2で日時をドラッグして選択した後に[Enter]キーを押すと、カーソルが表示されます。文字を入力すると、入力した文字がそのまま予定の件名になります。

① 日時をドラッグして選択

② [Enter]キーを押す

件名が入力できるようになった

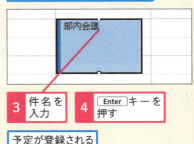

③ 件名を入力　　④ [Enter]キーを押す

予定が登録される

⚠ ここに注意

手順1の操作3で、ドラッグの途中でマウスのボタンから指を離してしまった場合は、もう一度最初からドラッグし直してください。

スキルアップ
月曜日を週の始まりに設定できる

標準の設定では、日曜日が週の始まりになっています。土日にまたがる予定が多い場合は、月曜日を週の始まりに設定しておくと便利です。この設定により、カレンダーナビゲーターの表示も月曜日始まりに変更されます。[稼働時間]の設定項目では、1日の開始時刻や終了時刻、[稼働日]ビューで表示する曜日なども変更できます。

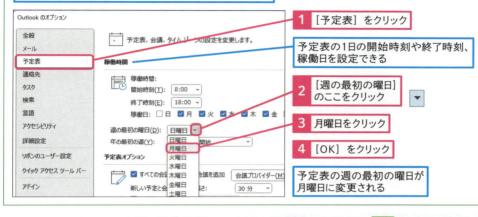

2 予定の件名を入力する

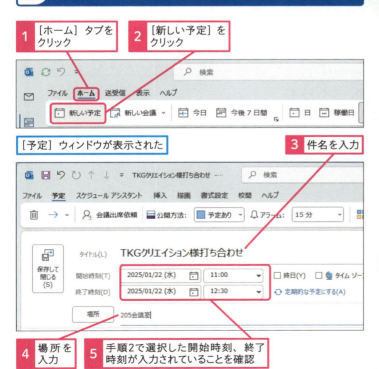

時刻を直接入力すると、1分単位で入力できる

リボン内のアイコンがすべて表示されるように、[予定]ウィンドウの幅を広げておく

使いこなしのヒント
メールを読んでいるときに素早く予定を作成する

メールフォルダーを表示しているときに、電話やメールで特定のスケジュールが入った場合は、[ホーム]タブの[新しいメール]のプルダウンから、素早く新しい予定を作成できます。

使いこなしのヒント
日時は後から指定してもいい

手順1で日付や時間帯を選択しないで[ホーム]タブの[新しい予定]ボタンをクリックすると、手順1で選択した週の開始日が選択されて[予定]ウィンドウが表示されます。[開始時刻]や[終了時刻]を変更して予定を登録しましょう。

3 アラームを解除する

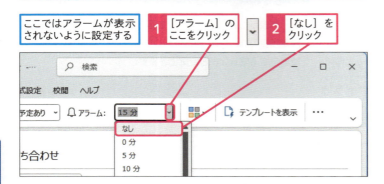

スキルアップ
アラームの初期設定を変更できる

アラームは予定が近づくと、指定した時間に通知が表示される機能です。特に指定しない限り、[開始時刻]の15分前にアラームが設定されます。アラームが必要ない場合は、[予定表オプション]の[アラームの既定値]をクリックしてチェックマークをはずしましょう。アラームの既定値を変更することもできます。変更方法については、レッスン41を参照してください。なお、以下の操作を実行すると、タスクの作成時にもアラームがオフになりますが、[タスク]ウィンドウの[アラーム]にチェックマークを付ければ個別にアラームを設定できます。

[ファイル]タブの[オプション]をクリックして、[Outlookのオプション]ダイアログボックスを表示しておく

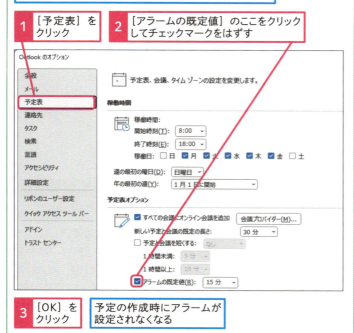

使いこなしのヒント
予定に関するメモを残せる

手順4では下の図のように、予定に関する関連情報を入力できます。待ち合わせ場所の最寄り駅のほか、目的地の地図や乗り換えの経路などのURLなどを入力しておくといいでしょう。また、議事録などのメモを残しておくと、後からすぐに参照できて便利です。メモにはファイルや画像の添付もできますが、データの作成元によっては挿入ができない場合もあります。

[挿入]タブをクリックすると、予定にファイルや画像を添付できる

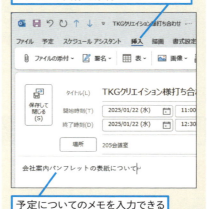

予定についてのメモを入力できる

4 入力した予定を保存する

|予定の入力を完了する|

1 [保存して閉じる]をクリック

|入力した予定が予定表に表示された|　|予定表に[件名]と[場所]が表示された|

使いこなしのヒント

予定表アイテムに色分類項目を設定できる

登録した予定に色分類項目を指定できます。色分類項目については、**レッスン50**で紹介していますが、メールのほかにタスクなどのアイテムで共通の分類項目を利用できます。

|**レッスン50**を参考に色分類項目の項目名を設定しておく|

1 予定を右クリック　　2 [分類]にマウスポインターを合わせる

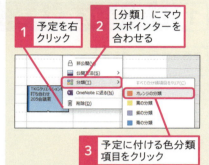

3 予定に付ける色分類項目をクリック

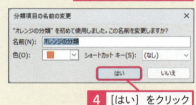

4 [はい]をクリック

まとめ　決まった予定はすぐに登録しておこう

このレッスンで紹介したように、予定にはさまざまな情報を登録できます。日時は後からでも簡単に変更できるので、何か予定が決まったら、忘れないうちにすぐに登録しましょう。前ページのヒントで紹介したように、会議や打ち合わせに関する議事録やメモを残しておくと、当日にどんなことをしたのかをすぐに思い出せて便利です。また、最寄り駅や訪問先に関する情報を残しておけば、再度同じ場所に行くときに情報を調べ直す手間を省けます。なお、予定に情報を追記する方法は、次の**レッスン29**で紹介します。

レッスン 29 予定を変更するには

予定の編集

すでに入力済みの予定に、日時や本文などの変更を加えてみましょう。議事録などの記録にも便利です。紙の手帳と違い、スペースに制約はありません。

1 予定の日付を変更する

変更を加えたい予定を表示しておく

1 変更する予定をダブルクリック

［予定］ウィンドウが表示された

2 ［開始時刻］のここをクリック

カレンダーが表示された

3 新しい日付をクリック

キーワード
タブ	P.312
予定表	P.313

ショートカットキー
保存して閉じる	Alt + S
開く	Ctrl + O

使いこなしのヒント

ドラッグして予定の日時を変更できる

予定をドラッグしても日時を変更できます。また、予定の上端をドラッグすれば開始時刻、下端をドラッグすれば終了時刻を変更できます。

1 変更する予定にマウスポインターを合わせる

2 変更する日時までドラッグ

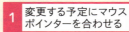

日時が変更された

3 予定の下端にマウスポインターを合わせる

マウスポインターの形が変わった

4 そのままドラッグ

終了時刻が変更される

2 予定に情報を追加する

使いこなしのヒント
予定を削除するには

予定が中止になったときは、以下の手順で予定を削除します。心配な場合は、予定をダブルクリックしてメモがないかを確認してから、[予定表ツール]の[予定]タブにある[削除]ボタンをクリックしましょう。

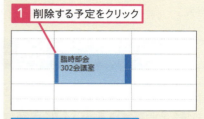

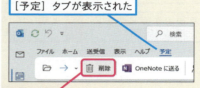

⚠ ここに注意
日付や時刻を間違って設定した場合は、同じ手順でやり直します。

まとめ ダブルブッキングに注意しよう

時刻や場所が変わったときは、このレッスンの方法で予定の内容を変更しましょう。予定を削除して新しく予定を登録し直しても構いませんが、大切なメモなどが残されていないかを確認してから削除を実行するといいでしょう。また、Outlookでは、同じ時間帯に複数の予定を登録できます。しかし、そのままダブルブッキングにならないよう、予定を忘れずに調整し直してください。

レッスン 30 毎週ある予定を登録するには

定期的な予定の設定

定例会議やスクールのレッスンなど、繰り返される予定を定期的な予定として管理できます。各回ごとに予定を登録する必要はありません。

1 日時を選択して定期的な予定を作成する

ここでは、毎週火曜日の9:30〜11:00に行う定例会議を予定に登録する

レッスン28を参考に、最初の予定を登録する週を表示しておく

最初の予定日時をドラッグして選択する

1 火曜日の [9:30] から [11:00] までドラッグ

2 そのまま右クリック

3 [新しい定期的な予定] をクリック

[定期的な予定の設定] ダイアログボックスが表示された

ここでは、毎週火曜日に予定が繰り返されるようにする

4 [週] が選択されていることを確認

5 [1] と入力されていることを確認

6 [火曜日] にチェックマークが付いていることを確認

7 [終了日] のここをクリックして終了日を選択

8 [OK] をクリック

キーワード
アラーム　P.309

ショートカットキー
保存して閉じる　Alt + S

使いこなしのヒント
必ず終了日を設定しておこう

定期的な予定には、必ず [反復回数] か、[終了日] を設定しておきましょう。終了日が未定の場合も、適当な日付を設定しておきます。途中で終了日を設定すると、定期的な予定がすべて上書きされ、キャンセルや日程変更などの記録が失われます。最初に定期的な予定を設定するときに、仮の終了日や回数を設定しておき、延長が必要になったときに新しく定期的な予定を作成します。

ここに注意
日付を間違えたことに気が付いたら、手順2の [定期的な予定] ウィンドウで [定期的なアイテム] ボタンをクリックし、開始日と曜日を変更します。

2 定期的な予定の内容を入力する

定期的な予定が設定された

［定期的な予定］ウィンドウが表示された

通常の予定と同様に、件名や場所などを入力する

1 件名を入力

2 場所を入力

3 ［アラーム］のここをクリックして［なし］を選択

予定の変更を完了する

4 ［保存して閉じる］をクリック

選択した日時から終了日まで、定期的に繰り返す予定が登録された

定期的な予定には、繰り返しを示すアイコンが表示される

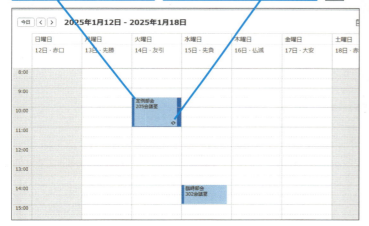

使いこなしのヒント
祝日に設定された予定だけを削除するには

繰り返しの予定を登録したものの、当日が祝日のため、その回のみ予定を削除したいという場合もあるでしょう。その場合は、祝日に表示されている予定をクリックして選択し、［定期的な予定］タブにある［削除］ボタンをクリックします。［削除］ボタンの一覧から［選択した回を削除］をクリックすると、その日だけ予定が削除されます。このとき、［定期的なアイテムを削除］を選ばないようにしてください。登録した繰り返しの予定がすべて削除されてしまい、削除の取り消しもできません。

使いこなしのヒント
特定の回のみ、予定の場所を変更するには

日時は変わらないが、その日のみ別の場所で開催するという予定は、変更する定期的な予定をダブルクリックし、［定期的なアイテムを開く］ダイアログボックスで［この回のみ］を選択してから［OK］ボタンをクリックしましょう。表示される［予定］ウィンドウで、予定の内容を変更できます。

まとめ
毎週や毎月の決まった予定を一度で登録できる

場所と時刻が一定で、毎週、毎月などの特定のパターンで繰り返される予定は、定期的な予定として設定しておきます。日、週、月ごとの予定はもちろん、「隔週の水曜日」といった頻度でも設定が可能です。なお、「繰り返し設定されている予定から祝日の回を削除したい」、または「ある回だけ、予定の開催場所を変更したい」というときは、上のヒントの方法で操作するといいでしょう。

レッスン 31 数日にわたる予定を登録するには

イベント

終日の予定は「イベント」として登録するといいでしょう。出張や展示会などの予定をイベントとして入力すれば、時間帯で区切った予定とは別に管理できます。

1 イベントを作成する

ここでは、1月29日～30日に名古屋に出張する予定を登録する

レッスン28を参考に、最初の予定を登録する週を表示しておく

1 最初の日にマウスポインターを合わせる

2 最後の日までドラッグ

数日にわたる期間を選択できた

選択した期間にイベントとして予定を作成する

3 [新しい予定] をクリック

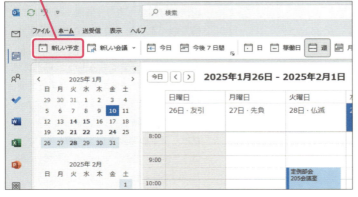

キーワード
イベント	P.309
カレンダーナビゲーター	P.310
ビュー	P.312

ショートカットキー
保存して閉じる　　Alt + S

使いこなしのヒント
週をまたぐイベントを設定するには

長期間の予定は[月]ビューで表示してから入力しましょう。[月]ビューで連続した日付を選択するとイベントとして扱われ、既存の予定などとの重なりが把握しやすくなります。

1 [月] をクリック

[月] ビューに切り替わった

期間を縦横にドラッグして選択できる

ここに注意
間違った期間を選択した場合は、もう一度ドラッグして正しい期間を選択し直します。

2 数日にわたる予定の内容を入力する

[イベント］ウィンドウが表示された

通常の予定と同様に、件名や場所などを入力する

1 件名を入力

2 場所を入力

3 ［アラーム］のここをクリックして［なし］を選択

イベントの入力を完了する

4 ［保存して閉じる］をクリック

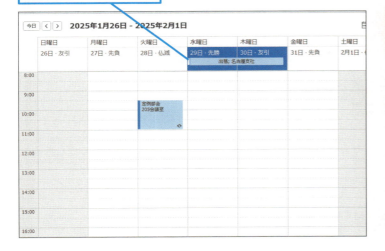

選択した期間で終日の予定が登録された

使いこなしのヒント
入力済みの予定を終日の予定に変更するには

開始時刻を指定した予定も、後から終日の予定に変更できます。アイテムをダブルクリックして開き、［開始時刻］の［終日］をクリックしてチェックマークを付けます。

使いこなしのヒント
移動や期間の延長はドラッグでもできる

入力済みのイベントは、中央部分をドラッグして日付を変更できます。カレンダーナビゲーターへのドラッグでは、離れた日付への変更になります。また、右端や左端をドラッグすれば、期間の延長ができます。

イベントをドラッグして開始日を変更できる

まとめ
予定とイベントを使い分ける

商品の発売日のように開始時刻のない予定や、出張や展示会など数日間にわたる予定は、その日付や期間に「イベント」として登録しておきます。Outlookにおけるイベントは「日」単位で設定できる終日の予定です。終日とは午前0時から翌日午前0時までの24時間を意味します。入力されたイベントは予定表の上部に期間として表示されるので、ほかの予定と区別しやすくなっています。

レッスン 32 予定を検索するには

予定の検索

紙の予定表では、目的の予定を探し出すのはたいへんです。Outlookの予定表に登録した予定は、キーワードや場所、日付などの条件から瞬時に検索できます。

キーワード	
ビュー	P.312
予定表	P.313

ショートカットキー

現在のフォルダーを検索
Ctrl + Alt + K

すべての予定表アイテムの検索
Ctrl + E

1 予定を検索する

予定表を表示しておく

ここでは205会議室で行われる予定を検索する

1 検索ボックスをクリック
2 「205会議室」と入力
3 Enter キーを押す

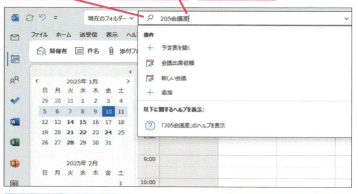

205会議室で行われる予定が表示された

検索した文字の部分が色付きで表示された

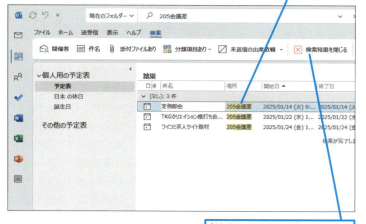

[検索結果を閉じる]をクリックすると予定表が表示される

使いこなしのヒント

最近検索したキーワードで検索を実行するには

検索ボックスに入力したキーワードは自動で記録されます。[最近検索した語句]から、以前入力したキーワードを一覧から選択でき、検索ボックスに同じキーワードを入力する手間を省けます。

1 検索ボックスをクリック

[検索ツール]の[検索]タブが表示された

2 [その他のコマンド]をクリック
3 [最近検索した語句]にマウスポインターを合わせる

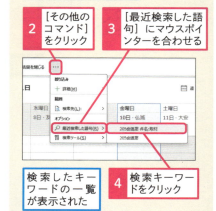

検索したキーワードの一覧が表示された

4 検索キーワードをクリック

検索結果が表示される

2 検索結果を絞り込む

1 [高度な検索]をクリック

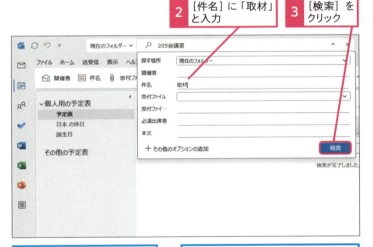

2 [件名]に「取材」と入力
3 [検索]をクリック

手順1の検索結果が「取材」という文字で絞り込まれた

[削除]をクリックすると検索条件が解除され、予定が表示される

使いこなしのヒント
一覧を並べ替えるには

検索結果は、[一覧]ビューと同様の形式で表示されます。一覧の上の[件名]や[場所]などの項目名をクリックすると、その項目で並べ替えができます。

時短ワザ
日付を基準にして予定を検索するには

キーワードなどで予定を検索した場合、キーワードが合致すれば「過去の予定」も検索結果に表示されます。特定の期間で検索結果を絞り込むには、手順2の操作2で[その他のオプションの追加]をクリックしましょう。[高度な検索オプション]画面で[開始日]をクリックしてチェックマークを付けて[適用]をクリックします。すると、[開始日]の項目が追加され、[今週]や[来週][来月]などで期間を絞り込んで検索できます。

[高度な検索オプション]ではさまざまな検索条件を追加できる

まとめ
予定を過去の記録として活用する

Outlookで管理している予定は、自分の行動記録にもなります。例えば、「外出や出張が多く、後から交通費を精算するのがたいへん」という場合でも、予定や関連情報をこまめに登録しておけば、決まった条件で情報を検索でき、すぐに内容を確認できます。また、会議や打ち合わせのメモを予定に残しておけば、それらのキーワードから必要な情報を参照でき、報告書や議事録などの作成に役立てられます。

この章のまとめ

予定を整理して管理するメリットを知ろう

「分刻みで行動しているような忙しい人でもない限り、パソコンでスケジュールを管理するメリットはないのではないか？」。そう思っていた方もいるかもしれません。でも、Outlookの予定表を使ってスケジュールを管理してみれば、紙の手帳で感じていた不便さが、あらゆる場面で解消されることに気付くことでしょう。数年分の記録を蓄積でき、記入スペースの制限もなく、キーワードや日付、場所などから瞬時に予定を検索することも可能です。Outlookの予定表を使いこなせれば、ビジネスに欠かせないツールになるはずです。

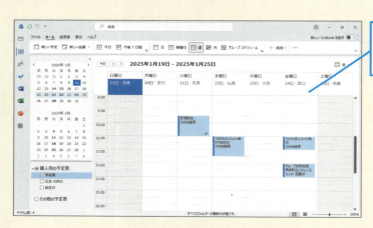

直近のスケジュールは週間表示、先々は月間表示など簡単に切り替えられるのは紙の手帳にはないメリットといえる

予定に補足情報を登録できる機能を活用して、待ち合わせの場所や打ち合わせの確認事項を箇条書きで書いてみたら、とても役立ちました！

いいね！ 予定に記入しておくことで、事前に気づくこともあったりして、まさに一石二鳥といえる使い方といえるんじゃないかな。

早速使いこなしてる！ とにかく予定をOutlookで管理するようにしてみたけど、ダブルブッキングを回避できたことがあったかも……。

それも重要なことだよ！ 予定のダブルブッキングは最も避けるべきミスだからね。把握しにくい先々の予定でも、登録さえしておけば、簡単に表示を切り替えて確認できるのもメリットといえるよ。

基本編

第4章

連絡先で宛先を管理しよう

住所録は、電話や手紙などさまざまなコミュニケーションのために欠かせない個人情報として古くから使われてきました。Outlookはメールアドレスや電話番号、住所などの情報を連絡先として柔軟に管理できます。情報の更新も簡単な上、さまざまな形式で表示できるのも便利です。この章では、Outlookの連絡先を利用する方法を紹介しましょう。

33	個人情報を管理しよう	104
34	連絡先を登録するには	106
35	連絡先の内容を修正するには	110
36	連絡先にメールを送るには	112
37	連絡先を探しやすくするには	114
38	ほかのアプリの連絡先を読み込むには	116

レッスン 33

Introduction この章で学ぶこと

個人情報を管理しよう

仕事を進める上では、同僚はもちろん、会社は異なっても協業している組織やその構成員など、第三者とのコミュニケーションが重要です。相手ごとに、複数の異なるコミュニケーション手段があり、その都度、要件に応じて使い分けます。さまざまな連絡手段をいつでも参照できるように集約しておきましょう。

連絡先の登録は時短の第一歩

いままでは取引先など、連絡先の管理はどうしていたのかな？

実はOutlookの連絡先機能は使っていませんでした。受信したメールに返信することが多いですし、一度やりとりすると、アドレスを数文字入力するだけで自動的に最後まで入力してくれるので、いいかな……と。

過去にやりとりしたメールアドレスを自動的に補完してくれる機能は確かに便利だよね。でも、それはメールアドレスを覚えているからだよね。相手のメールアドレスをまったく覚えていないときはどうするの？

取引先のお名前は記憶しているので、名前でメールを検索して、見つかったらメールアドレスをコピーして、メールを送っています。

それはかなり効率が悪いよね。Outlookにメールアドレスや電話番号、住所を登録しておけば、もっとスムーズにコミュニケーションがとれるようになるよね。

私はいただいた名刺をホルダーで管理しているけど、いざ探すとなると意外と面倒です。Outlookの連絡先に登録しておけば、効率がアップできそうです。

登録には少し手間がかかるけど、一度登録しておけば、その便利さを実感できるはずだよ。

連絡先の画面を活用しよう

Outlookの連絡先の画面を見てみよう。これまで紹介してきたメールや予定表、タスクとは大きく異なっているよ。また、表示を切り替えて連絡先を探しやすくできるようにもなっているよ。もちろん検索も可能だ!

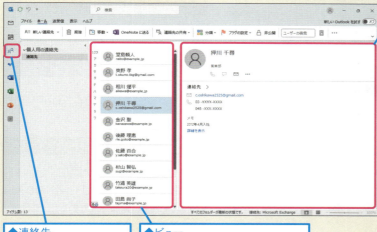

◆ [閲覧ウィンドウ]
表示形式が[連絡先]の場合、ビューで選択した連絡先情報が表示される

◆ 連絡先
[連絡先]をクリックすると、連絡先の一覧がビューに表示される

◆ ビュー
連絡先が一覧で表示される。[名刺][カード][一覧]などの表示形式に切り替えられる

連絡先の登録を楽にする機能を使いこなそう

Outlookには連絡先の登録時に同じ会社に勤務する人を簡単に登録できたり、ほかのアプリから連絡先を読み込んだりする機能も用意されているんだよ。

同じ会社でも、違う部署の取引先を登録することもあるので、それは便利ですね! これまで別のアプリで連絡先を管理していたので、ほかのアプリから連絡先を読み込む機能があるのもいいですね!

すでにある連絡先の勤務先などをコピーしつつ、新しい連絡先として登録できる

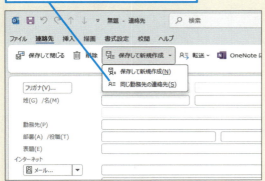

ほかのアプリからデータをインポートすることもできる

レッスン 34 連絡先を登録するには

新しい連絡先

このレッスンでは、連絡先を登録する方法を解説します。名前やメールアドレスのほか、勤務先や電話番号なども可能な範囲で登録しておくといいでしょう。

キーワード
フィールド	P.312
連絡先	P.313

ショートカットキー
新しい連絡先の作成
Ctrl + Shift + C

1 ［連絡先］ウィンドウを表示する

［連絡先］の画面を表示する

1 ［連絡先］をクリック

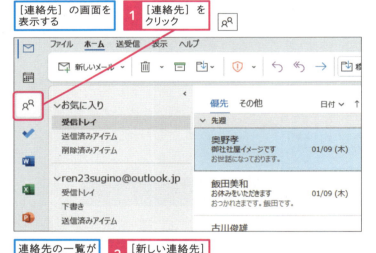

連絡先の一覧が表示された

2 ［新しい連絡先］をクリック

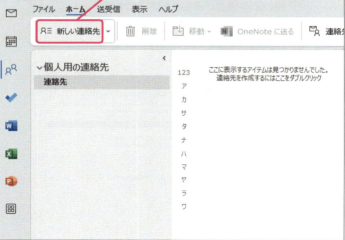

使いこなしのヒント
フリガナを変更するには

［連絡先］ウィンドウの［姓］や［名］［勤務先］のフィールドに情報を入力すると、自動でフリガナが入力されます。一度で入力できない人名を、別の読みで入力したときなどは、手順3で［フリガナ］ボタンをクリックし、［フリガナの編集］ダイアログボックスでフリガナを修正しましょう。

1 ［フリガナ］をクリック

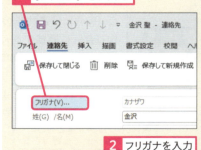

2 フリガナを入力

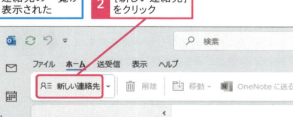

3 ［OK］をクリック

106

2 氏名や会社名、メールアドレスを入力する

［連絡先］ウィンドウが表示された

1 名字を入力

Tab キーを押すとカーソルが次のフィールドに移動する

2 名前を入力

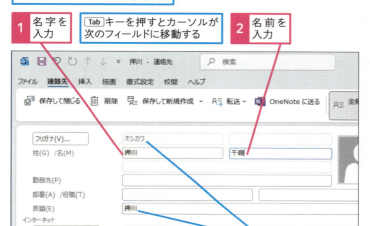

フリガナと表題が自動的に入力される

3 会社名を入力

4 部署名を入力

役職名を入力するときは、このフィールドに情報を入力する

メールアドレスを半角英数字で入力する

5 メールアドレスを入力

6 ここをクリック

［表示名］に氏名とメールアドレスが入力された

使いこなしのヒント
表題を変更するには

表題は、連絡先を表示するときに見出しとして利用されます。標準では、［姓］と［名］のフィールドに入力した情報が表示されますが、勤務先なども併記できます。表題を変更するときは、ドロップダウンリストから任意の内容を選択するといいでしょう。

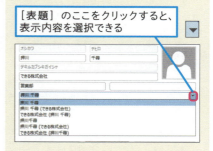

［表題］のここをクリックすると、表示内容を選択できる

使いこなしのヒント
相手に表示される表示名を変更するには

［表示名］は、相手にメールが届いたときに、宛先として表示されるものです。「様」などの敬称が必要な場合は、［表示名］に入力しておきます。

敬称が必要な場合は、［表示名］に直接入力する

ここに注意

手順2の操作5で間違ったメールアドレスを入力してしまったときは、正しいメールアドレスを入力し直してください。表示名のメールアドレスは、自動で修正内容が反映されます。

3 電話番号と住所を入力する

電話番号やFAX番号を入力する

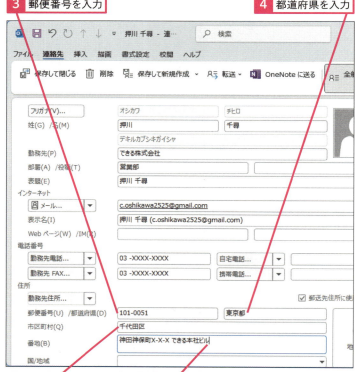

1. 会社の電話番号を入力
2. 会社のFAX番号を入力
3. 郵便番号を入力
4. 都道府県を入力
5. 市区町村を入力
6. 番地と建物名を入力

🕐 時短ワザ

続けて同じ会社に所属する人を登録できる

連絡先の入力中に、同じ会社に所属している別の人も登録するには、以下の手順を実行しましょう。同じ勤務先が入力された［連絡先］ウィンドウが新しく表示されるので、名前や部署名などを入力して保存を実行します。なお、連絡先の保存後に操作するときは、手順4の操作2で［ホーム］タブの［新しい連絡先］ボタンをクリックし、［同じ勤務先の連絡先］を選択します。

1. ［連絡先］タブをクリック
2. ［保存して新規作成］のここをクリック

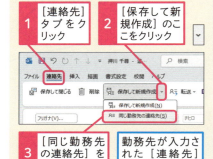

3. ［同じ勤務先の連絡先］をクリック

勤務先が入力された［連絡先］ウィンドウが表示される

💡 使いこなしのヒント

連絡先に写真を登録するには

手順2～3で［連絡先の写真の追加］をクリックすると、［連絡先の写真の追加］ダイアログボックスに［ピクチャ］フォルダーが表示されます。手持ちの写真を選択すれば、連絡先に表示されるようになります。ただし、操作中に写真の一部を選択したり、写真の一部を拡大したりすることはできません。あらかじめ画像編集ソフトなどで編集し、別ファイルに保存しておきましょう。

［連絡先の写真の追加］をクリックして、顔写真を登録できる

4 入力した内容を保存する

連絡先の入力を完了する

1 ［保存して閉じる］をクリック

2 連絡先をクリック

登録した連絡先がビューに表示された

ここをクリックすると、社名や部署名、住所が表示される

使いこなしのヒント

連絡先を削除するには

手順4の操作2で連絡先を選択し、［ホーム］タブの［削除］ボタンをクリックすると、連絡先が削除されます。なお、削除するかどうかを確認するダイアログボックスなどは表示されません。本当に削除していいのか、よく確認してから操作しましょう。

連絡先を選択しておく

1 ［ホーム］タブをクリック
2 ［削除］をクリック

連絡先が削除される

⚠ ここに注意

手順4の2枚目で、連絡先の内容が間違っていることに気がついた場合は、…をクリックし、［Outlookの連絡先の編集］で内容を修正します。詳しくは、**レッスン35**を参照してください。

まとめ　こまめに情報を登録しよう

名刺交換をしたその日に名前やメールアドレスを入力してしまう方が後からまとめてやるよりもはるかに効率的です。もちろんすべての情報を登録する必要はありません。とりあえず名前とメールアドレス、電話を登録しておいて、後から情報を追加してもいいのです。なお、Outlookでは、ほかのアプリケーションで作成した住所録を取り込むことも可能です。宛名書きソフトで作成した住所録があるという人は、**レッスン38**を参照してください。

レッスン 35 連絡先の内容を修正するには

連絡先の編集

引っ越しや転勤、異動などに伴い、連絡先に変更があったときは、連絡先の情報を早めに更新しておきましょう。連絡先の編集画面で修正を加えます。

1 連絡先の内容を追加する

ここでは、連絡先に携帯電話の番号を追加で登録する

1 変更する連絡先をダブルクリック

連絡先の編集画面が表示された

連絡先に自宅の電話番号を追加する

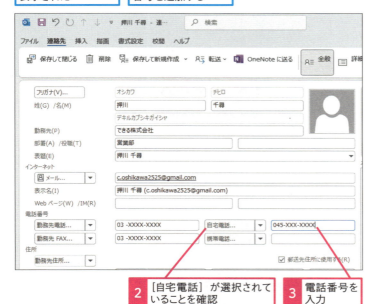

2 [自宅電話]が選択されていることを確認

3 電話番号を入力

キーワード
閲覧ウィンドウ	P.310
フィールド	P.312
連絡先	P.313

ショートカットキー
| 保存して閉じる | Alt + S |
| 開く | Ctrl + O |

使いこなしのヒント
別の住所やメールアドレスも追加できる

勤務先や自宅など異なる住所や電話番号、プライベートの携帯電話番号などを入力できます。各項目のプルダウンメニューから適切な見出しを選んで入力します。

時短ワザ
連絡先を検索するには

Outlookの画面上部には常に検索ボックスが表示されています。ここに検索ワードとして姓や名を入力することで、既存の連絡先を簡単に検索できます。

ここに注意
手順1の操作2で別の項目を間違って選択してしまったときは、空欄のままにして目的のフィールドを選択し直します。フィールドを空欄のままにしておけば、情報が追加されません。

2 メモを入力する

連絡先に関するメモを追加する　　　1 メモを入力

2 [保存して閉じる]をクリック

連絡先に自宅の電話番号、メモが追加された　　　閲覧ウィンドウにメモの内容が表示される

使いこなしのヒント
入力済みの情報を削除するには

入力済みの情報を削除するときは、フィールド内の文字列をドラッグして選択し、Deleteキーか Back space キーを使って削除します。フィールドが空の状態になったら、[保存して閉じる] をクリックしてください。

使いこなしのヒント
メモを検索するには

連絡先の項目として入力したメモは、Outlookの画面上部にある検索ボックスを使って検索できます。相手の印象や性格などをメモに残しておくと、人となりを忘れにくくなります。また、相手の勤務先や部署が変わったときに、古い情報をメモに残しておくのもいいでしょう。入力さえしておけば、後でいつでも検索して探し出せるでしょう。

まとめ　常に最新の情報に更新しよう

連絡先の情報は、常にメンテナンスして最新の状態にしておくことが重要です。取引先などから異動や転勤、転職の連絡を受け取ったら、すぐにその内容を反映しておきましょう。メールアドレス変更のお知らせがメールで届くこともありますが、メールをもらったときに連絡先を更新すれば、後からメールを検索して正しいメールアドレスを確認する手間を省けます。また、携帯電話や自宅住所の情報を入手した場合も忘れずに追加しましょう。項目としてだけではなく、メモ欄も活用して、素早く知りたい連絡先を探し出せるようにしておきましょう。

レッスン 36 連絡先を使ってメールを送るには

電子メールの送信先、名前の選択

メールを出すときには宛先の入力が必要です。連絡先にメールアドレスが登録されていれば、宛先の入力が省け、すぐに連絡先宛のメールを作成できます。

キーワード	
BCC	P.307
CC	P.307
ナビゲーションバー	P.312
メールアドレス	P.313

1 連絡先の一覧で宛先を選択する

メールを送信する連絡先を選択する

1 連絡先をクリック

2 メールアドレスをクリック

メッセージのウィンドウが表示された

選択した連絡先が[宛先]に入力された

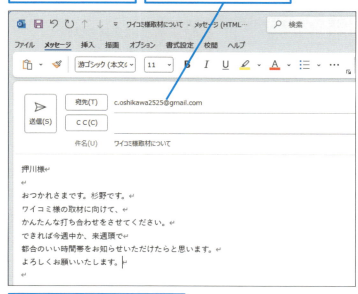

レッスン11を参考に、件名や本文を入力してメールを送信する

時短ワザ
連絡先をドラッグしてメールを作成できる

手順1の操作1で、連絡先をナビゲーションバーの[メール]ボタンにドラッグしてもメールを作成できます。ビューの表示が[名刺]や[連絡先カード]になっていても同様にメールの作成ができます。ただし、連絡先に複数のメールアドレスが登録されている場合は、メッセージのウィンドウの[宛先]にすべてのメールアドレスが入力されます。特定のメールアドレスにメールを送るときは、[宛先]から不要なメールアドレスを削除してください。

1 連絡先にマウスポインターを合わせる

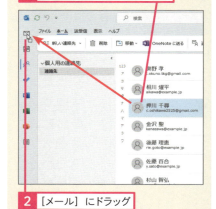

2 [メール]にドラッグ

[進捗状況]をクリックして状況を設定できる

2 メッセージのウィンドウで宛先を入力して選択する

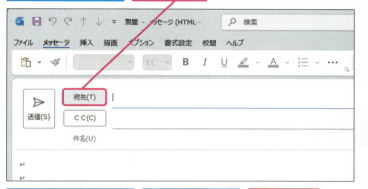

レッスン11を参考に、メールを作成しておく
1 [宛先]をクリック

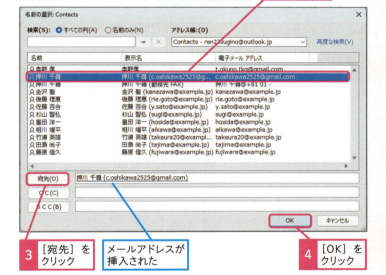

[名前の選択]ダイアログボックスが表示された
メールを送信する連絡先を選択する
2 連絡先をクリック
3 [宛先]をクリック
メールアドレスが挿入された
4 [OK]をクリック

選択したメールアドレスが宛先として入力された
レッスン11を参考に、件名や本文を入力してメールを送信する

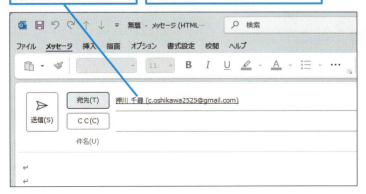

使いこなしのヒント
複数の宛先も入力できる

[名前の選択]ダイアログボックスでは、複数の宛先も選択できます。手順2の2枚目の画面でメールアドレスをダブルクリックし、別のメールアドレスを続けてダブルクリックすると、複数のメールアドレスをすぐに入力できて便利です。このとき、「;」の記号が自動で入力されるので、手で入力する必要はありません。ただし、[宛先]と[CC][BCC]に正しく宛先が入力されているか、よく確認してください。急いで操作すると、意図せずに複数のメールアドレスがすべて[宛先]に入力されたままメールを送ってしまうこともあるので、注意しましょう。

ここに注意

手順2でメールアドレスが登録されていない連絡先を[宛先]に追加してしまったときは、宛先の人名に「(勤務先FAX)」などの表題が表示されます。その場合は[宛先]に入力された表題をドラッグして選択し、Deleteキーを押して削除しましょう。

まとめ
メールの宛先をすぐに指定できる

連絡先にメールアドレスを登録しておけば、簡単に宛先を指定したメールを作成できます。すぐにメールで連絡が取れるようにするために、連絡先にはメールアドレスを必ず登録しておきましょう。ただし、連絡先に複数のメールアドレスを登録しているときは、相手があまり利用していないアドレスにメールを送ると、相手がメールに気付かないことがあります。また、仕事と関係がないプライベートな内容のメールを勤務先のメールアドレスに送らないといった配慮も必要です。

レッスン 37 連絡先を探しやすくするには

現在のビュー

用途や目的に応じて、連絡先の表示を変更してみましょう。ビューを切り替えれば、名刺のようなレイアウトや一覧表の形式で連絡先を表示できます。

キーワード	
ナビゲーションバー	P.312
ビュー	P.312

1 連絡先を［名刺］のビューで表示する

ビューを［連絡先］から［名刺］に切り替える

1 ［表示］タブをクリック

2 ［ビューの変更］をクリック

3 ［名刺］をクリック

連絡先の一覧が名刺のレイアウトで表示された

使いこなしのヒント

どのビューからでも複数の宛先を指定できる

表示中のビューに関わらず複数の連絡先を選択すれば、そのすべてをメールの宛先に指定できます。Ctrlキーを押しながら連絡先を複数選択し、まとめてナビゲーションバーの［メール］ボタンにドラッグします。同じ会社の関連する連絡先にメールを送るときは、一覧の表示順を会社名順などに並び替えると、複数の宛先を選択しやすくなります。

1 Ctrlキーを押しながらクリック

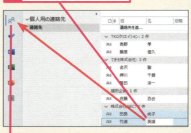

2 ［メール］にドラッグ

選択した複数の連絡先のメールアドレスが［メッセージ］ウィンドウの［宛先］に入力される

⚠ ここに注意

手順1の操作3で間違ったビューをクリックしたときは、［名刺］をクリックし直してください。

② 連絡先を［一覧］のビューで表示する

ビューを［名刺］から［一覧］に切り替える

1 ［ビューの変更］をクリック
2 ［一覧］をクリック

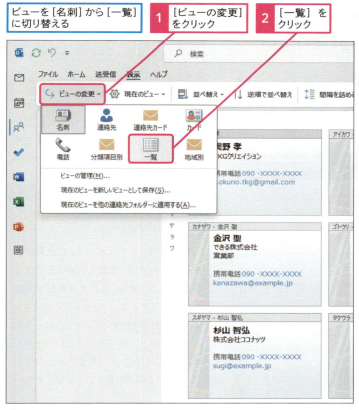

標準の設定では、勤務先別にグループ化されて表示される

項目名をクリックすると並べ替えられる

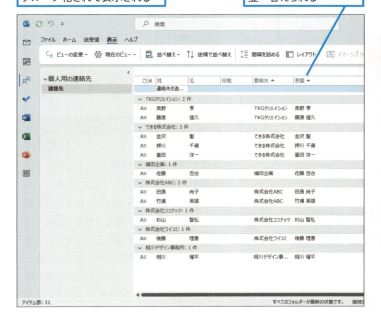

💡 使いこなしのヒント
グループごとに折り畳むには

連絡先を［一覧］のビューで表示すると、連絡先が勤務先別にグループ化されて表示されます。グループが多い場合は、［勤務先］の左に表示されている ˅ をクリックしてグループを折り畳むといいでしょう。˃ をクリックすると、グループが展開されます。なお、以下の手順で操作すると、すべてのグループが折り畳まれ、勤務先だけが表示されます。

1 グループ名を右クリック
2 ［すべてのグループの折りたたみ］をクリック

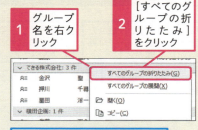

すべてのグループが折り畳まれた

まとめ
ビューを切り替えて連絡先を確認しよう

連絡先の数が増えると、一覧で参照しにくくなります。検索して連絡先を表示することもできますが、同じ勤務先に所属している別の人も同時に表示したいときに不便です。その場合は、連絡先のビューを変更するといいでしょう。ビューを［一覧］に変更すれば、勤務先がグループ化されて表示されるので、取引先の複数の人に連絡を取りたいときでもすぐに一覧で確認できます。さまざまな角度から情報を探せるようにするために、ビューを上手に活用してください。

37 現在のビュー

115

レッスン 38 ほかのアプリの連絡先を読み込むには

インポート／エクスポートウィザード

年賀状ソフトなどで住所録を管理している場合は、既存のデータをOutlookの連絡先として取り込むことができます。ここではvCard形式を使った方法を紹介します。

1 ［開く］の画面を表示する

ほかのアプリで作成した連絡先をOutlookの［連絡先］に読み込む

ほかのアプリで連絡先をvCard形式のファイルにエクスポートしておく

［連絡先］の画面を表示しておく

1 ［ファイル］タブをクリック

［アカウント情報］の画面が表示された

2 ［開く/エクスポート］をクリック

キーワード

CSV形式	P.307
vCard	P.309
インポート	P.309
エクスポート	P.309

使いこなしのヒント

ほかのアプリの連絡先をインポートするには

年賀状作成ソフトなどには、住所録データをほかのアプリが取り込める形式でエクスポート（書き出し）する機能が搭載されています。エクスポートできるファイル形式は年賀状作成ソフトによって異なりますが、エクスポートしたデータをOutlookでインポート（取り込み）すれば、Outlookでも利用できるようになります。

用語解説

vCard（ブイカード）

個人情報をやりとりするための、電子名刺ファイルのことです。ファイルには「.vcf」という拡張子が付きます。

使いこなしのヒント

アプリによってはインポートの操作が不要なこともある

年賀状作成ソフトによっては、住所録データを直接Outlookの連絡先に書き出せる場合もあります。その場合、年賀状作成ソフトでエクスポートの操作を実行するだけでOutlookにデータが取り込まれます。詳しくは、年賀状作成ソフトの取扱説明書や開発元のWebページを確認してください。

2 インポートするファイルの種類を選択する

[開く]の画面が表示された

1 [インポート/エクスポート]をクリック

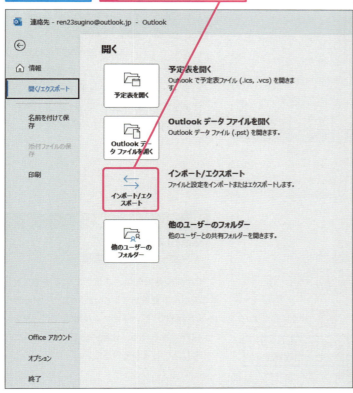

[インポート/エクスポートウィザード]が起動した

ここではvCard形式のファイルを選択する

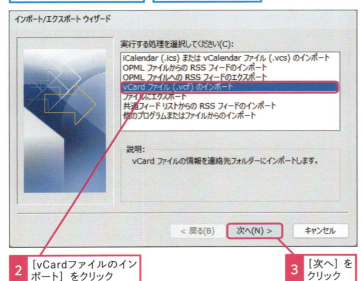

2 [vCardファイルのインポート]をクリック

3 [次へ]をクリック

使いこなしのヒント
CSV形式のファイルもインポートできる

Outlookは、vCard形式のファイル1つにつき、1つの連絡先として扱うため、大量の連絡先を取り込みたい場合は不便なこともあります。その場合は、CSV形式（コンマ区切りテキスト）でエクスポートとインポートを試してみましょう。CSV形式は、1つのファイルに複数の連絡先情報を保存できます。CSV形式をインポートする場合は、手順4の画面で[他のプログラムまたはファイルからのインポート]を選択して[次へ]ボタンをクリックします。[ファイルのインポート]の画面で[テキストファイル]を選択して[次へ]ボタンをクリックし、CSV形式のファイルを読み込みましょう。ただし、Outlookに取り込む際に、住所や電話番号などの項目がOutlookの連絡先のどの項目に相当するかを設定する必要があります。

使いこなしのヒント
Outlookのアイテムをエクスポートすることもできる

ここではほかのアプリから書き出したデータをOutlookに取り込んでいますが、Outlookのアイテムを書き出すこともできます。また、Outlookのデータ全体を1つのファイルにして書き出せば、Outlookデータのバックアップとして使えます。詳しくは付録3を参照してください。

ここに注意

手順2の操作2でほかの項目をクリックして操作を進めてしまった場合は、次の画面で[戻る]ボタンをクリックして元の画面を表示し、[vCardファイルのインポート]をクリックし直します。

3 インポートする連絡先のファイルを選択する

[vCardファイル］ダイアログボックスが表示された

ここではUSBメモリーに保存されたvCardのファイルをインポートする

1 USBドライブをクリック

2 インポートするvCardのファイルをクリック

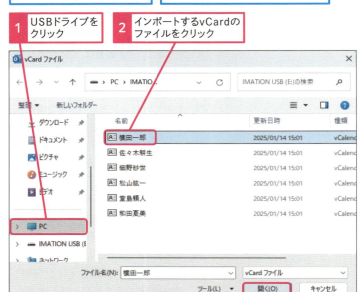

3 [開く]をクリック

Outlookの連絡先が表示された

4 インポートされた連絡先をクリック

連絡先が正しく取り込まれたか確認する

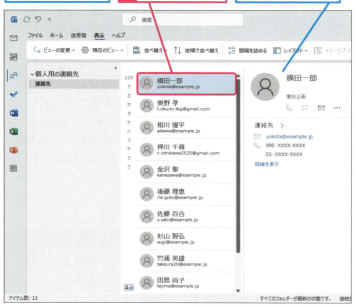

使いこなしのヒント
インポートされた連絡先を確認しておこう

連絡先を取り込んだら、Outlookの連絡先として正しくインポートされているかどうか、その場で確認しておきましょう。場合によって、データの一部が文字化けしていることがあるほか、一部の情報が正しいフィールドに読み込まれていない場合があります。取り込んだときに訂正しておけば、利用時に慌てることがありません。

使いこなしのヒント
Gmailの連絡先をインポートしたいときは

Gmailの連絡先は、さまざまな方法でエクスポートできます。Gmailでは、[Outlook CSV形式]というファイル形式でデータを保存できるので、比較的容易にOutlookに取り込むことができます。

まとめ　すでにある連絡先を有効活用しよう

年賀状作成ソフトや過去に使ってきたメールアプリ、また、携帯電話に蓄積された電話帳情報など、既存のデータをOutlookにインポートし、Outlookの連絡先として統合してしまいましょう。このレッスンで紹介したvCard形式は連絡先データを共有する標準的な形式の1つですが、アプリによってさまざまな形式でのエクスポートが可能となっています。

👍 スキルアップ

Outlookの連絡先をメールに添付して送信できる

Outlookの連絡先は、そのままメールに添付して送信できます。ただし、受け取った相手のパソコンにvCard形式のファイルを扱えるアプリがないと、データを開いてもらえません。相手がOutlookでメールを受信したときは、添付されたvCard形式のファイルをダブルクリックして、すぐに連絡先を保存できます。

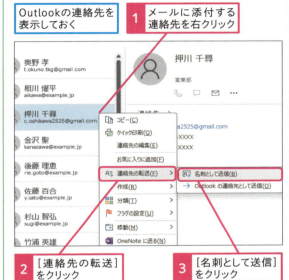

vCard形式のファイルを開けるアプリを相手が持っていれば、連絡先をインポートできる

👍 スキルアップ

vCardファイルをダブルクリックしてインポートできる

vCardファイルは、単独のファイルとしてOutlookで開くこともできます。エクスプローラーでファイルを表示し、そのファイルをダブルクリックすればOutlookが起動します。ファイルを開く方法を確認された場合は、Outlookを選びます。内容を確認し、[保存して閉じる] ボタンをクリックすることで、Outlookの連絡先として取り込まれます。

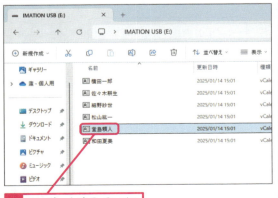

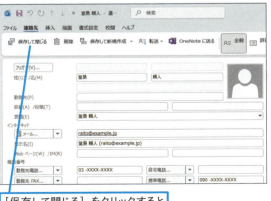

この章のまとめ

連絡先をしっかり登録しておけば活用の幅が広がる

コミュニケーションの形態が多様化している現代社会では、特定の相手と連絡を取るために、電話やメール、SMS、インスタントメッセージなど、さまざまな手段が利用されます。Outlookでは、多様な連絡手段を想定し、人に関するあらゆる情報を連絡先に登録できるようになっています。

そして、誰かと取りたいコンタクトの内容や目的に応じて、必要な情報をスピーディーに取り出せます。常に適切なコミュニケーションが取れるようにするために、この章で紹介した使い方を活用して、Outlookの連絡先を充実させていきましょう。

連絡先をメールに添付して共有することもできる

例のプロジェクトの担当者さんを連絡先から選んでメール作成!

お、早速連絡先を使っているみたいだね。

実は同姓の担当者さんや社名が似通った取引先があるので、連絡先で確認しながらメールを作成できて、とても便利です!

メールの送信ミスなどを防ぐ効果を期待できるのも連絡先のいいところだよね!

私はほかのアプリで使っていた連絡先の情報をインポートできたので、コピーして貼り付ける手間から解放されました。

それはよかった! ほかにも連絡先を登録しておけば、荷物を発送するときや年賀状を出すときにも役立つよね。少し手間はかかるけど、その効果を少しずつ実感してもらえているみたいでうれしいよ!

基本編

第5章

タスクで進捗を管理しよう

紙の手帳に「備忘録」「To Do」として記入していたような
種類の情報をOutlookで管理していきましょう。この章では、
Outlookのタスク管理機能を使って、特定の期限までに完了しな
ければならない仕事や作業を管理する方法を説明します。

39	自分のタスクを管理しよう	122
40	リストにタスクを登録するには	124
41	タスクの期限とアラームを確認するには	126
42	完了したタスクに印を付けるには	128
43	タスクの期限を変更するには	130
44	一定の間隔で繰り返すタスクを登録するには	132

レッスン 39

Introduction この章で学ぶこと

自分のタスクを管理しよう

Outlookのタスクは、一般的にTo Doや備忘録といったキーワードで知られる情報です。いわゆる「忘れずにやらなければならないこと」を記録したアイテムが「タスク」です。この章では日常の仕事の中で、Outlookでタスクを管理し、活用していくことの意義やメリットを紹介しましょう。

日々の仕事をタスクで管理してみよう

タスク……。先輩から頼まれた1つ1つの仕事を管理する、と考えていいものですか？

そうだね。「To Do」や「備忘録」なんて呼んだりもするけど、やらなければならない作業や用件を管理する機能と考えればいいよ。

そういえば、頼んでいた集計作業はどう？ 今日までだったよね。

も、もちろん覚えていますよ！（滝汗）

どうやら忘れていたみたいだね？ そんなミスはOutlookのタスク機能を使えば防げるよ。チェックリストのような感覚で使えるし、期限を設定できるからぜひ使ってみてほしいな。

◆To Doバー
表示しておくと、タスクや予定表などの項目を常に確認できる

◆ビュー
登録されているタスクがTo Doバーのタスクリストに表示される。[現在のビュー]にある[詳細]や[タスクリスト]をクリックすると、表示が切り替わる

タスクの登録でおさえたいポイントを知ろう

タスクの登録画面は予定の登録画面に少し似ているけど、「期限」を設定できるのが大きなポイントといえるね。

確かにほとんどの仕事には期限がありますよね。期限をしっかりと把握しておかないとたいへんなことに……。

その通り！ 期限に加えてアラームも設定できるから、日々に仕事を管理するうえではとても便利な機能だよ。

タスクには期限を設定し、必要に応じてアラームも設定できる

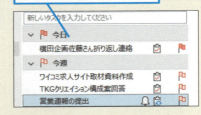

タスクの一覧画面から素早くタスクを登録することもできる

登録したタスクを管理する

登録したタスクの画面から期限を確認したり、完了したタスクに印を付けたりできるから、管理もとっても簡単なんだ。「未開始」「進行中」といったタスクの進捗を設定することもできるよ。

そんな細かい状態も設定できるのですね！ 完了の印しか付けられないと思っていたので、ぜひ使ってみたいです。

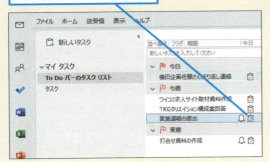

登録されたタスクをクリックするだけで完了の印を付けられる

［進捗状況］から［完了］以外の状態も設定できる

レッスン 40 リストにタスクを登録するには

新しいタスク

やるべき作業が発生したら、タスクリストに登録します。ささいな用件でも、備忘録としてタスクに登録しておけば、作業内容ややるべきことを忘れにくくなります。

🔍 キーワード
To Doバー　　　　　　　　　　P.309

ショートカットキー
保存して閉じる	Alt + S
タスクの表示	Ctrl + 4
新しいタスクの作成	Ctrl + Shift + K

💡 使いこなしのヒント
簡単にタスクを表示するには

既定ではタスクボタンは表示されていません。入力したタスクの一覧を簡単に参照するには、ナビゲーションバーにタスクのボタンを固定しておくと便利です。以下の手順を参考にするか、[その他のアプリ]をクリックし、タスクを右クリックして固定します。

1 タスクリストを表示する

タスクを登録するために、To Doバーのタスクリストを表示する

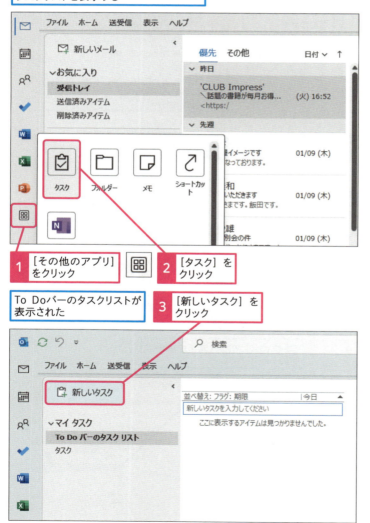

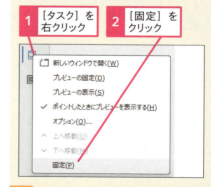

タスクリストを表示しておく
1 [タスク]を右クリック
2 [固定]をクリック

⚠️ ここに注意

間違った件名を登録してしまった場合は、手順2の4枚目の画面でタスクをクリックし、もう一度クリックすると修正ができます。なお、ダブルクリックしたときは手順2の1枚目の画面の画面で件名を修正します。

2 タスクの内容を入力する

新しいタスクの追加画面が表示された

| 1 件名を入力 | タスクに期限を設定する | 2 [期限]のここをクリックして日付を選択 |

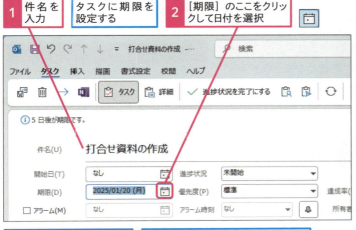

| タスクに期限が設定された | 期限を知らせるアラームを設定する |

| 3 [アラーム]をクリックしてチェックマークを付ける | 4 ここをクリックしてアラームの日付を選択 |

5 ここをクリックしてアラームの時刻を選択

| タスクの入力を完了する | 6 [保存して閉じる]をクリック |

 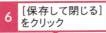

タスクが登録され、To DoバーのタスクリストIに表示された

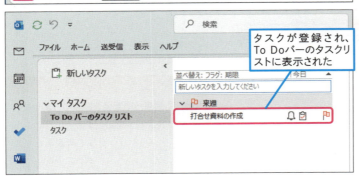

⏱ 時短ワザ
メールの画面からタスクを作成できる

Outlookはメールの画面を表示していることが多く、新規にタスクを作成するのが面倒に感じるかもしれません。メール画面の「新しいメール」のプルダウンからも新しいタスクが作成できるので覚えておくと便利です。

💡 使いこなしのヒント
To Doって何?

ナビゲーションバーにはタスク的な情報をまとめるTo Doというアプリが表示されています。データはタスクと同じものを使い、To Doに入力したデータはタスクでも参照できます。ただし、To Doには作業をいつまでに完了させるかという明確な期限を設定することができません。プライベートはTo Do、仕事はタスクという使い分けがよさそうです。

まとめ さまざまな用件を登録しておこう

[タスク]ウィンドウに件名さえ入力すれば、タスクとして登録されます。仕事の内容に応じて、期限などの情報を追加すればいいでしょう。ビジネスに直結するような重要な事柄だけでなく、買い物の予定などの用件を登録すると、自分の行動や予定の見通しが立てやすくなります。

レッスン 41 タスクの期限とアラームを確認するには

アラーム

タスクに設定した期限が近づくとアラームが表示されます。タスクが進んでいないときは再通知を設定し、通知が不要になったらアラームを削除しましょう。ただし、アラームが表示されるのはOutlookが起動しているときだけなので気を付けましょう。

キーワード
アラーム　　　P.309

1 再通知の設定をする

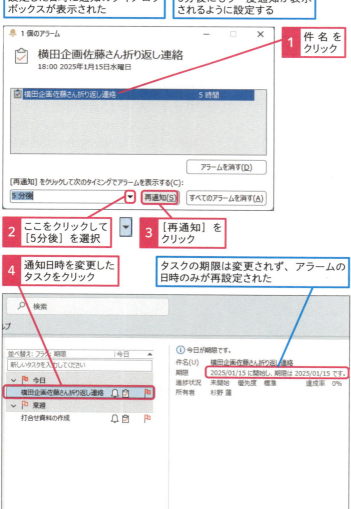

使いこなしのヒント
複数のアラームが表示されたときは

朝、パソコンの電源を入れてOutlookを起動したときなどは、複数のアラームが一度に表示される場合があります。その場合は、設定を変更する件名をクリックして操作を進めます。

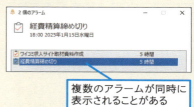

複数のアラームが同時に表示されることがある

使いこなしのヒント
削除したアラームを再設定したいときは

削除後のアラームを再設定するにはタスクリストにあるタスクを開き、[タスク]ウィンドウで、再度アラームを設定できます。

[タスク]ウィンドウでアラームを再設定できる

ここに注意

手順1で間違って画面を閉じてしまったときは、[表示]タブの[アラームウィンドウ]ボタンをクリックして再表示させましょう。

2 アラームを削除する

設定した日時に通知のダイアログボックスが表示された

タスクの期限が確認できたので、アラームを消す

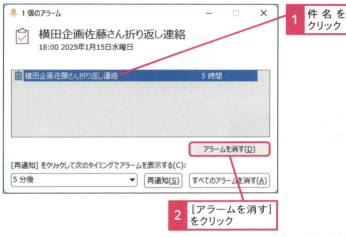

1 件名をクリック

2 ［アラームを消す］をクリック

通知のダイアログボックスが閉じた

アラームが表示されなくなり、アラームのアイコンが消えた

タスクの期限は変更されない

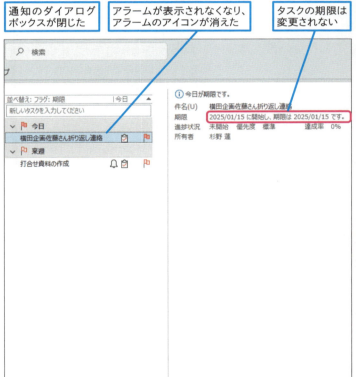

使いこなしのヒント
アラームの再生音を変更するには

［タスク］ウィンドウでアラームのボタン（🔔）をクリックすると、［アラーム音の設定］ダイアログボックスが表示されます。［参照］ボタンをクリックし、［アラームのサウンドファイル］ダイアログボックスでWAV形式のファイルを選択すれば、アラームの再生音を変更できます。通常は、Cドライブの［Windows］フォルダーの中にある［media］フォルダーを開くと、アラームに適したいろいろなWAVファイルが用意されています。

使いこなしのヒント
アラームの再生音を鳴らさないようにするには

標準の設定では、アラームの表示時に音が鳴るようになっています。再生音を鳴らさないようにするには、上のヒントを参考に［アラーム音の設定］ダイアログボックスを表示し、［音を鳴らす］をクリックしてチェックマークをはずしてください。

⚠ ここに注意
アラームを消すと、タスクの期限を過ぎても通知は表示されません。

まとめ 期限が近いことを知らせてくれる

レッスン40で紹介した方法でタスクにアラームを設定しておけば、決まったタイミングで「期限までの残り時間」が自動で通知されます。あらかじめ決まった期限に向けて行動を起こしていれば問題はありませんが、期限やタスクそのものの内容を忘れていたときは、再通知の設定をして、期限までにタスクが完了できるように行動を起こしましょう。また、アラームを常に確認できるように、Outlookを起動したままにしておくといいでしょう。

レッスン 42 完了したタスクに印を付けるには

進捗状況が完了

タスクが完了したら、アイテムに完了の印を付けます。完了したタスクは、To Doバーのタスクリストから消えますが、削除されたわけではありません。

キーワード	
To Doバー	P.309
アイテム	P.309
タスク	P.311
ビュー	P.312

1 タスクを完了の状態にする

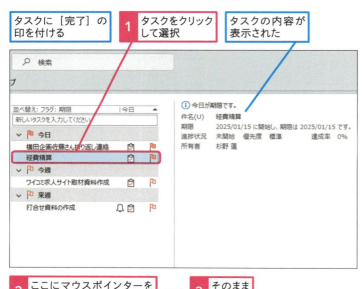

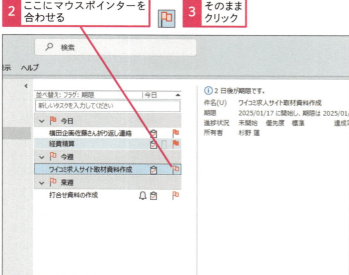

使いこなしのヒント
[タスク]ウィンドウでも状況を設定できる

このレッスンでは、タスクを選択し、フラグのアイコンをクリックしてタスクを[完了]の状態にします。さらに、タスクをダブルクリックして表示される[タスク]ウィンドウの[進捗状況]でも、タスクの状態を[完了]に設定できます。なお、[タスク]ウィンドウを利用すれば、タスクを[進行中]や[待機中][延期]といった状況にも設定できます。

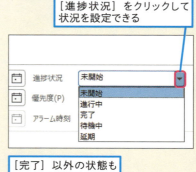

128 できる

👍 スキルアップ
完了したタスクも確認できる

完了したタスクを確認するには、以下の手順でビューを [タスクリスト] や [詳細] に切り替えます。[タスクリスト] や [詳細] に切り替えると、完了かそうでないかにかかわらず、すべてのタスクが表示されます。完了したタスクのみを確認するには、[完了] ボタンをクリックしましょう。なお、完了したタスクを未完了の状態に戻すには、✓ をクリックして 🏳 にします。また、ビューの表示を元に戻すには、[ビューの変更] グループの [To Doバー] をクリックしてください。

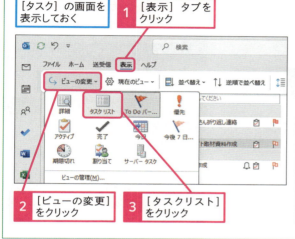

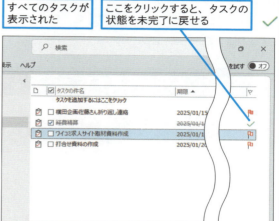

● タスクが完了の状態になった

完了の状態にしたタスクが、To Doバーのタスクリストから消えた

⚠ ここに注意

完了していないタスクを [完了] の状態にしてしまったときは、上のスキルアップを参考にしてビューを [タスクリスト] に切り替えてから、タスクのチェックマークをはずします。

まとめ　完了したタスクを削除しないようにする

完了したタスクは削除するのではなく、完了の印を付けておきましょう。タスクを削除すると、過去にどのような作業をしたのかが記録に残らなくなってしまいます。開始日や期限を設定したタスクを残しておけば、後で同じような作業を進めるときに、どれくらいの期間が必要なのかを把握しやすくなります。完全に不要になったタスクを削除したいときは、手順1の操作でタスクを選択し、[ホーム] タブの [削除] ボタンをクリックします。

レッスン 43 タスクの期限を変更するには

タスクの編集

期限が過ぎたタスクは赤い文字で表示され、急いで片付けなければならないことがひと目で分かります。ここでは、タスクの期限を変更する方法を説明しましょう。

キーワード
色分類項目　P.309

ショートカットキー
上書き保存　Ctrl + S

1 タスクの期限を変更する

- 期限を過ぎたタスクの期限を再設定する
- 期限を過ぎたタスクは赤い文字で表示される
- 1 期限を変更するタスクをダブルクリック

- [タスク]ウィンドウが表示された
- 2 [期限]のここをクリック

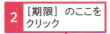

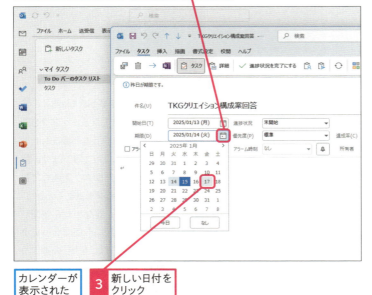

- カレンダーが表示された
- 3 新しい日付をクリック

使いこなしのヒント
期限を過ぎたタスクの色を変更するには

標準の設定では、期限を過ぎたタスクは赤い文字で表示されます。この色は、[Outlookのオプション]ダイアログボックスの[タスク]で好みの色に変更できます。

[ファイル]タブの[オプション]をクリックして、[Outlookのオプション]ダイアログボックスを表示しておく

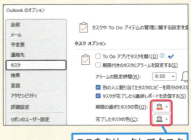

ここをクリックしてタスクの色を変更できる

使いこなしのヒント
タスクを色で分類できる

メールと同様に、タスクも色分類項目を設定できます。To Doバーのタスクリストでタスクを右クリックし、[分類]の一覧から色分類項目を選択するか、[ホーム]タブの[分類]ボタンからでも操作できます。手順2のように[タスク]ウィンドウを表示していれば、[タスク]タブの[分類]ボタンからでも設定できます。

2 変更を保存する

タスクの変更内容を保存する

1 [保存して閉じる]をクリック

期限が延長され、タスクが黒い文字で表示された

タスクの期限が設定した日時に変更できた

使いこなしのヒント

タスクの表示順は自由に変更できる

To Doバーのタスクリストでタスクをドラッグすれば、表示順を自由に変更できます。通常は期限の設定に応じて、[今日]や[明日][今週][来週][日付なし]などとグループ分けされますが、同じ期限内で優先順位を付けたいときは、タスクをドラッグして順序を変更しておきましょう。

1 マウスポインターを合わせる

2 ここまでドラッグ

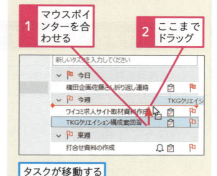

タスクが移動する

ここに注意

期限を変更しても赤い文字が黒い文字に戻らない場合は、過去の日付を設定した可能性があります。手順1の操作で未来の日付を設定してください。

まとめ 期限が過ぎたらタスクの内容や進め方を見直そう

期限を過ぎたタスクは、To Doバーのタスクリストで赤く表示されます。初めて取り組む仕事や複数のタスクが重なっているようなときは、タスクが期限通りに終わらないこともあります。しかし、単純に期限を先に延ばし続けるのでは意味がありません。仕事や作業の進め方のほか、これまでやってきた方法を見直した上で、実現可能な期限を再設定しましょう。

レッスン 44 一定の間隔で繰り返すタスクを登録するには

定期的なアイテム

毎週や毎月など、一定の間隔で繰り返すタスクは、定期的なタスクとして登録しましょう。タスクに完了の印を付けると、次のタスクが自動で作成されます。

キーワード

アイテム	P.309
アラーム	P.309
タスク	P.311

1 定期的なタスクを作成する

ここでは、毎週金曜日に行う週報の提出を定期的なタスクとして登録する

1 [新しいタスク]をクリック

使いこなしのヒント
タスクの繰り返しを解除するには

繰り返し行う定期的な用件やイベントが終了し、タスクを繰り返す必要がなくなったときは、以下の手順でタスクが自動的に作成されないように繰り返しの設定を解除しておきましょう。

タスクをダブルクリックして、[タスク]ウィンドウを表示しておく

1 [タスク]タブをクリック

2 [定期的なアイテム]をクリック

[定期的なタスクの設定]ダイアログボックスが表示された

3 [定期的な設定を解除]をクリック

[保存して閉じる]をクリックして[タスク]ウィンドウを閉じる

[タスク]ウィンドウが表示された

2 件名を入力

3 [定期的なアイテム]をクリック

2 繰り返しのパターンを設定する

[定期的なタスクの設定] ダイアログボックスが表示された

ここでは、毎週金曜日に同じタスクが繰り返されるようにする

1 [週] をクリック
2 [間隔] が選択されていることを確認
3 [1] と入力されていることを確認

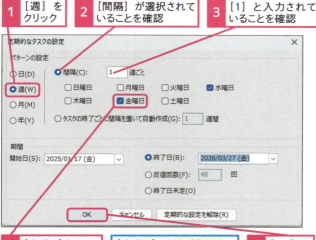

4 [金曜日] をクリックしてチェックマークを付ける
[金曜日] 以外が選択されているときは、クリックしてチェックマークをはずす
5 [OK] をクリック

タスクに繰り返しのパターンが設定された
一番近い期限が自動的に設定された

6 [アラーム] をクリックしてチェックマークを付ける
7 アラームの日付と時刻を選択
8 [保存して閉じる] をクリック

タスクが登録され、To Doバーのタスクリストに表示された

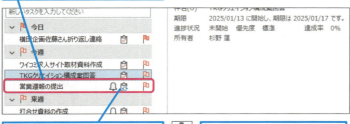

定期的なタスクには、繰り返しを示すアイコンが表示される
レッスン42を参考にタスクに完了の印を付けると、次のタスクが自動的に作成される

💡 使いこなしのヒント

定期的なタスクを1回だけキャンセルするには

繰り返しを設定したタスクの実行日が祝日だったときや急きょ予定が中止になったときなどは、期限を来週や来月などの次回に再設定しましょう。期限を再設定するタスクをダブルクリックして [タスク] ウィンドウを表示し、[タスク] タブの [この回をとばす] ボタンをクリックすれば、設定済みの間隔で期限が再設定されます。

キャンセルするタスクを選択しておく

1 [タスク] タブをクリック
2 [この回をとばす] をクリック

期限やアラームが次回に変更される

⚠ ここに注意

繰り返しの間隔を間違って登録してしまったときは、前ページのヒントを参考に [定期的なタスクの設定] ダイアログボックスを表示して、繰り返しの間隔を変更します。

まとめ タスクの完了後に同じタスクが作成される

毎週や毎月など決まった日時に行うタスクは、「特別なイベント」という感覚が薄れていってしまい、タスクそのものを忘れてしまうこともあるでしょう。このレッスンの方法で定期的なタスクとして登録しておけば、タスクが完了するごとに、次のタスクが自動的に作成されます。タスクを完了させないと次のタスクは作成されません。タスクが終わったら、忘れずに完了の状態にしてください。

この章のまとめ

タスクは日々進捗を管理することで真価を発揮する

毎日の生活の中で、こなさなければならない作業は、自然に生まれるものや誰かから依頼されるものなど、多岐にわたります。山積みの仕事に忙殺されないためにも、どのくらいの期間に何の作業をやる必要があるのかを把握できるようにしたいものです。Outlookを使えば、こうした作業を見通して自分を取り巻く状況がどうなっているかを知ることができます。たくさんの作業を並行して進めていても、1つ1つのタスクを確実に完了させることで、その集合体としての仕事を進められるようになるのです。

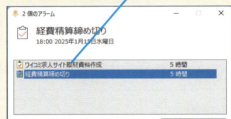

タスクを一覧画面で管理するだけでなく、アラームの機能も活用すれば、登録だけで終わってしまうことなく活用できる

日々の仕事をOutlookのタスクで管理するようにしてみたのですが、終わったタスクを完了にしていくのが楽しくなってきました！

それはいい傾向だね！ タスクでよくあるのが、登録だけで終わってしまうことなんだ。登録したのに管理しないのでは意味がない。それを防止するにはまず、毎日チェックする習慣をつけることが大切なんだ。

なるほど！ 毎日チェックする習慣ですね。私も実践してみます。

ぜひ習慣化してほしいね。仕事が増えてくると日々のタスクも増えてくるもの。すべて記憶しておくことは無理だから、そんなときこそOutlookのタスクにどんどん登録して、管理していくといいよ！

活用編

第 6 章

メール管理の効率を
アップしよう

働き方と他者とのコミュニケーションには密接な関係があります。
そして現代社会においては、メールがコミュニケーションの最も
基本的な方法になりました。Outlookを使う上でも、メールに関
する機能を駆使しているシーンが最も多いのではないでしょうか。
予定にしてもタスクにしてもメールが基となって派生するものが多
くなっています。本章では活用編として、メールの整理や検索に
関する便利な機能や使い方を解説します。

45	大量のメールを効率よく整理しよう	136
46	同じ件名のメールをまとめるには	138
47	迷惑メールを振り分けるには	140
48	メールを削除するには	146
49	メールを削除せずに保管するには	148
50	メールを色分けして分類するには	150
51	メールを整理するフォルダーを作るには	152
52	メールが自動でフォルダーに移動されるようにするには	154
53	関連するメールをまとめて読むには	158
54	分類項目や添付ファイルを基にメールを探すには	160
55	複数の条件でメールを探すには	162
56	検索条件を保存して素早くメールを探すには	164
57	重要なメールにアラームを設定するには	166

レッスン 45

Introduction この章で学ぶこと

大量のメールを効率よく整理しよう

活用編 第6章 メール管理の効率をアップしよう

多くの仕事をこなすようになると、それに比例してやりとりするメールも増えてきます。立場による違いはあっても、報告や連絡、相談をメールで交わすことが多いからです。従って、仕事をスムーズに進めるには必要なメールを見落とさないことが重要です。この章では大量に届くメールの検索や整理で役立つ機能や使い方を紹介しましょう。

必要なメールを見つけ出す「一歩進んだ」検索機能を使いこなす

おや、どうしたの？ なんか困っているようだね。

以前見かけた請求書のメールを探しているんですけど、うまく見つからなくて……。

単純なキーワード検索で探しているんだね。そんなときは複数の条件で探してみるといいよ。それに請求書なら頻繁に検索するだろうから、一発で検索できるようにしておくのがおすすめ！

キーワードの検索に受信日時等の条件を加えてメールを検索できる

検索フォルダーに特定のキーワードなどが含まれたメールを集められる

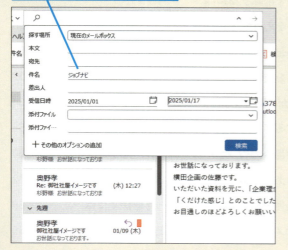

検索とは一味違うメールの探し方をおぼえよう

あらら？ こちらにも困った顔をしている人がいますね。

とある案件で過去のメールをチェックしているのですが、探すのがたいへんで……。

そんなときは、同じ件名のメールをまとめて表示してくれる機能をうまく使うといいよ。

そんな機能があるんですね！早く知っておけばよかった。

スレッド表示で同じ件名をまとめて表示できる

メールを指定して、差出人や同じ件名のメールを素早く探し出せる

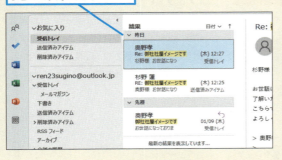
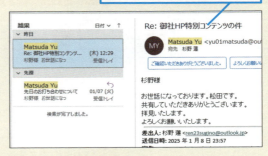

ちょっと手を加えて整理するだけで効率アップできる

メールは検索すればいいと思いがちだけど、実は受信メールにマーキングしたり、自動振り分けを設定したりと、ちょっと手を加えるだけでグーンと効率アップできるよ。

仕分けルールを設定して、メールを自動で振り分けられる

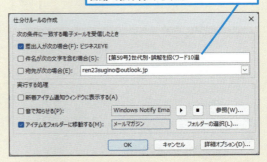

メールに色分類を設定でき、色分類で素早くメール検索することもできる

ちょっとした手間ならやってみてもいいかも。早速試してみます！

レッスン 46 同じ件名のメールをまとめるには

スレッド表示

受信トレイの既定ビューでは、受信日の新しいものから古いものの順にメールが一覧表示されます。特定の差出人とやりとりしたメールをグループ化して表示すれば、その差出人とやりとりしたメールだけを時系列で読み進めることもできます。こうした並び順のビューを「スレッド表示」と呼びます。

キーワード
スレッド	P.311
タブ	P.312
ビュー	P.312

用語解説
スレッド

「スレッド」とは1つのテーマや話題でまとめたグループのことで、メールでは同じ件名を持つメールのやりとりとなります。ただし、同じ件名でも、連続して相手とやりとりしていない別内容のメールはグループ化されません。

1 スレッド表示へ切り替える

［受信トレイ］フォルダーの内容を表示しておく

1 ［表示］タブをクリック
2 ［現在のビュー］をクリック
3 ［スレッドとして表示］をクリック
4 ［すべてのメールボックス］をクリック

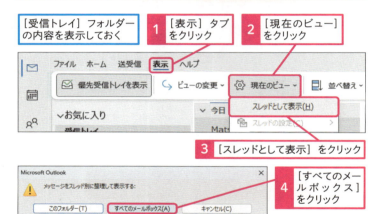

メールがスレッドとして表示され、まとめられたメールに三角形のアイコンが付いた

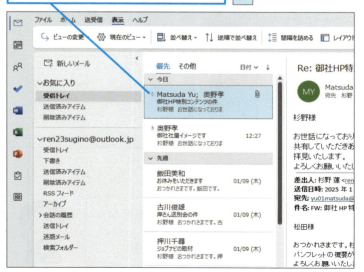

ここに注意

スレッド表示では件名をベースにメールが並べ替えられ、同じ件名のメールが時系列で並べられます。件名が同じメールは、そのメールで交わされている話題が同じであるとみなされるのです。自他共に、この機能を有効に使うためにも、メールに返信する場合は、同じ話題である限り、返信時に件名を安易に書き換えないようにしましょう。逆に、話題を変える場合は、適した件名を持つメールを新規に作るようにします。

2 スレッド表示されたメールを確認する

スレッドとしてまとめられたメールには三角形のアイコンが表示される

1 スレッドとしてまとめられたメールをクリック

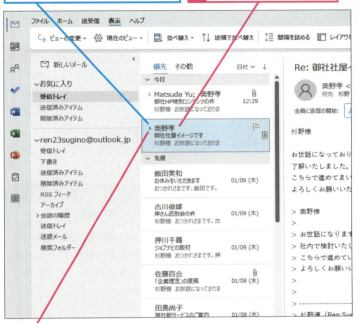

2 ここをクリック

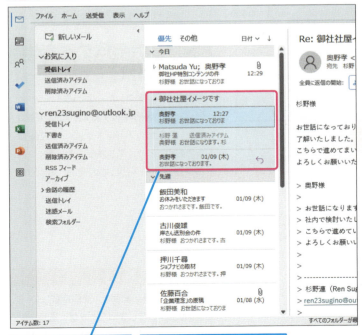

スレッドにまとめられたメールが表示された

右のヒントを参考に、スレッド表示を解除しておく

💡 使いこなしのヒント
スレッド表示を解除するには

スレッド表示の必要がなくなったら、元の時系列表示に戻しておきましょう。交互の切り替えは簡単な操作でできますから、メールを読む目的ごとに気軽に切り替えて使ってみましょう。

1 ［表示］タブをクリック

2 ［現在のビュー］をクリック

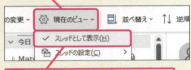

3 ［スレッドとして表示］をクリック

4 ［すべてのメールボックス］をクリック

まとめ　ビューを切り替えて過去の議論をたどる

スレッド表示したメールは「時系列でまとめられた文字による会話」です。メールをスレッド表示することで、過去にやりとりしたメールを順に読み進めることができ、誰がどんなことを過去に提案し、その結果何が起こったかといった骨子を短時間で把握でき、仕事の進捗状況や経緯などを素早く振り返ることができます。ただし、基準となるのはあくまでも件名であり、内容が吟味されるわけではないので過信は禁物です。

レッスン 47 迷惑メールを振り分けるには

受信拒否リスト、迷惑メール

Outlookは、迷惑メールを検知すると、そのメールを［迷惑メール］フォルダーに移動します。このフォルダーを開かない限り、目に触れることもなくなります。

キーワード	
受信トレイ	P.311
フォルダー	P.312
迷惑メール	P.313

1 メールを［迷惑メール］フォルダーに移動する

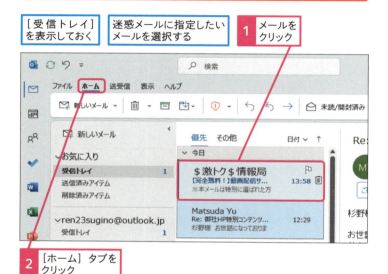

使いこなしのヒント
「迷惑メール」って何？

「迷惑メール」とは受信側の承諾を得ずに、無差別に送信される広告などのメールです。「SPAM（スパム）メール」とも呼ばれ、一種の社会問題にもなっています。

使いこなしのヒント
「受信拒否リスト」って何？

受信トレイに受信したくない迷惑メールが配信される場合があります。「受信拒否リスト」に差出人アドレスやドメインを登録しておくことで、同じ差出人から届くメールが迷惑メールとして処理されるようになります。

ここに注意

手順1の操作5の画面で［受信拒否しない］をクリックしてしまったときは、もう一度そのメールを選択し、［迷惑メール］ボタンから［受信拒否リスト］をクリックします。

活用編　第6章　メール管理の効率をアップしよう

👍 スキルアップ
詐欺メールに騙されないためには

数多く届く迷惑メールですが、昨今のものはその造りがきわめて巧妙になってきています。これらのメールにだまされ、つい、リンクをクリックしてしまって、マルウェアに感染したり、悪質なサイトに誘導されたりといった被害が後を絶ちません。日常的に届く、アマゾンやアップル、宅配便などからのメールを巧妙に模倣したものも少なくありません。加入しているサービスからのお知らせを装ったメールを怪しく感じたら、そのメール内に記載されたリンクを開くのではなく、そのサイトを検索などで探してログインすれば、お知らせなどに同様の告知があるかもしれません。また、メールの差出人や、メール本文内にあるリンクのアドレスをチェックするのも有効です。見知らぬドメインのアドレスなら、それは間違いなく詐欺メールです。欺されないためには、おかしいなと思うカンを身に付けることが必要です。なおレッスン80では、なりすましメールの見分け方など、メールに関するセキュリティを解説しています。このレッスンと合わせて参考にしてください。

💡 使いこなしのヒント
迷惑メールの処理レベルは変更できる

クラウドメールサービスの多くは、受信した時点で迷惑メールをサービス側で判別する機能を持っています。こうした機能の存在を前提に、Outlookの迷惑メール処理レベルは［自動処理なし］に設定されています。［自動処理なし］の状態では、迷惑メールと思われるメールが数多く届くのであれば、処理レベルを［低］や［高］に変更し、Outlookの判断を加味して様子を見てみましょう。ただし［迷惑メールを迷惑メールフォルダーに振り分けないで削除する］を選択すると、迷惑メールだと誤判定された通常メールが削除されてしまうことがあるので、注意してください。

手順3を参考に、［迷惑メールのオプション］ダイアログボックスを表示しておく

1 ［オプション］タブをクリック

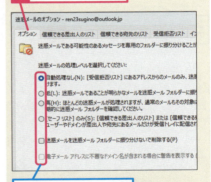

ここをクリックして、処理レベルを選択できる

● ［迷惑メール］フォルダーに振り分けられた

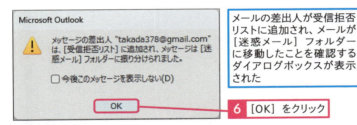

メールの差出人が受信拒否リストに追加され、メールが［迷惑メール］フォルダーに移動したことを確認するダイアログボックスが表示された

6 ［OK］をクリック

迷惑メールが［迷惑メール］フォルダーに移動した

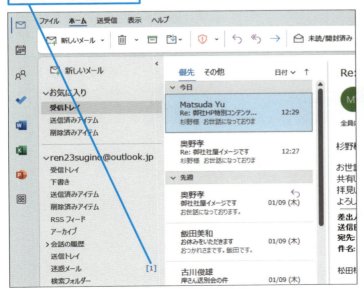

2 誤って迷惑メールとして処理されたメールを戻す

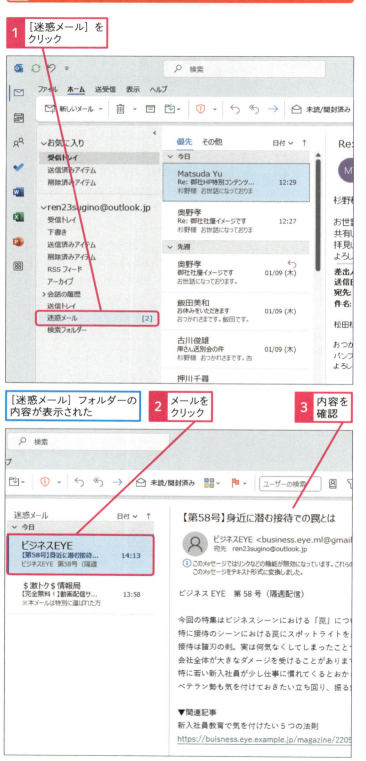

使いこなしのヒント
必要なメールが迷惑メールになっていないかを確認しよう

前ページのヒントで解説したように、Outlookの迷惑メール処理レベルが［自動処理なし］の場合は迷惑メールフィルターが無効ですが、受信拒否リストに登録したメールアドレスから届くメールは［迷惑メール］フォルダーに振り分けられます。ただし、受信拒否リストに登録していないのに［迷惑メール］フォルダーにメールが仕分けされてしまうことがあります。手順2の操作5以降では「迷惑メールでないのに［迷惑メールフォルダー］に仕分けられてしまったメール」を［受信トレイ］フォルダーに移動し、同じメールが［迷惑メール］フォルダーに振り分けられないようにします。

使いこなしのヒント
迷惑メール処理を変更するには

ビューに表示されているメールを右クリックすると、ショートカットメニューが表示されます。［迷惑メール］をクリックして表示される一覧からでも受信拒否リストの登録や解除、迷惑メールの処理レベルの変更ができます。

● 迷惑メールではないので、[受信トレイ]フォルダーに戻す

| 4 | [ホーム]タブをクリック |

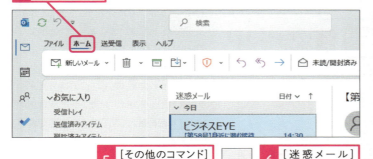

| 5 | [その他のコマンド]をクリック |
| 6 | [迷惑メール]をクリック |

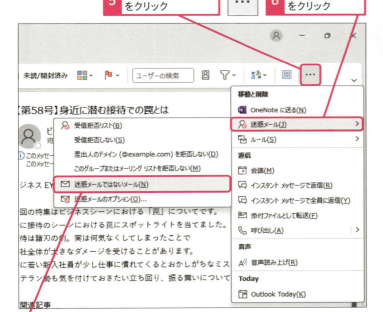

| 7 | [迷惑メールではないメール]をクリック |

[迷惑メールではないメールとしてマーク]ダイアログボックスが表示された

次回以降、このメールアドレスから届くメールが迷惑メールとして処理されないように設定する

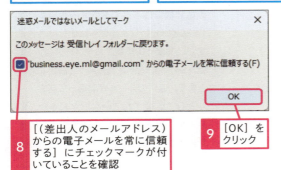

| 8 | [(差出人のメールアドレス)からの電子メールを常に信頼する]にチェックマークが付いていることを確認 |
| 9 | [OK]をクリック |

使いこなしのヒント

迷惑メールリストは編集できる

迷惑メールのオプションでは、[信頼できる差出人のリスト]タブや[信頼できる宛先のリスト]タブ、[受信拒否リスト]タブを開き、それぞれのリストに新規追加したり、過去に設定したものを削除したりできます。

141ページのヒントを参考に、[迷惑メールのオプション]ダイアログボックスを表示しておく

| 1 | [信頼できる差出人のリスト]タブをクリック |

[追加]をクリックすればアドレスを追加できる

ここに注意

手順2の操作7で、間違って迷惑メールを[受信トレイ]フォルダーに戻してしまった場合は、戻したメールをクリックして操作をし直します。

3 ［受信トレイ］に移動したメールを確認する

［ホーム］タブをクリックしておく

迷惑メールとして処理されたくないメールを選択しておく

1 ［その他のコマンド］をクリック

2 ［ブロック］をクリック

3 ［迷惑メールのオプション］をクリック

［迷惑メールのオプション］ダイアログボックスが表示された

4 ［信頼できる差出人のリスト］タブをクリック

5 ［追加］をクリック

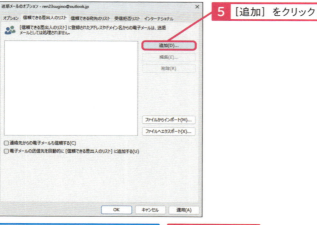

［アドレスまたはドメインの追加］ダイアログボックスが表示された

6 メールアドレスを入力

7 ［OK］をクリック

［OK］をクリックして［迷惑メールのオプション］ダイアログボックスを閉じておく

次回以降、迷惑メールとして処理されないように設定される

使いこなしのヒント

迷惑メールがたまってきたら削除しよう

迷惑メールがフォルダー内にたまってきたら、削除してしまいましょう。フォルダーを開き、Ctrl+Aキーですべてのメールを選択し、［ホーム］タブの［削除］ボタンをクリックします。たくさんの迷惑メールがたまったままでは、処理ミスで移動されたメールを見落としてしまう可能性が高くなります。

まとめ

不愉快な迷惑メールを隔離できる

迷惑メールは、不法に入手したアドレスのリストなどを基に、一方的に送り付けられてきます。内容的にも気分の悪くなるものが少なくありません。こうしたメールは、目に触れることなく、抹消してしまいたいものです。メールサービスやOutlookの処理機能によって迷惑メールの多くは［迷惑メール］フォルダーに仕分けされますが、間違って処理されたメールは、［受信トレイ］に表示されるように設定しておきます。通常のメールが間違って迷惑メールとして処理されていないかどうか、定期的に［迷惑メール］フォルダーの内容を表示し、一覧を確認するようにしておきましょう。

👍 スキルアップ
文字化けしてしまったメールを読むには

ごくまれに、受信したメールの内容がまったく判別できない文字列になってしまう場合があります。こうしたメールの状態を「文字化けしている」といいます。文字のコード体系を伝えるための記述が欠如しているといったことが原因で、相手側のメールソフトの機能欠如が原因です。Outlookは、想定外の文字コードで強制的に文字列を復合する機能が用意されています。この機能を使うことで、意味不明の文字列を、正しい文字列に変換できる場合があります。それでも正しい表示ができない場合は、差出人に依頼してファイル添付など、別の方法での再送をお願いしてみましょう。

文字化けしたメールを別ウィンドウで表示する

1 メールをダブルクリック

選択したメールが別のウィンドウで表示された

2 [その他のコマンド] をクリック

3 [アクション] をクリックし、[その他のアクション] - [エンコード] - [その他] の順にマウスポインターを合わせる

4 ここを下にドラッグしてスクロール

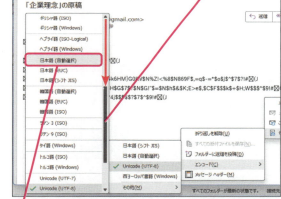

5 [日本語（自動選択）] をクリック

エンコードが変換され、日本語でメールが表示された

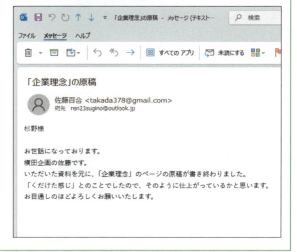

レッスン 48 メールを削除するには

削除

必要のないメールは、その場で削除してしまいましょう。削除したメールは［削除済みアイテム］フォルダーに移動するので、必要に応じていつでも元に戻せます。

キーワード
Outlookのオプション	P.308
フォルダー	P.312

ショートカットキー
メールの削除	Delete ／ Ctrl + D

使いこなしのヒント

［削除済みアイテム］をOutlookの終了時に削除するには

Outlookの終了時に毎回［削除済みアイテム］フォルダーを空にするには、［ファイル］タブの［オプション］をクリックし、以下の手順で操作します。

［ファイル］タブの［オプション］をクリックして、［Outlookのオプション］ダイアログボックスを表示しておく

1 ［詳細設定］をクリック

2 ［Outlookの終了時に、削除済みアイテムフォルダーを空にする］をクリックしてチェックマークを付ける

3 ［OK］をクリック

1 メールを削除する

ここでは［迷惑メール］フォルダーのメールを削除する

1 ［迷惑メール］をクリック

2 メールをクリック

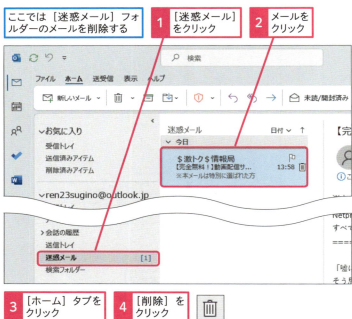

3 ［ホーム］タブをクリック

4 ［削除］をクリック

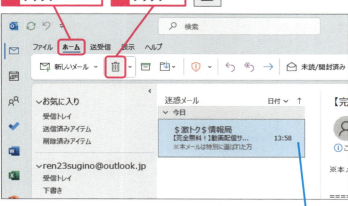

右端にマウスポインターを合わせたときに表示される［項目を削除］をクリックしてもいい

ここに注意

間違って必要なメールを削除してしまった場合は、［削除済みアイテム］フォルダーを表示してメールを右クリックし、［移動］-［受信トレイ］の順にクリックしてください。

👍 スキルアップ

削除済みのメールを完全に削除するには

以下の手順を実行すると［削除済みアイテム］フォルダーにあるすべてのメールが完全に削除されます。Outlookの終了時に［削除済みアイテム］フォルダーを空にするように設定していないときにおすすめです。ただし、本当に削除していいのかを事前に確認しておきましょう。

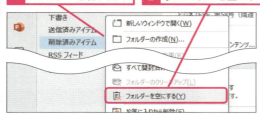
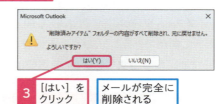

2 削除したメールを確認する

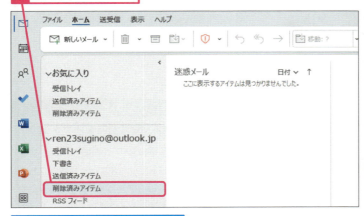

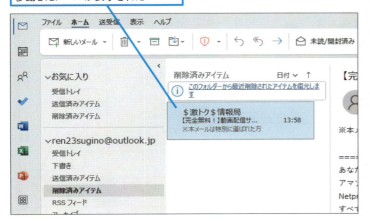

まとめ

もし迷ったら、削除せずにメールを残しておこう

削除したメールはいったん削除済みアイテムフォルダに移動しますが、そこから削除すると二度と復活できなくなります。1通1通のメールの容量は、動画や音楽のファイルなどと比べれば、はるかに小さいサイズです。10年間にやりとりしたすべてのメールを残しておいても、たいしたサイズにはなりません。また、検索のスピードにもほとんど影響はありません。後からメールを見返す機会は少ないかもしれませんが、削除を迷ったメールは、そのまま残しておきましょう。レッスン49で紹介するアーカイブの機能も併用しながら過去のメールを管理していきましょう。

レッスン 49 メールを削除せずに保管するには

アーカイブ

メールをアーカイブすると受信トレイからアーカイブフォルダーに移動します。アーカイブフォルダーは、完了した仕事関連など、削除はせずに何かのときに参照できるようにメールを保存/保管しておくためのフォルダーです。検索対象にもなるので不便はありません。

キーワード

Outlookのオプション	P.308
アーカイブ	P.309
フォルダー	P.312

用語解説

アーカイブ

もともとは古文書や記録、史料などを保存する書庫や倉庫といった意味で使われてきました。情報がデジタルデータになってからも、記録のために情報を保管しておく意味で使われています。

1 メールをアーカイブする

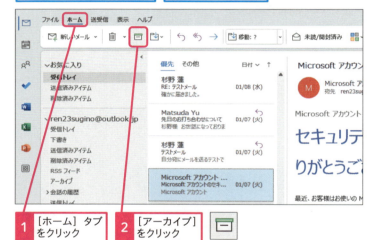

使いこなしのヒント

右クリックでもアーカイブできる

フォルダー内のメールを右クリックすると、ショートカットメニューが表示されます。その中の[アーカイブ]をクリックすることでもアーカイブ処理を行うことができます。

👍 スキルアップ
メールを自動的にアーカイブするには

受信したメールは、期間を指定して自動的に整理処理をすることもできます。例えば半年前、1年前といった期間を区切り、週に一度や2週間おきといったタイミングでそれらより古いアイテムをアーカイブするといった設定が可能です。

［ファイル］タブの［オプション］をクリックして、［Outlookのオプション］ダイアログボックスを表示しておく

3 ［次の間隔で古いアイテムの整理を行う］のここをクリックしてチェックマークを付ける

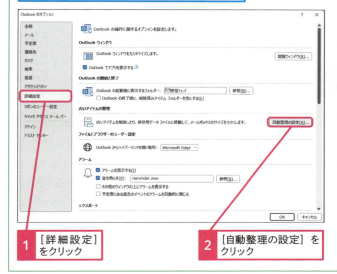
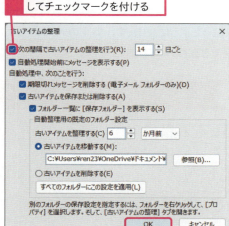

1 ［詳細設定］をクリック

2 ［自動整理の設定］をクリック

自動処理の設定をしたら［OK］をクリックしておく

● ［アーカイブ］フォルダーが表示された

選択したメールが［アーカイブ］フォルダーに移動した

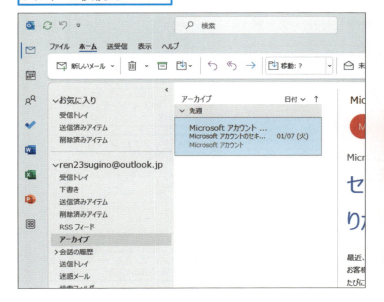

まとめ 保管のためのアーカイブは特別な意味を持つ

日常的に参照することがめったにない情報はアーカイブしておきます。削除との違いは、必要に応じて後でいつでも参照できる点です。企業の内部統制手続きとして、各法律で定められた添付ファイルや関係書類等の電子保存など、コンプライアンス対策のためにも役立つ機能です。

レッスン 50 メールを色分けして分類するには

色分類項目

メールを色で分類すれば、メールに色付きのラベルが表示され、付箋を貼ったようになります。特定のメールを見つけやすくなり、色で検索できるようになります。

キーワード	
To Doバー	P.309
色分類項目	P.309
クイックアクセスツールバー	P.310
フラグ	P.312

1 色分類項目を設定する

色分類項目の項目名を設定する

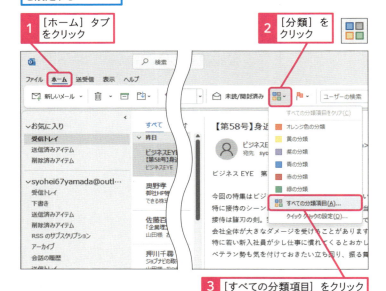

1 [ホーム] タブをクリック
2 [分類] をクリック
3 [すべての分類項目] をクリック

[色分類項目] ダイアログボックスが表示された

ここでは、オレンジ色の項目の名前を変更する

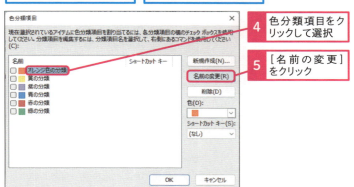

4 色分類項目をクリックして選択
5 [名前の変更] をクリック

使いこなしのヒント
メールにフラグを設定するには

すぐには対応できないが、後で必ず対応が必要なメールには、以下の手順でフラグを付けるといいでしょう。フラグを付けたメールは、To Doバーのタスクリストにアイテムとして表示されます。返信などの対応が完了したら、フラグのアイコン（ 🏁 ）をクリックして「完了済み」（ ✓ ）にします。フラグを消去するには、右クリックして [フラグをクリア] を選択してください。

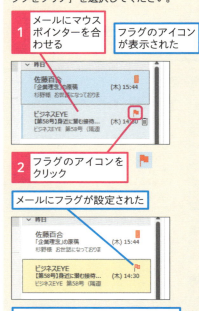

1 メールにマウスポインターを合わせる

フラグのアイコンが表示された

2 フラグのアイコンをクリック

メールにフラグが設定された

フラグのアイコンをもう一度クリックすると、完了済みの表示に変わる

● 項目名を入力する

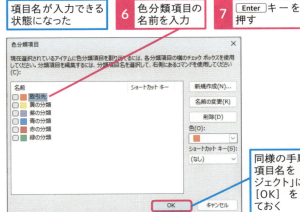

2 メールを色で分類する

使いこなしのヒント
色分類項目を削除するには

特定の色分類項目を削除するには、手順2の操作6の画面で［削除］ボタンをクリックします。削除すると、過去にその色が割り当てられたアイテムからも、その色が削除されます。

使いこなしのヒント
色分類項目の設定を解除するには

手順2を参考に色分類項目が設定されたメールを選択し、同じ色に分類し直すと、メールの色分類が解除されます。なお［すべての分類項目をクリア］で複数の色分類項目がすべて解除されます。

⚠ ここに注意

手順1の操作3で［すべての分類項目］以外の色分類項目を選択すると［分類項目の名前の変更］ダイアログボックスが表示されます。［いいえ］ボタンをクリックしてからクイックアクセスツールバーの［元に戻す］ボタンをクリックし、手順1から操作をやり直してください。

まとめ　色でメールを区別できる

重要なメールに色分類項目を割り当てておけば、一覧表示された大量のメールの中からでも、目的のメールを素早く見つけ出すことができます。「数カ月ぐらい前に受信したメール」から目的のメールを探し出すには、検索機能が便利ですが、「ここ数日の間」など、直近のメールをビューの一覧から見つけるには、色分類項目が重宝します。色分類項目で並び替えもできるので、同じ色分類のメールをまとめて確認することもできます。詳細な手順は**レッスン54**を参照してください。

レッスン 51 メールを整理するフォルダーを作るには

新しいフォルダーの作成

メールは［受信トレイ］以外のフォルダーにも整理できます。このレッスンでは、新しいフォルダーを作成し、メールを移動する方法を解説します。

1 新しいフォルダーを作成する

ここでは［受信トレイ］フォルダーの中にメールマガジン用のフォルダーを作成して、メールを整理する

1. ［受信トレイ］を右クリック
2. ［フォルダーの作成］をクリック

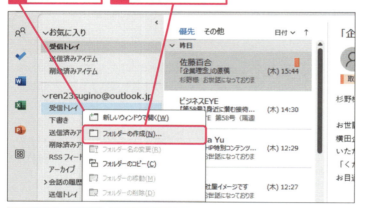

3. フォルダー名を入力
4. Enter キーを押す

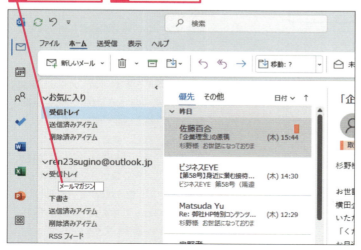

🔍 キーワード

フォルダー　　P.312

⌨ ショートカットキー

新しいフォルダーの作成
Ctrl + Shift + E

💡 使いこなしのヒント
作成したフォルダーの名前を変更するには

作成したフォルダーの名前を変更するには、そのフォルダーを右クリックして表示されるメニューから、［フォルダー名の変更］をクリックして、新しい名前を入力します。

💡 使いこなしのヒント
表示中にメールを移動するには

メールを閲覧ウィンドウに表示しているときに、［ホーム］タブの［移動］ボタンをクリックし［その他のフォルダー］を選択すると、メールを任意のフォルダーに移動できます。最近使ったフォルダーは記憶され、次回以降は［移動］ボタンの一覧に表示されるので、よく使うフォルダーにメールを素早く移動できます。メールをウィンドウで表示しているときは、［メッセージ］タブから操作してください。

⚠ ここに注意

手順1の操作3で名前を入力せずに Enter キーを押すと、「名前を指定する必要があります。」という警告のメッセージが表示されます。［OK］ボタンをクリックし、あらためてフォルダーの名前を入力してください。

2 メールをフォルダーに移動する

1 移動したいメールを右クリック
2 ［移動］にマウスポインターを合わせる
3 ［メールマガジン］をクリック

選択したメールが［メールマガジン］フォルダーに移動した

3 フォルダーの内容を確認する

メールが移動したことを確認する
1 ［メールマガジン］をクリック

［メールマガジン］フォルダーの内容が表示された
移動したメールが表示された

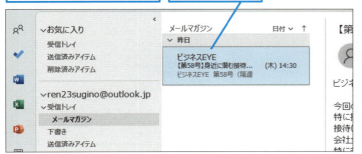

使いこなしのヒント

複数のメールを選択するには

複数のメールをまとめて選択し、フォルダーへ移動できます。複数のメールをまとめてフォルダーに移動するときは、Ctrlキーを押しながらメールをクリックしましょう。また、先頭のメールアイテムを選択し、Shiftキーを押しながら末尾のメールアイテムをクリックすると、連続した複数のメールを選択できます。

Ctrlキーを押しながらクリックすると、複数のメールを選択できる

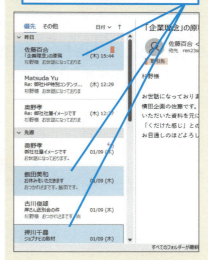

まとめ

フォルダーでメールを分類できる

メールのように、日々、大量に蓄積されていくアイテムは、メールのカテゴリに応じてフォルダーを作って分類すると、ビューの表示がすっきりします。例えば、「社外ユーザーを含むメール」と「自社内ユーザーのみに完結したメール」、それ以外の「不特定多数ユーザー宛てのメール」などの大きなくくりでフォルダーを作って分類するといいでしょう。手作業でメールを分類するのは手間がかかりますが、分類は自動でもある程度のことがこなせます。レッスン52を参照してください。

レッスン 52 メールが自動でフォルダーに移動されるようにするには

仕分けルールの作成

手動でメールを分類するのはたいへんです。新しく届いたメールや既存のメールを、条件に従って自動で任意のフォルダーに移動するように設定してみましょう。

1 分類したいメールを選択する

キーワード	
仕分けルール	P.311

使いこなしのヒント

仕分けルールを後から変更するには

［ホーム］タブの［その他のコマンド］-［ルール］から［仕分けルールと通知の管理］をクリックすると、設定済みの仕分けルールを後から変更できます。作成済みの仕分けルールを選択し［仕分けルールの変更］-［仕分けルール設定の編集］の順にクリックすると、156ページのスキルアップで紹介する［自動仕分けウィザード］が表示されます。

1 ［ホーム］タブをクリック
2 ［その他のコマンド］をクリック
3 ［ルール］にマウスポインターを合わせる

4 ［仕分けルールと通知の管理］をクリック

［仕分けルールと通知］ダイアログボックスが表示された

作成済みの仕分けルールを選択し、［仕分けルールの変更］をクリックすると、仕分けルールの編集やルール名の変更ができる

レッスン51を参考に、フォルダーウィンドウを表示しておく

受信したメールマガジンを自動的に［メールマガジン］フォルダーに移動するように設定する

1 ［受信トレイ］をクリック
2 メールをクリック
3 ［ホーム］タブをクリック
4 ［その他のコマンド］をクリック
5 ［ルール］にマウスポインターを合わせる
6 ［仕分けルールの作成］をクリック

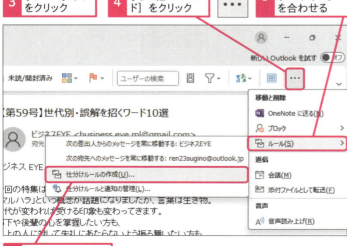

2 仕分けルールを作成する

選択したメールの差出人や件名が条件に設定される

ここではメールの差出人を元にメールを分類する

1 ［差出人が次の場合］をクリックしてチェックマークを付ける

選択したメールの差出人が表示されている

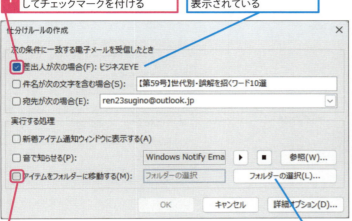

2 ［アイテムをフォルダーに移動する］をクリックしてチェックマークを付ける

下のダイアログボックスが表示されないときは、［フォルダーの選択］をクリックする

［仕分けルールと通知］ダイアログボックスが表示された

ここでは、レッスン51で作成した［メールマガジン］フォルダーを選択する

3 ［受信トレイ］のここをクリック

4 ［メールマガジン］をクリック

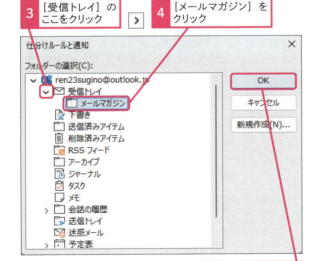

5 ［OK］をクリック

💡 使いこなしのヒント
件名でもメールを仕分けできる

手順2の操作1で［件名が次の文字を含む場合］をクリックしてチェックマークを付けると、件名でメールを仕分けられます。数人のメンバーで、特定のテーマについてメールをやりとりするとき、テーマに沿った件名を決めておけば、一連のメールを1つのフォルダーに整理できます。手順3で件名で設定するときは、「Re:」や日付などを含めないようにしてください。

⏱ 時短ワザ
自動的にメールを削除するには

手順2の操作3で［削除済みアイテム］を選択すると、条件に合ったメールが自動で削除されるようになります。ただし、必要なメールが削除される場合もあるので、設定の際は注意してください。

💡 使いこなしのヒント
登録したルールを一時的に使用しないように設定するには

仕分けルールを一時的に利用しないようにするには、前ページを参考に［仕分けルールと通知］ダイアログボックスで仕分けルールのチェックマークをはずします。有効にするには、仕分けルールのチェックマークを付け、［仕分けルールの実行］ボタンをクリックします。［仕分けルールの実行］ダイアログボックスで仕分けルールを選択すれば、休止している間に届いたメールが自動で仕分けされます。

⚠ ここに注意
左の2枚目の画面で条件が意図しない内容になっている場合は、前のページで別のメールを選択しています。その場合は、［キャンセル］ボタンをクリックし、正しいメールを選択し直してください。

● 作成した仕分けルールを確認する

[アイテムをフォルダーに移動する]にチェックマークが付いた

設定した条件で仕分けルールを作成する

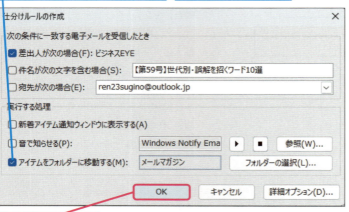

6 [OK] をクリック

使いこなしのヒント

仕分けルールの順序を入れ替えるには

複数の仕分けルールがある場合、上から順に条件が適用されます。この順序は、ルールを選択し、[上へ]ボタン（▲）や[下へ]ボタン（▼）をクリックして、入れ替えることができます。

このボタンで仕分けルールの順序を変更できる

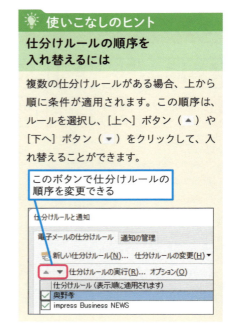

スキルアップ

仕分けルールは細かく設定できる

Outlookでは、メールを指定のフォルダーに移動するだけでなく、レッスン50で紹介した色分類項目を割り当てるなど、さまざまな処理を行えます。[自動仕分けウィザード]では、「[件名]」に特定の文字が含まれている場合や[宛先]に自分の名前があるときは仕分けをしない」という例外条件などを細かく設定できるので、正しく仕分けが実行されるように調整しておきましょう。

ここでは色分類項目を自動で設定できるようにする

1 手順2の操作1で[詳細オプション]をクリック

[自動仕分けウィザード]が表示された

2 指定したい条件をクリックしてチェックマークを付ける

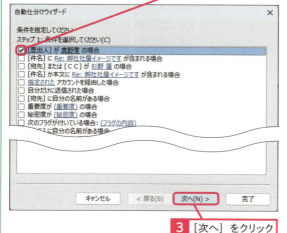

3 [次へ] をクリック

4 [分類項目（分類項目）を割り当てる]をクリックしてチェックマークを付ける

5 ここをクリックして色分類項目を選択

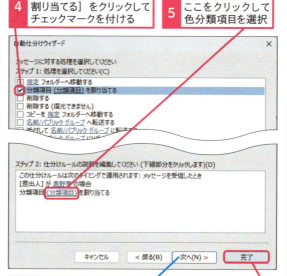

[次へ]をクリックして例外条件や仕分けルールの名前などを設定できる

6 [完了] をクリック

3 仕分けルールを実行する

［成功］ダイアログボックスが表示された

仕分けルールの名前が表示された

現在［受信トレイ］フォルダーにあるメールも設定した仕分けルールで仕分けする

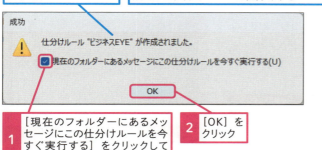

1 ［現在のフォルダーにあるメッセージにこの仕分けルールを今すぐ実行する］をクリックしてチェックマークを付ける

2 ［OK］をクリック

［受信トレイ］フォルダーの中で条件に該当するメールが仕分けされた

メールが仕分けられたかを確認する

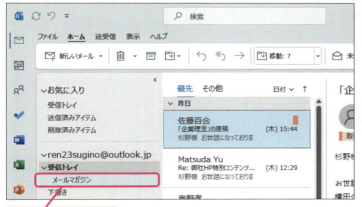

3 ［メールマガジン］をクリック

［メールマガジン］フォルダーの内容が表示された

この後受信したメールは、仕分けルールの条件で自動的に分類される

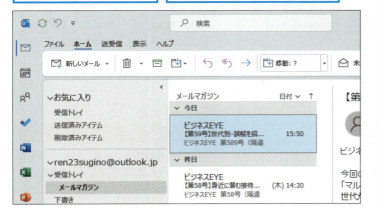

💡 使いこなしのヒント
仕分けルールを削除するには

設定した仕分けルールで望み通りの結果が得られない場合は、いったん仕分けルールを削除して、仕分けルールを作成し直します。154ページのヒントを参考に［仕分けルールと通知］ダイアログボックスを表示し、登録した仕分けルールを選択して［削除］ボタンをクリックしてください。

⚠ ここに注意

仕分けルールの設定を間違い、意図しない仕分けが行われた場合は、仕分けされたメールを元のフォルダーにドラッグします。その場合、上のヒントを参考にルールを削除して、もう一度手順1から操作をやり直してください。

まとめ　ルールを作ればメールが自動で仕分けされる

このレッスンでは、受け取ったメールから条件を作り、条件に合致したメールを自動的に指定のフォルダーに振り分ける方法を紹介しました。ただし、あまりにも細かい仕分けは逆効果です。自動的に仕分けられるとはいえ、届いたメールを見るために、いくつものフォルダーを順に開いて確認していくのは面倒です。フォルダーを作成する場合は、あまり細かく分類しようとせずに、最低限必要なフォルダーのみを作るようにしましょう。

レッスン 53 関連するメールをまとめて読むには

関連アイテムの検索

特定のメッセージを基に、関連したメッセージを探し出してみましょう。指定したメッセージと同じ件名のメッセージだけをビューの一覧に表示できます。

キーワード	
RE:	P.308
受信トレイ	P.311
スレッド	P.311
ビュー	P.312

1 関連したスレッドのメッセージを表示する

［受信トレイ］フォルダーの内容を表示しておく

同じ件名のメールをまとめて表示する
1 メールを右クリック
2 ［関連アイテムの検索］にマウスポインターを合わせる

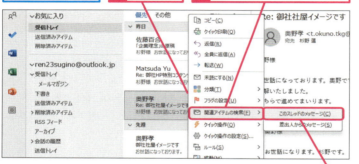

3 ［このスレッドのメッセージ］をクリック

同じ件名でやりとりをしたメールが検索された
［検索ツール］の［検索］タブが表示された
4 何もないところをクリック

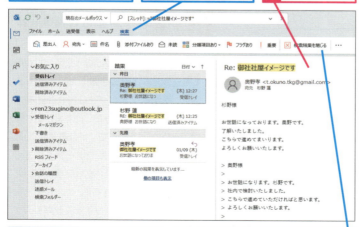

同じ件名のメールがあるときは、そのメールも表示される

［検索結果を閉じる］をクリックするとメッセージの一覧が表示される

使いこなしのヒント
どんなメールが表示されるの？

このレッスンの手順で表示されるメールは、相手と同じ件名でやりとりしたメールや同じ件名で転送したメールです。ただし、相手とやりとりを繰り返していないメールでも、件名が同じであればそのメールも表示されます。

使いこなしのヒント
スレッド表示と関連アイテム検索を使い分けよう

このレッスンで解説している「関連アイテム検索」では、すべてのメールをスレッド表示するのではなく、特定のメッセージと同じ件名を持つメールだけを検索して一時的に抽出します。特定のメッセージを読んでいるときに、過去の経緯をより詳しく把握するのに便利な機能です。

ここに注意

別のメールの関連メッセージを検索した場合は、検索結果のウィンドウを閉じ、もう一度手順1からやり直します。

2 差出人のメッセージをまとめて表示する

同じ差出人のメールをまとめて表示する

1 メールを右クリック

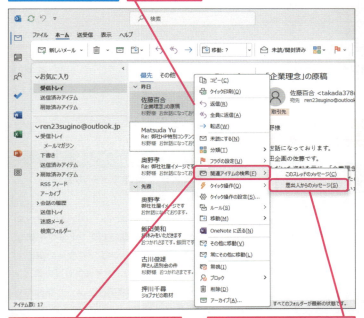

2 [関連アイテムの検索]にマウスポインターを合わせる

3 [差出人からのメッセージ]をクリック

同じ差出人とやりとりしたメールが検索された

[検索ツール]の[検索]タブが表示された

4 何もないところをクリック

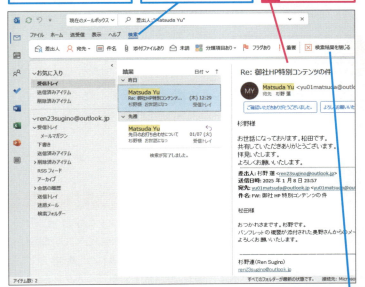

[検索結果を閉じる]をクリックするとメッセージの一覧が表示される

使いこなしのヒント
スレッドにまとめられるメールとは

最初に送信、または受信したメールに対して、相互に返信を繰り返してやりとりされた一連のメールは話題が同一であると見なされます。これを「スレッド」と呼び、スレッドで並べ替えたり、検索したりすることで、話題ごとにメールを並べ替えることができます。

まとめ 一連のやりとりをまとめて読める

特定の人とやりとりしたメールの数が増えた場合、通常の受信日基準の一覧では、1つの話題を時系列で確認しにくくなります。このレッスンの方法で関連メッセージを検索すれば、やりとりがスレッドにまとめられ、後からやりとりの経緯や内容を確認しやすくなります。手順1の操作を実行すると、件名から「RE:」を除いた文字がキーワードとなり、該当するメールが検索される仕組みになっています。繰り返しやりとりした一連のメッセージが表示されるようにするには、返信時に件名を変えないようにしましょう。

関連アイテムの検索

53

できる 159

レッスン 54 分類項目や添付ファイルを基にメールを探すには

電子メールのフィルター処理

フィルター処理を実行すると、特定の条件に合致したメールだけをすぐに抽出できます。ここでは、色分類項目の付いたメールだけを表示してみましょう。

キーワード	
色分類項目	P.309
タブ	P.312
添付ファイル	P.312
フラグ	P.312

1 設定された色分類項目で検索する

- ［受信トレイ］フォルダーの内容を表示しておく
- ここでは特定の分類項目の付いたメールだけを検索する
- 1 ［ホーム］タブをクリック
- 2 ［電子メールのフィルター処理］をクリック
- 3 ［分類項目あり］にマウスポインターを合わせる
- 4 検索する分類項目をクリック

使いこなしのヒント
さまざまな条件でメールを抽出できる

このレッスンでは、レッスン50でメールに設定した色分類項目をフィルター処理の条件にします。手順1の2枚目の画面では、［未読］や［添付ファイルあり］［今週］［フラグあり］という条件でもメールを抽出できます。

- 選択した分類項目のメールが表示された
- 5 何もないところをクリック
- ［検索結果を閉じる］をクリックするとメッセージの一覧が表示される

ここに注意

手順1の操作3で［フラグあり］をクリックすると、フラグが付いたメールが表示されます。［検索ツール］の［検索］タブにある［検索結果を閉じる］ボタンをクリックし、再度手順1の操作1から操作をやり直してください。

スキルアップ
［検索］タブからも絞り込み検索ができる

［電子メールのフィルター処理］ボタンは、頻繁に使うであろう条件の検索機能を簡単に実行できるようにした機能です。［検索］タブでは、絞り込み条件として、さまざまな要素を指定できますが、得られる結果はフィルターを適用した場合と同様です。さらに細かく条件を指定してメールを絞り込みたい場合は、次のレッスン55で紹介する方法で検索を実行しましょう。

検索ボックスをクリックして［検索ツール］の［検索］タブを表示しておく

［絞り込み］の各種ボタンからフィルター処理と同様の検索条件を設定できる

2 添付ファイルのあるメールを検索する

［受信トレイ］フォルダーの内容を表示しておく

ここでは添付ファイルのあるメールだけを検索する

1 ［ホーム］タブをクリック
2 ［電子メールのフィルター処理］をクリック
3 ［添付ファイルあり］をクリック

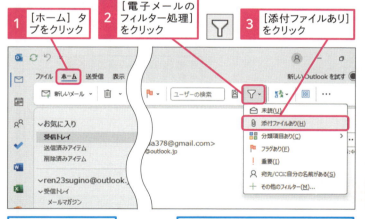

添付ファイルのあるメールが表示された

［検索結果を閉じる］をクリックするとメッセージの一覧が表示される

使いこなしのヒント
メールの差出人情報を確認するには

［ホーム］タブの［検索］グループにある［ユーザーの検索］にメールの差出人を入力すると、今までメールをやりとりしたユーザーなどが表示されます。ユーザー名をクリックすると、メールアドレスなどの個人情報を確認できます。

まとめ
さまざまな条件から簡単にメールを探せる

フィルター処理は、分類項目や未読メールなど、キーワード以外の条件を指定してメールを抽出したいときに便利な機能です。検索ボックスにキーワードを入力する手間が減らせるのが一番のメリットといえるでしょう。条件に合致するメールが多い場合は、スキルアップで紹介したように［絞り込み］にあるボタンをクリックして検索条件を追加して絞り込むといいでしょう。例えば、「未読の状態」で「今週に届いた」「添付ファイルがある」メールもすぐに探し出せます。

レッスン 55 複数の条件でメールを探すには

高度な検索

検索ボックスにある「高度な検索」を使えば、詳細な検索条件を組み合わせて探しているメールを見つけ出せます。ここでは件名と受信日の期間を指定して検索します。

🔍 キーワード

フラグ　　　　　　　　　P.312

💡 使いこなしのヒント

検索範囲を変更するには

検索ボックスをクリックすると、ボックスの左側には検索対象となるフォルダーが表示されます。既定では「現在のメールボックス」となっています。これには自分が送信したメール、分類のために作った別のフォルダーなど、すべてのフォルダーに分散しているメールが検索対象となります。検索結果が多すぎる場合は、検索範囲を「現在のフォルダー」などに限定して試してみましょう。

1 複数の条件でメールを検索する

ここでは、件名に「ジョブナビ」が含まれて、かつ今月やりとりしたメールを検索する

1 検索ボックスをクリック
2 ここをクリック

3 件名に含まれるキーワードを入力
4 [受信日時]のここをここをクリックして受信した日時を選択

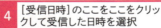

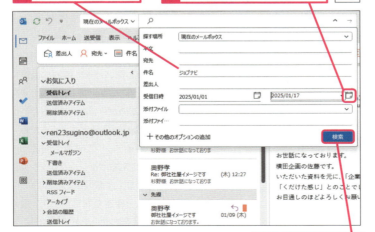

5 [検索]をクリック

手順1の操作3の画面を表示しておく

1 ここをクリック

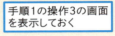

クリックして検索範囲を選択する

👍 スキルアップ

演算子を使ってもっと複雑な条件を指定するには

条件が複雑な場合は、演算子を使うと便利です。例えば、AND、NOT、OR、<、>、=といった論理演算子が使えます。

演算子の使用例	検索対象
山田 AND 花子	山田と花子の両方を含む
山田 NOT 二郎	山田を含むが二郎は含まない
山田 OR 田中	山田または田中、両方を含む

スキルアップ
検索条件を追加できる

キーワードの組み合わせだけで、目的のメールにたどり着けない場合には、検索対象とする項目をオプションとして追加し、より細かい条件で絞り込みます。

前ページの2枚目の画面を表示しておく

ここでは「フラグ」というフィールドを追加する

1 [その他のオプションの追加]をクリック

2 [フラグ]のここをクリックしてチェックマークを付ける

3 [適用]をクリック

● 検索結果が表示された

件名に「ジョブナビ」が含まれて、かつ今週やりとりしたメールだけが表示された

[検索結果を閉じる]をクリックするとメッセージの一覧が表示される

使いこなしのヒント
キーワードを組み合わせて検索できる

インターネット検索と同様に、複数のキーワードを組み合わせて検索することで、より的確な検索結果を得られる可能性があります。キーワードをスペースで区切って入力して検索すれば、それらの単語がすべて含まれるメールだけが見つかります。

まとめ
検索で利用する条件を細かく指定できる

［高度な検索］ダイアログボックスを使えば、複数の検索条件を組み合わせることで、大量のメールから本当に求めているメールだけを正確に抽出できます。これまで紹介したレッスンの方法で目的のメールを探せなかったときは、このレッスンの方法でメールを検索してみましょう。

レッスン 56 検索条件を保存して素早くメールを探すには

検索フォルダー

YouTube動画で見る
詳細は2ページへ

同じ条件で検索を繰り返す可能性がある場合は検索フォルダーを作りましょう。条件に合致するアイテムだけが集められたように見える仮想的なフォルダーです。

キーワード
アイテム	P.309
検索フォルダー	P.310

ショートカットキー
[新しい検索フォルダー]ダイアログボックスの表示
Ctrl + Shift + P

1 検索フォルダーを設定する

[受信トレイ]フォルダーの内容を表示しておく

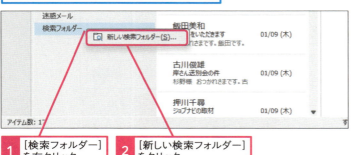

1 [検索フォルダー]を右クリック
2 [新しい検索フォルダー]をクリック

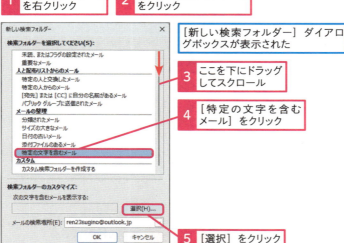

[新しい検索フォルダー]ダイアログボックスが表示された
3 ここを下にドラッグしてスクロール
4 [特定の文字を含むメール]をクリック
5 [選択]をクリック

[文字の指定]ダイアログボックスが表示された
6 検索する文字を入力
7 [追加]をクリック

使いこなしのヒント
検索フォルダーの使いどころ

頻繁に使う検索条件については、その条件を保存できる検索フォルダーを作っておくと便利です。このフォルダーは、開いた時点で、あらかじめ指定しておいた条件に従った検索が行われ、その結果が一時的に表示される仮想的なフォルダーです。特定のスレッドを検索できるようにしておけば、そのプロジェクトに関わっている間は、最新のものまで含めて関連メールを瞬時に探し出せます。逐次、手作業で分類する必要はありません。

ここに注意

検索フォルダーを作り直すには、次のページのヒントを参考に検索フォルダーを削除して、再度手順1から操作してください。検索フォルダーを削除しても、検索されたメールは削除されません。

● 検索フォルダーが作成された

ほかにも検索したい文字があれば追加する

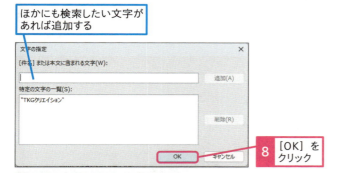

8 [OK] をクリック

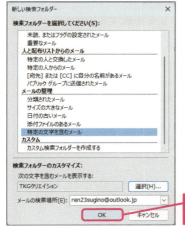

9 [OK] をクリック

[検索フォルダー] に [TKGクリエイションを含むメール] が追加された

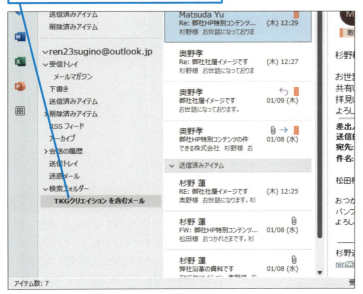

検索フォルダーを作っておけば、いつでも同じ条件での検索結果を表示できる

使いこなしのヒント
検索フォルダーを削除するには

検索フォルダーはいつでも削除できます。フォルダーウィンドウで不要な検索フォルダーを右クリックして削除します。

1 フォルダーウィンドウで検索フォルダーを右クリック

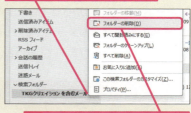

2 [フォルダーの削除] をクリック

使いこなしのヒント
検索条件を変更するには

思い通りの検索結果が得られなくなった場合、検索条件を変更して対応してみましょう。その検索フォルダーを右クリックし、[この検索フォルダーのカスタマイズ]を実行することで条件を変更できます。

1 フォルダーウィンドウで検索フォルダーを右クリック

2 [この検索フォルダーのカスタマイズ] をクリック

3 [" ～ "のカスタマイズ] ダイアログボックスで [条件] をクリック

まとめ
その時点での最新検索結果が得られる

検索フォルダーは頻繁に同じ条件で検索をする場合に便利です。検索条件を設定したフォルダーを作っておき、そのフォルダーを開いたときに条件検索が実行され、最新の検索結果が表示されます。

レッスン 57 重要なメールにアラームを設定するには

アラームの追加

特定のメールにアラームを設定しておくと、指定した日時にOutlookがアラームを表示して知らせてくれます。期限などが設定された依頼や業務の指示などをメールでもらった場合は、その日付をアラームに設定して、うっかり忘れてしまうといった失敗を防ぎましょう。

キーワード

アラーム	P.309
フラグ	P.312

使いこなしのヒント

アラームを削除するには

アラームはフラグに設定されています。そのため、フラグをクリアすると、フラグに設定されているアラームもクリアされ結果的に削除ができます。

1 メールにアラームを設定する

［受信トレイ］フォルダーの内容を表示しておく

アラームを設定するメールを選択しておく

1 ［ホーム］タブをクリック
2 ［フラグの設定］をクリック
3 ［アラームの追加］をクリック

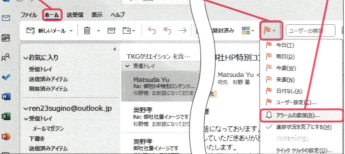

［ユーザー設定］ダイアログボックスが表示された

4 ［開始日］と［期限］のここをクリックして年月日を選択

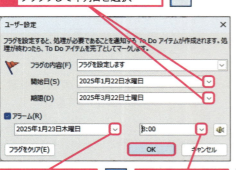

5 ここをクリックしてアラームする年月日を選択
6 ここをクリックしてアラームする時刻を選択
7 ［OK］をクリック

1 ここを右クリック
2 ［フラグをクリア］をクリック

ここに注意

アラームはOutlookを起動した状態でしか表示されません。もちろんそのOutlookが稼働するPCは起動した状態である必要があります。スリープ状態や休止状態、シャットダウンされた状態ではアラームは機能しません。

● メールにアラームが設定された

アラームを設定したメールにベルのアイコンが付いた

時短ワザ

アラームを再通知できる

アラームはギリギリの日時に設定するのではなく、もし忘れていても挽回できる余裕をもって設定しましょう。アラームが鳴ったときに作業が完了していない場合は×分後、×時間後、×日後といった再通知を設定することもできます。

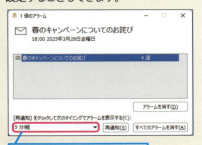

時間を指定して再通知できる

2 アラームとして追加されたタスクを完了にする

1 [ホーム] タブをクリック
2 [フラグの設定] をクリック
3 [進捗状況を完了にする] をクリック

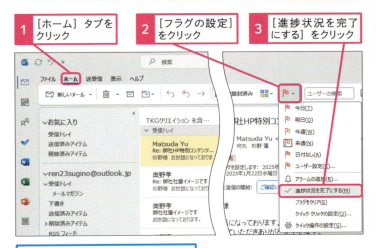

チェックマークが表示され、メールに設定されたアラームが解除された

まとめ 期限ギリギリに設定したアラームは意味がない

メールにアラームを設定するのは、そのメールに記載された内容に応じて、ある程度の時間がかかるなんらかの作業が必要で、それが終わらないと作業結果を送ることができないからです。メールに書かれた〆切に間に合うように作業結果を送り返すためには、その作業に取り組む期間を見積もり、無理のない適切な日時にアラームを設定しておきましょう。

この章のまとめ

「検索」だけでなく「整理」も重要だと知っておこう

この章ではメールに目印を付けたり、フォルダーに整理したりする方法のほか、さまざまな方法で目的のメールを探し出す方法を紹介しました。Outlookで画面にあるさまざまなボタンやボックスなどから検索を実行できますが、効率よく検索する方法を知らなければ、思い通りにメールを探すことができません。この章で学んだ方法を利用すれば、メールにある情報を活かすことが可能です。打ち合わせの約束や出張先の情報を確認するとき、メールにある情報をすぐに探せるようになれば、仕事の効率もアップするでしょう。また、過去のメールを後から読み返すことが少ないとしても、役立つ情報や記録を迅速に引き出すことができれば、メールを大切な資産として活用できるようになります。

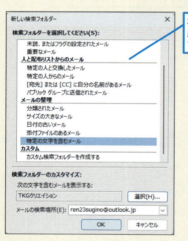

検索フォルダーでは細かく条件を設定できる

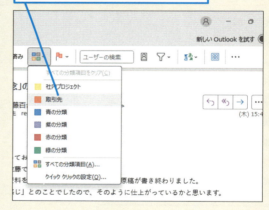

分類項目を設定しておけば、フィルター処理で素早くメールを表示できる

「メールは検索すればいいや」と思っていましたが、検索だけだと実はあまり効率がよくないのかもしれないと感じました。

そうだね。もちろん検索も重要だけど、普段から整理しておけば「見つからない」なんてことも防止して効率を上げることができるよね。

検索フォルダーや仕分けルールなど、一度設定さえしてしまえば、後は楽になるということもよく分かりました！

活用編

第7章

時短ワザで仕事の
スピードを上げよう

メールは、誰かとの会話を文字などのデータにしたものですが、
その活用シーンは多岐にわたります。この章ではさらなるメールの
活用例を紹介します。メールに関するレッスンが続きますが、メー
ルは、それだけ重要なアイテムとして扱うべき対象です。

58	メールにまつわる作業を効率化しよう	170
59	頻繁に行う操作を素早く実行するには	172
60	指定日時にメールを自動送信するには	176
61	自動で不在の連絡を送るには	178
62	メールのテンプレートを作るには	182
63	メールを共有するには	186
64	メールの返信時に引用記号を付けるには	188
65	メールで受けた依頼をタスクに追加するには	190
66	メールの内容を予定に組み込むには	192
67	メールの差出人を連絡先に登録するには	194
68	複数の宛先を1つのグループにまとめるには	196

レッスン 58

Introduction この章で学ぶこと

メールにまつわる作業を効率化しよう

第6章ではメールの検索や整理に関する便利な機能を説明しましたが、コミュニケーションである限り、キャッチボールのように、レスポンスを返すことが重要で、その繰り返しが仕事の成果につながっていきます。この章では、メールに関する作業の効率化について説明しましょう。

メールを軸にした連携ワザをおぼえよう

署名をコピーして連絡先を作成、えーと来週の予定を登録、資料作成のタスクを作成、っと。

ええっ！ そんな便利な方法があるんですか！？

Outlookの機能をフルに使っているみたいだね。実は受信したメールを基にして、連絡先や予定、タスクを作成することができるんだ！

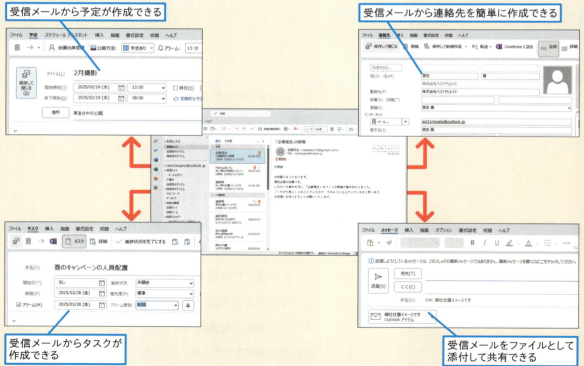

受信メールから予定が作成できる

受信メールから連絡先を簡単に作成できる

受信メールからタスクが作成できる

受信メールをファイルとして添付して共有できる

メールの作成をスピードアップする便利ワザをおぼえよう

月々の請求メールは同じ内容とはいえ、何通もあると作成がたいへんね……。

定期的に同じ内容のメールを送るのなら、テンプレート化しておくと便利だよ。ほかにも、複数の宛先を1つの連絡先としてまとめることもできるよ！

テンプレート化！ そんなことができるのですね。連絡先をまとめる機能も、いちいち選ぶ手間がなくなってスピードアップできそう！

よく使う文面をテンプレートとして保存できる

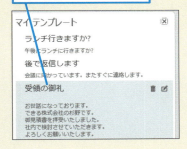

複数の連絡先を1つの連絡先にまとめられる

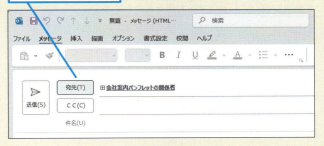

メール対応を自動化しよう

この間、出張中でメールの返信がなかなかできずにいたら、お客様からお怒りの連絡が……。

それはたいへんだったね……。そんなときは自動応答の機能を使うといいよ。

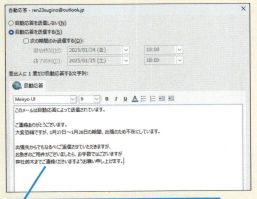

自動応答が設定されている間は、あらかじめ入力されたメッセージを自動で返信してくれる

それは確かに便利そうですね。ちゃんと返信文も設定できるようになっていてよさそうです。

レッスン 59 頻繁に行う操作を素早く実行するには

クイックパーツ、クイック操作

メールの文面に、いつも必ず書き込む内容があるなら、それをクイックパーツとして定型句にしておけばメールの作成が簡単です。また、操作についても同様に、クイック操作に登録しておくことで、よく行う操作を最低限の手数で完了できます。

🔍 キーワード

クイック操作	P.310
クイックパーツ	P.310

💬 用語解説

クイックパーツ

定型句やメール内でよく使う文言を再利用できるようにしたもの。クイックパーツギャラリーで参照し、必要なものを指定して作成中のメール内に挿入できる。

1 クイックパーツを新しく作成する

レッスン11を参考に、メッセージのウィンドウを表示しておく

1 定型文として登録する文章を入力

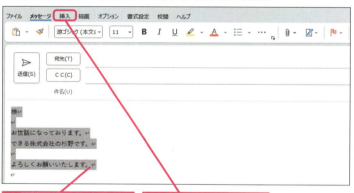

2 文章をドラッグして選択
3 [挿入] タブをクリック
4 [その他のコマンド] をクリック
5 [クイックパーツ] にマウスポインターを合わせる

6 [選択範囲をクイックパーツギャラリーに保存] をクリック

⚠ ここに注意

定型句として保存するとクイックパーツギャラリーで参照することができません。必ず定型句ギャラリーに保存するようにしてください。

活用編 第7章 時短ワザで仕事のスピードを上げよう

● ［新しい文書パーツの作成］ダイアログボックスが表示された

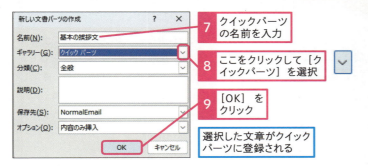

7 クイックパーツの名前を入力
8 ここをクリックして［クイックパーツ］を選択
9 ［OK］をクリック

選択した文章がクイックパーツに登録される

使いこなしのヒント
どんな文面を保存しておくと便利なの？

ビジネスメールは一般の書簡と同様に、「拝啓」から始まり、季節の挨拶などがあり、本文があって「敬具」で結ぶような構成がどうしても多くなります。これらの構成を毎回書くよりも、よくある挨拶や定期的に書き起こす報告文面などを定型文としておけばメールの作成を効率化できます。

2 登録されたクイックパーツを挿入する

レッスン11を参考に、メッセージのウィンドウを表示しておく

1 定型文を挿入する場所をクリック
2 ［挿入］タブをクリック

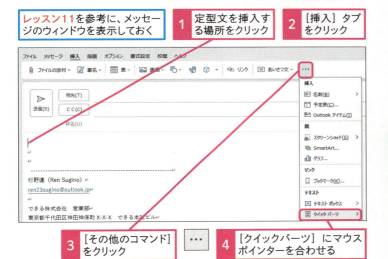

3 ［その他のコマンド］をクリック
4 ［クイックパーツ］にマウスポインターを合わせる

クイックパーツギャラリーが表示された

5 挿入する定型文をクリック

選択した定型文がメールに挿入された

使いこなしのヒント
クイックパーツを後から編集するには

作成した定型文を編集して新しい定型句にしたり、使わなくなった古い定型文を削除したりできます。クイックパーツギャラリーを表示し、編集したい定型句を右クリックして、ショートカットメニューから「整理と削除」をクリックします。

手順2の操作4までを実行して、登録した定型文を表示しておく

1 定型文を右クリック
2 ［整理と削除］をクリック

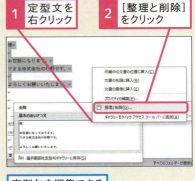

定型句を編集できる

3 クイック操作を新しく作成する

ここではクリックするだけで、メールを指定したメールアドレスに転送し、［アーカイブ］フォルダーに移動するように設定する

用語解説
クイック操作

よく行う操作を一連の手順として登録したもの。複数の手順をアクションとしてまとめることができ、一度の操作で連続した処理をさせることができる。作成した操作にはショートカットの設定もできる。

1 ［ホーム］タブをクリック
2 ［その他のコマンド］をクリック

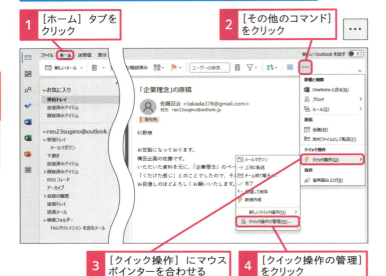

3 ［クイック操作］にマウスポインターを合わせる
4 ［クイック操作の管理］をクリック

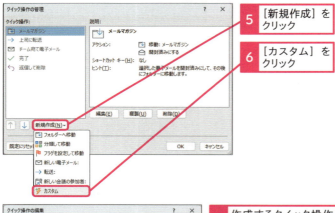

5 ［新規作成］をクリック
6 ［カスタム］をクリック

使いこなしのヒント
クイック操作の内容を後から編集するには

「クイック操作の管理」で作成済みのクイック操作を編集することができます。アクションを追加するなどで、日常的な定型作業をより簡略にしてみましょう。複製もできるので、バリエーションを増やすのも容易です。

手順3の操作4までを実行して［クイック操作の管理］ダイアログボックスを表示しておく

1 編集するクイック操作をクリック
2 ［編集］をクリック

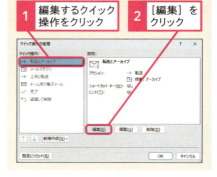

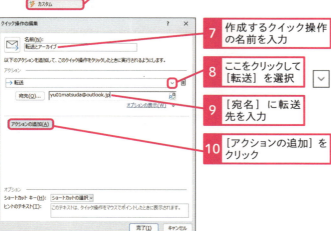

7 作成するクイック操作の名前を入力
8 ここをクリックして［転送］を選択
9 ［宛名］に転送先を入力
10 ［アクションの追加］をクリック

● 転送したメールの移動先を選択する

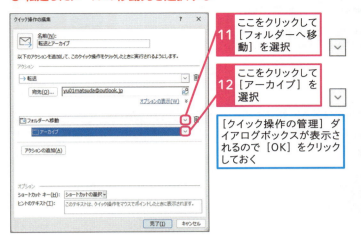

4 作成されたクイック操作を実行する

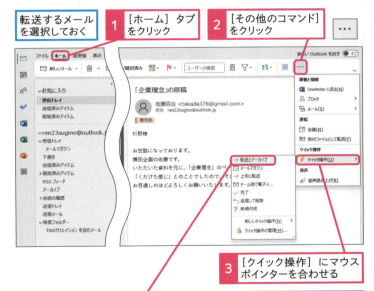

スキルアップ
リアクションを送信するには

SNSでは簡単に「いいね」などのリアクションで相手に自分の反応を伝えることができます。メールで同じようなことができないかと考える方も多そうです。自分と相手の両方がMicrosoftのメールサービスであるExchange Onlineのネットワークを使ってメールをやりとりしている場合、Outlookで簡単にリアクションができます。

1 [リアクション]ボタンにマウスポインターを合わせる

リアクションのアイコンをクリックすると、リアクションを送信できる

まとめ 同じ操作の繰り返しは自動化する

日常的なメールのやりとりは、届いたメールを読むこと、それに返事を書くこと、メールを新しく書くことなどがあります。その中には毎日、毎週、毎月といった単位で繰り返されるものも少なくありません。メール作業に要する時間を少しでも短縮するために、クイックパーツとしての定型文の利用やクイック操作の登録が役に立ちます。

レッスン 60 指定日時にメールを自動送信するには

配信タイミング

メールは送信するとほぼ瞬時に相手のメールボックスに届きます。なんらかの事情で特定の日時にメールを送信する必要がある場合には、配信タイミングを設定することができます。

1 メールを送信する日時を設定する

レッスン11を参考に、メールを作成しておく

1. [オプション] タブをクリック
2. [その他のコマンド] をクリック
3. [配信タイミング] をクリック

[プロパティ] ダイアログボックスが表示された

4. [指定日時以降に配信] のここここをクリックして日時を選択

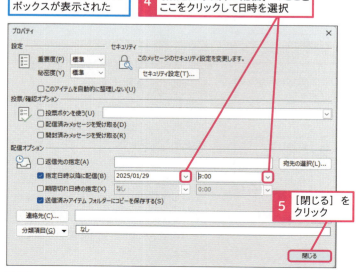

5. [閉じる] をクリック

キーワード

メール　　　P.313

使いこなしのヒント

送信する日時の設定を変更するには

いったん日時を指定したメールの配信タイミングは、必要に応じて変更することができます。送信トレイを開き、送信日時を指定したメールを開き、そのプロパティを変更します。

[送信トレイ] を表示しておく

1. 日時指定したメールをダブルクリック

手順1を参考に [プロパティ] ダイアログボックスを表示し、日時を設定し直せる

ここに注意

指定日時以降に配信のチェックを外した状態でプロパティを閉じて送信すると、そのメールは即座に配信されます。意図しないタイミングで配信されないように注意しましょう。

● 送信する日時が設定された

|6| [送信] を
クリック

設定した日時までメールは
送信されない

2 送信する日時を設定したメールを確認する

[送信トレイ] の右に件数が表示されている

|1| [送信トレイ] を
クリック

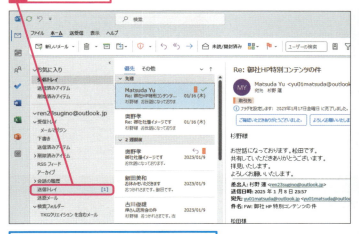

送信する日時を設定したメールが表示された

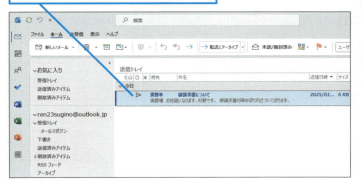

使いこなしのヒント

送信する日時を設定したメールを削除するには

配信時間を設定したメールは送信トレイで待機します。何らかの事情でそのメールの配信をとりやめたい場合は削除することができます。そのメールを選択したときに右端に表示されるごみ箱アイコンをクリックします。

[送信トレイ] を表示しておく

|1| 削除したいメールにマウスポインターを合わせる

|2| ここをクリック

使いこなしのヒント

パソコンの起動中だけ自動送信される

配信タイミングを設定していても、その時間にパソコンが起動し、Outlookが起動していなければメールは配信されません。スリープや休止状態でも配信されません。配信タイミングにOutlookが起動していなかった場合は、Outlookの起動後にまとめて配信されます。

まとめ　配信タイミングを自在に設定できる

外部組織へのメールでは、その情報の開示時刻が指定されていることがあります。正確な時刻に情報を開示するために配信時刻を指定し、自動的に配信されるようにすることで、人為的なミスを防ぎます。また、自分の都合で深夜の送信になるような場合に、配信時刻をビジネスアワーにするといった配慮のためにも便利です。

レッスン 61 自動で不在の連絡を送るには

自動応答

長期間、メールが読み書きできない場合、自動応答するように設定しておくことができます。出張や休暇などでレスポンスが悪くなる際に便利です。

キーワード
Microsoft Exchange Online	P.308
Outlook.com	P.308
自動応答	P.311

1 自動応答の設定画面を表示する

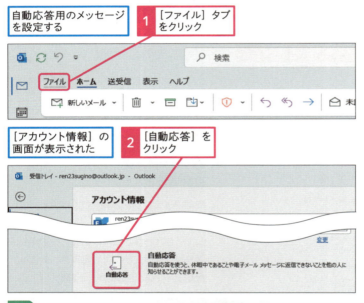

使いこなしのヒント

期間を設定して不要な自動応答を防ごう

自動応答する期間を設定しておくこともできます。通常の状態に戻ったときに、設定を戻し忘れることを防止します。応答メッセージには、その期間を明記し、いつから通常の状態に戻るのかを書き込んでおくと親切です。

スキルアップ
特定の条件でメールを転送することもできる

長期間、自分のメールボックスを開けない場合でも、対応が必要なメールが自分宛に届くことを想定し、特定の条件に合致するメールは、別のメールアドレスに転送することができます。ただし、組織によっては転送が禁じられている場合も多いので確認が必要です。自動応答のメッセージに、プライベートのメールアドレスを追記しておくのもひとつの方法です。

2 自動応答のメッセージを入力する

自動で返信する内容を設定する

1 [自動応答を送信する]をクリック
2 自動応答用のメッセージを入力

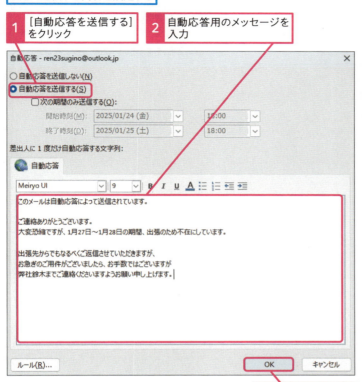

3 [OK]をクリック

自動応答の設定が完了した

[オフ]をクリックすると自動応答機能を解除できる

使いこなしのヒント
自動応答メールのフォントに注意

応答メールは標準のHTML形式で送信されます。通常のメール作成で使っているフォントとは異なる場合があります。必要に応じて書式を変更し、適切なフォントに設定しておきましょう。

使いこなしのヒント
[自動応答]のボタンが表示されないときは

自動応答は、Outlookアプリではなく、クラウドメールサービス側に実装された機能です。だからこそ、Outlookアプリを手元で開かなくても機能し続けるのです。利用しているメールサービスが自動応答に対応していない場合は、ボタンが表示されません。

⚠ ここに注意

自動応答のメッセージは必ず入力しておきます。何も入力していない場合、相手にはメッセージが送信されません。必ずメッセージを入力しておきましょう。

3 自動応答メッセージを確認する

自分宛にメールを送信して自動応答メッセージが正しく届くか確認する

レッスン11を参考に新しいメッセージの［宛先］に自分のメールアドレスを入力しておく

> 💡 **使いこなしのヒント**
> **期間外の確認テストはできない**
> 手順1で自動応答の期間を設定している場合、その期間内でなければ自動応答メッセージが送信されません。確認する場合は、期間を未設定の状態にしておきます。

1 ［件名］に「テストメール」と入力

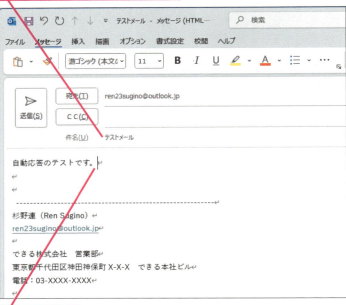

2 本文を入力

作成したテストメールを送信する

3 ［送信］をクリック

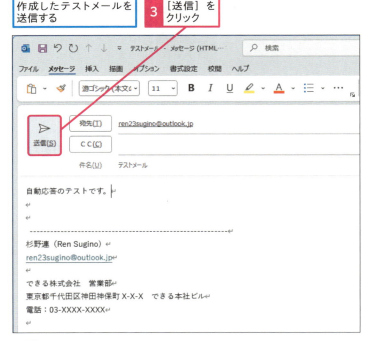

> 💡 **使いこなしのヒント**
> **相手に届くメッセージには件名に自動応答である旨が表示される**
> 自動応答メッセージは、相手のメールの件名の冒頭に「自動応答」である旨の文字列が付加されて返信されるので、そのメールを受け取った相手は、自動応答であることがひと目で分かります。

● 自動応答メッセージの内容を確認する

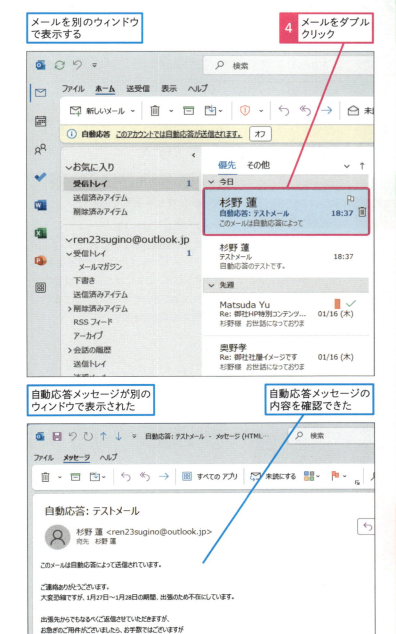

メールを別のウィンドウで表示する

4 メールをダブルクリック

自動応答メッセージが別のウィンドウで表示された

自動応答メッセージの内容を確認できた

右のヒントを参考に、必要がなくなったら自動応答を解除しておく

使いこなしのヒント
自動応答メッセージに署名はつかない

自動応答メッセージは通常の新規メール作成時とは異なり、メールの最後に署名がつきません。自分が誰であるか確実に分かるように、署名と同様のものを追記しておくのが親切です。

使いこなしのヒント
自動応答を解除するには

休暇や出張期間が終了し、通常の勤務状態に戻ったら、自動応答を解除するのを忘れないようにしましょう。自動応答をオフにするボタンが常にウィンドウ上部に表示されています。そのボタンをクリックするだけで自動応答はオフになります。

1 [オフ]をクリック

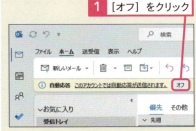

まとめ
通常状態に復帰したら不在時のメールを必ずチェックしよう

自動応答のためにはメールの受信が必要ですが、Outlook.comや職場や学校で使われているExchangeサービスでは、サーバー側に自動応答の設定が保存され、パソコンでメールを送受信することなく、自動応答の処理が行われます。便利な機能ではありますが、一方的に送りつけるだけではなく、自動応答期間が終了したら、その間に受け取ったメールをきちんとチェックし、必要に応じて返信するようにしましょう。

レッスン 62 メールのテンプレートを作るには

Outlookテンプレート

日々の業務の中で交わされるビジネスメールでは、書き込む内容がある程度決まっているものがあります。テンプレート機能を活用すれば、相手や要件によって異なる部分だけを加筆すればよく、メールの新規作成や返信がさらに効率化できます。

キーワード

Outlookテンプレート	P.308
マイテンプレート	P.313

使いこなしのヒント
マイテンプレートって何?

マイテンプレートにはあらかじめいくつかの定型文が登録されています。そのクリックで、メールの本文中に定型文を追加できます。また、ここには自分で作成した定型文が追加でき、同様にクリックするだけで定型文を追加できます。

1 マイテンプレートの作成画面を表示する

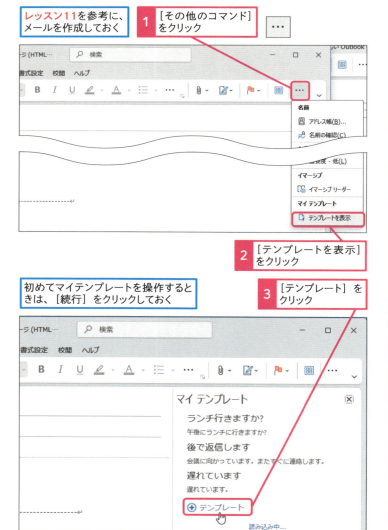

使いこなしのヒント
過去のメールを活用してテンプレートを作ろう

過去に作成した文面を最大限に活かしましょう。テンプレートを作る場合は、過去に書いたメールの再利用が効率的です。宛先や日付、場所といった案件固有の情報が含まれないように削除した上で「●●●」などの目立つ文字列を挿入、テンプレートの利用時に加筆が必要な部分が一目で分かり、加筆し損なわないようにしておきます。

2 テンプレートの返信文を保存する

受領の返信文をテンプレートに保存する

1 定型文の名前を入力
2 定型文の内容を入力

3 [保存] をクリック

テンプレートが保存された

4 メールに挿入したいテンプレートをクリック

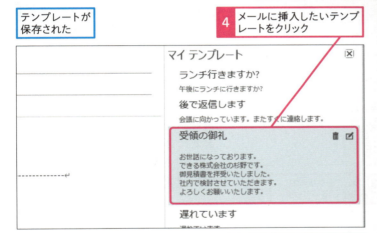

メールにテンプレートが挿入された

[閉じる] をクリックすると、テンプレートの一覧が非表示になる

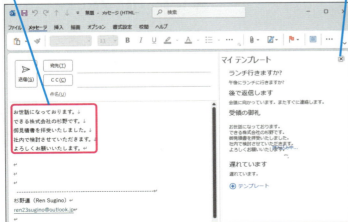

使いこなしのヒント
メールの件名は定型文にできない

テンプレートとして保存できるのはあくまでもメールの本文だけです。件名や宛先を含めたテンプレートを作りたい場合は、次ページで紹介するOutlookテンプレートを使います。

使いこなしのヒント
画像を貼り付けられる

マイテンプレートには文字列のほかに、サイズが小さなものなら画像を登録することもできます。あらかじめ、登録したい画像をクリップボードにコピーしておき、貼り付けます。

使いこなしのヒント
テンプレートを修正するには

保存されたテンプレートは簡単に修正できます。使いやすく更新していくと便利です。

1 修正するテンプレートの [テンプレートの保存] をクリック

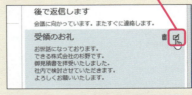

テンプレートが修正できる状態になる

3 テンプレートをファイルとして保存する

ここではよく送る請求書を添付するメールのテンプレート化する	レッスン11を参考に、メッセージのウィンドウを表示して、宛先と件名、本文の内容を入力しておく

1 ［ファイル］タブをクリック

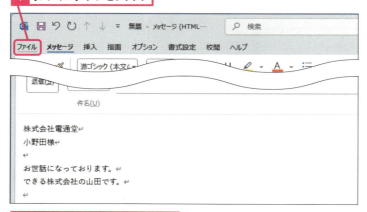

2 ［名前を付けて保存］をクリック

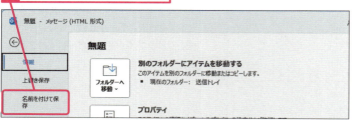

ここでは［ドキュメント］フォルダーに保存する	**3** ［ファイルの種類］のここをクリックして［Outlookテンプレート］をクリック

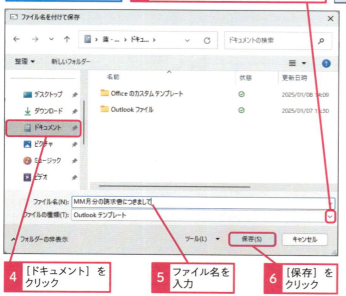

4 ［ドキュメント］をクリック　　**5** ファイル名を入力　　**6** ［保存］をクリック

💡 使いこなしのヒント
Outlookテンプレートって何?

Outlookのメールメッセージファイルを、新規メールのひな形として利用するためのテンプレートです。Outlook File Templateの頭文字をとって、OFT形式とも呼ばれます。

💡 使いこなしのヒント
「MM」を件名に使う理由は?

このレッスンでは保存するOutlookテンプレートに「MM月分の請求書につきまして」という件名を付けます。こうしておけば、新規メール作成時に8月、11月といった月名（Month）を書き換えることが一目瞭然です。もちろん、自分自身が分かりやすいように「●」や「×」など、別の記号を使ってもかまいません。

💡 使いこなしのヒント
保存場所は後で選択しよう

Outlookテンプレートの既定の保存場所は、「%userprofile%\AppData\Roaming\Microsoft\Templates」です。そのままでもかまいませんが、隠しフォルダーが含まれるため、そのままではファイルエクスプローラーなどで参照するのがたいへんです。自分で管理しやすい場所に保存しておきましょう。先に場所を指定せずに、Outlookテンプレートを選んでから場所を指定することで、任意のフォルダーに保存できます。

4 テンプレートのファイルからメールを作成する

手順3で保存したテンプレートの
ファイルの保存場所を開いておく

1 テンプレートのファイルを
ダブルクリック

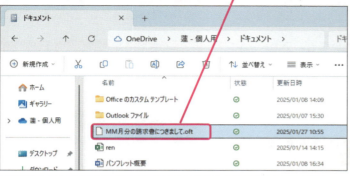

2 [Outlook] を
クリック

3 [一度だけ] を
クリック

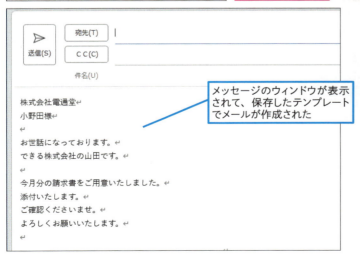

メッセージのウィンドウが表示
されて、保存したテンプレート
でメールが作成された

使いこなしのヒント
テンプレートに署名は入れない

Outlookテンプレートを開くと、そのメールメッセージをテンプレートとして新規メール作成ウィンドウが開きます。このとき、日常的に使っている自分の署名が自動的に追加されるため、署名が重複してしまう可能性があります。こうしたことがないように、Outlookテンプレートの作成時には署名部分を含めないように削除しましょう。

使いこなしのヒント
アプリの選択画面が表示されたら

作成したテンプレートは一般のファイルです。また、テンプレートはOutlook以外のアプリでも開けますが、今使っているOutlookで開くようにします。特に［Outlook(new)］は本書で説明している［Outlook(Classic)］とは別のアプリなので注意が必要です。ここでは［一度だけ］を指定していますが、［常に使う］をクリックすると、以降、アプリの選択画面は表示されず、常にOutlookがテンプレートを開くようになります。

まとめ
テンプレートを活用して仕事を効率化しよう

業務日報や請求書、受領書のやりとりなど、日々の仕事を進める上で、ある程度決まった内容の文章をやりとりすることは少なくありません。そのたびに、ゼロからメールを書くのは手間がかかります。また、読む相手も常套的な定型句の繰り返しを期待していません。メールをテンプレート化しておけば、こうした作業の無駄な繰り返しを省略できます。テンプレートを作る場合は、書き換えが必要な部分が明確に分かるようにしておくことが重要です。未入力の部分があるままメールを送ってしまうミスが起こらないようにしましょう。

レッスン 63 メールを共有するには

Outlookメッセージ

自分が受け取ったメールを関係者と共有したい場合、そのメールを添付ファイルとして送ることができます。メールの単純転送とは異なり、メールそのものをファイルとして送ることで、オリジナルメッセージの体裁をそのまま保てます。

キーワード

添付ファイル	P.312
フォルダー	P.312

使いこなしのヒント

受信した添付ファイルを開くには

添付ファイルとして送られてきたメールは、一般の添付ファイルと同様に、ダブルクリックで開けるほか、クリックして閲覧ウィンドウ内でプレビューできます。

1 メールを添付ファイルとして共有する

ここでは、受信したメールを添付ファイルとして、第三者に送信する

1 共有するメールをクリック
2 [その他のコマンド]をクリック
3 [添付ファイルとして転送]をクリック

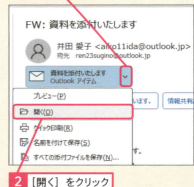

1 ここをクリック
2 [開く]をクリック

新しいメッセージが作成され、選択したメールが添付された

レッスン11を参考に、メールを送信しておく

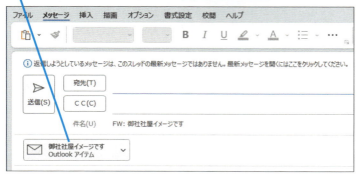

2 メールをファイルとして保存する

レッスン13を参考に、保存するメールをダブルクリックして別のウィンドウで表示しておく

ここでは、受信したメールを[ドキュメント]フォルダーに保存する

1 [ファイル]タブをクリック

2 [名前を付けて保存]をクリック

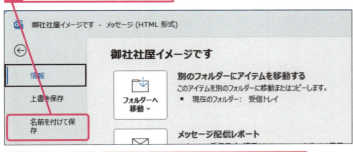

3 [ドキュメント]をクリック

4 [ファイルの種類]のここをクリックして[Outlookメッセージ形式]をクリック

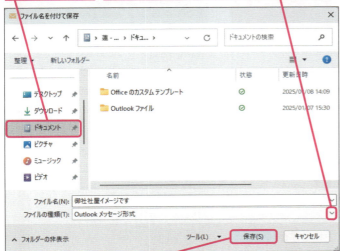

5 [保存]をクリック

選択した保存場所に、メールがファイルとして保存される

使いこなしのヒント

ファイルをダブルクリックすると保存したメールを開くことができる

手順2ではメールをファイルとして保存しています。このファイルはOutlookが扱うメールと同じ形式で、受信トレイにドラッグすれば、自分が受け取る通常のメールと共有させることができます。また、Windowsで使う通常のフォルダーに保存することもできるので、その仕事の関連フォルダーに保存しておくのもいいでしょう。

ここでは[ドキュメント]フォルダーに保存されたメールのファイルを開く

1 [エクスプローラー]をクリック

2 [ドキュメント]をクリック

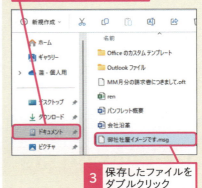

3 保存したファイルをダブルクリック

まとめ　メールをファイルとして共有できる

メールをファイルとして共有するのはメールを印刷して配布し関係者と共有するという感覚に近いといえます。メール内容の共有という点では、そのメールを転送する方法もありますが、リファレンスとして広く恒久的にメールを共有する場合は、差出人や日付などがオリジナルを保つこちらの方法がおすすめです。

レッスン 64 メールの返信時に引用記号を付けるには

引用記号の挿入

ビジネスメールでは返信などの際に相手が書いたフレーズ等を引用することがあります。相手が書いた部分に引用記号を付けることで、自分の書いた文章と相手の書いた文章を明確に区別することができます。

キーワード

Outlookのオプション	P.308
引用記号	P.309

返信するメールで相手の文章に引用記号を付ける

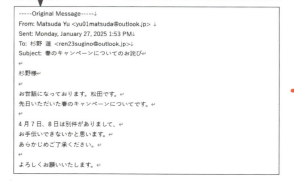

Before：返信するメールで相手の文章がそのままコピーされる
After：返信するメールで相手の文章の行頭に引用記号が付く

1 引用記号が付くように設定する

[ファイル]タブの[オプション]をクリックして、[Outlookのオプション]ダイアログボックスを表示しておく

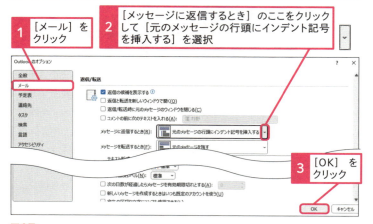

1. [メール]をクリック
2. [メッセージに返信するとき]のここをクリックして[元のメッセージの行頭にインデント記号を挿入する]を選択
3. [OK]をクリック

使いこなしのヒント

メールの形式で引用記号が変わる

引用記号はメールの形式によって異なるものが使われます。HTMLメールの場合は、水色の縦線で明確に引用部分がわかります。この引用記号を変更することはできません。

HTML形式のメールに返信すると、縦線の引用記号が付く

👍 スキルアップ
引用記号を変更できる

メールでの引用記号は慣習的に「>」が使われてきましたが、この記号は任意のものに変更することもできます。テキスト形式のメールで使われるので、一般的な記号を使うのが無難です。

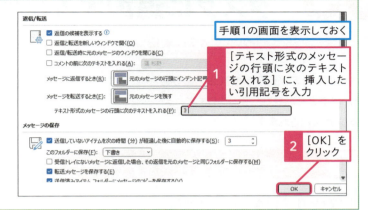

手順1の画面を表示しておく

1 [テキスト形式のメッセージの行頭に次のテキストを入れる]に、挿入したい引用記号を入力

2 [OK]をクリック

2 引用記号を確認する

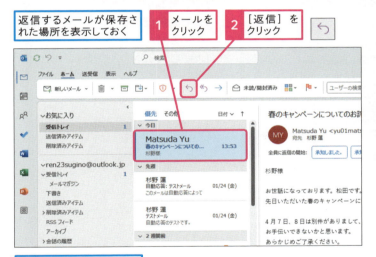

返信するメールが保存された場所を表示しておく

1 メールをクリック

2 [返信]をクリック

相手の文章の行頭に引用記号が付いた

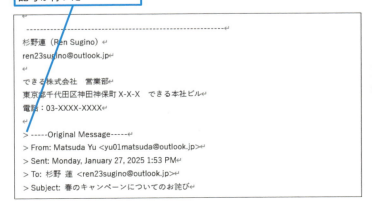

👍 スキルアップ
一部を引用するときに便利

メールへの返信時、相手から届いたメールのすべてが引用されます。返信、その返信への返信、さらに返信を繰り返すと、メールは対話の記録にもなりますが、重要な部分が見つけにくくなってしまうことも少なくありません。明確に特定部分に対するコメントを書きたい場合は、その部分だけをコピー貼り付けで引用するのもひとつの手段です。その部分を明確にするためにも引用記号は重要です。HTMLメールでの部分引用時のコピー貼り付けでは引用記号がコピーされないので、手動で入力するなり、書式を変更するなどの配慮が必要です。

まとめ 引用した部分がはっきり分かるようにしておこう

引用は簡単にコピーして貼り付けられるメールだからこその文化です。相手の書いた部分と自分の書いた部分を明確にし、余計な誤解が生まれないようにしたいものです

レッスン 65 メールで受けた依頼をタスクに追加するには

メールをタスクに変換

メールの内容が何らかの依頼である場合は、タスクを作成して、やるべきことを忘れないようにします。メールをタスクにするとメールの本文が引用されます。

1 メールからタスクを作成する

［受信トレイ］を表示しておく

受信したメールからタスクを作成する

レッスン40を参考に、ナビゲーションバーに［タスク］をピン留めしておく

1 メールにマウスポインターを合わせる

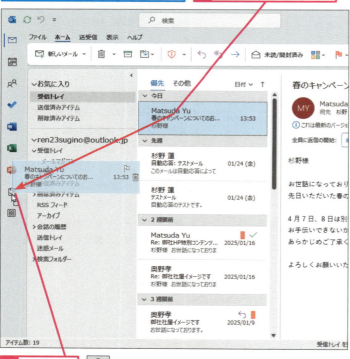

2 ［タスク］にドラッグ

🔍 キーワード

アイテム	P.309
タスク	P.311
フラグ	P.312

💡 使いこなしのヒント
フラグとタスクを使い分けよう

急いで対応しなくてもいいメールや後で返信をするといったメールにはフラグを付けておきましょう。フラグを付けたメールは、To Doバーのタスクリストにアイテムとして表示されます。メールにフラグを付ける方法は、150ページのヒントを参照してください。

⚠ ここに注意

手順1で［タスク］以外にドラッグしてしまった場合は、表示されるウィンドウをいったん閉じ、もう一度やり直します。閉じる際に、「変更を保存しますか？」というメッセージが表示されますが、そこでは［いいえ］ボタンをクリックします。

● タスクを保存する

| [タスク] ウィンドウが表示された | メールの差出人や送信日時、メールの本文が自動で引用される |

| 3 | 件名を修正 |
| 4 | ここをクリックして期限を選択 |

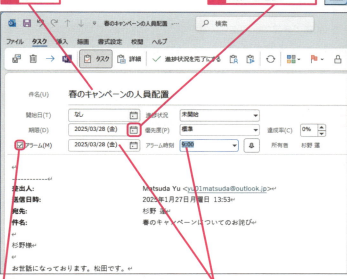

| 5 | [アラーム] をクリックしてチェックマークを付ける |
| 6 | アラームの日時を選択 |

| 7 | [保存して閉じる]をクリック | |

使いこなしのヒント

タスク作成の操作をメニューに登録できる

クイック操作を利用すれば、クリック1つでメールからタスクを作成できます。手順1の画面で [ホーム] タブの [クイック操作] にある [新規作成] をクリックしましょう。[クイック操作の編集] ダイアログボックスにある [アクションの選択] の ▽ をクリックして [メッセージテキストを追加したタスクを作成] を選び [完了] ボタンをクリックすると、[クイック操作] の一覧に [メッセージテキストを追加したタスクを作成] の項目が表示されます。次回からはメールを選択して、リボンやショートカットメニューの [クイック操作] からすぐにタスク作成の操作を実行できます。

まとめ　メールの用件に期限を設定できる

メールで何らかの依頼を受けることは珍しくありません。メールの内容をタスクとして登録することで、頼まれていた用件を忘れてしまうといったアクシデントを防げます。[受信トレイ] フォルダー内のメールは、それを [タスク] ボタンにドラッグするだけで、タスクに変換できます。ナビゲーションバーの [予定表] ボタンや [連絡先] ボタンにメールをドラッグしても別の種類のアイテムに変換できます。

レッスン 66 メールの内容を予定に組み込むには

メールを予定に変換

YouTube動画で見る
詳細は2ページへ

レッスン65と同様の操作で、メールから予定を作成できます。ここでは、メールに書かれている情報をそのまま記録して、予定を登録する方法を紹介します。

キーワード
色分類項目	P.309
予定表	P.313

使いこなしのヒント
メールの本文は残しておこう

相手から届いたメールの内容は、そのまま予定の本文として残ります。メールには、会合の場所や、参加者に関する情報、交通手段などについて、詳しく書かれていることが多いはずです。予定からその情報を参照できるように、メールの本文はそのまま残しておきましょう。

1 メールから予定を作成する

[受信トレイ]を表示しておく
受信したメールから予定を作成する
1 メールにマウスポインターを合わせる

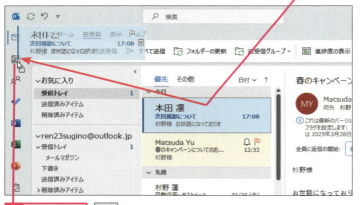

2 [予定表]にドラッグ

[予定]ウィンドウが表示された
メールの差出人や送信日時、メールの本文が自動で引用される

3 件名を修正
4 開始日時を設定
5 終了日時を設定

6 場所を入力

ここに注意
日時の設定を間違えた場合は、作成された予定をダブルクリックして[予定]ウィンドウを表示し、日時を設定し直します。

2 作成された予定を保存する

1 [保存して閉じる] をクリック

受信したメールはそのまま残る

[予定表] の画面を表示して、作成した予定を確認する

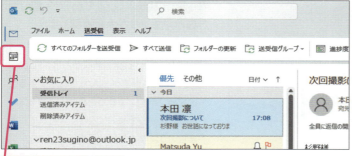

2 [予定表] をクリック

[予定表] の画面が表示された

メールから作成した予定が表示された

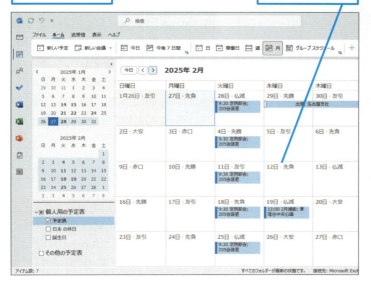

使いこなしのヒント

メールの色分類項目は予定にも引き継がれる

色分類項目を設定したメールを予定に変換すると、すでに設定済みの色分類項目がそのまま引き継がれ、予定表内で指定された色で表示されます。

メールに設定していた色分類項目が予定にも反映される

必要に応じて、別の色分類項目に変更できる

まとめ
イベントの情報をそのまま予定に残せる

発表会やパーティーへの招待、打ち上げ、歓迎会など、メールで告知されるそういった情報には日時や開催場所、開催時間が明記されていることでしょう。Outlookを利用すれば、このような情報をすべて予定表にコピーする必要がありません。このレッスンの方法でメールを予定に変換すれば、メールの本文に書かれている会場の住所やタイムテーブルなどがそのまま予定に引用され、後からすぐに参照できます。ただし、[予定] ウィンドウの [場所] や [開始時刻] に情報が自動で入力されるわけではありません。引用されたメールから必要な情報をコピーして予定を登録しましょう。

レッスン 67 メールの差出人を連絡先に登録するには

メールを連絡先に変換

受け取ったメールの差出人を連絡先に登録してみましょう。長くて複雑なメールアドレスをいちいち手で入力する必要がないので、素早く正確に登録できます。

🔍 キーワード

差出人	P.311
署名	P.311
連絡先	P.313

⌨ ショートカットキー

コピー	Ctrl + C
貼り付け	Ctrl + V

1 メールの情報を連絡先に登録する

[受信トレイ]を表示しておく

1 メールにマウスポインターを合わせる

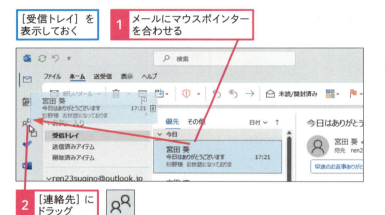

2 [連絡先]にドラッグ

[連絡先]ウィンドウが表示された

メールの差出人のメールアドレスと名前が自動的に入力された

正しく表示されていないときは修正する

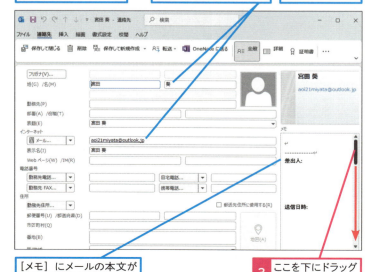

[メモ]にメールの本文が自動で引用される

3 ここを下にドラッグしてスクロール

💡 使いこなしのヒント
表示名とフリガナを確認しよう

メールのドラッグで連絡先を作成すると、[姓]と[名]に英語の名前が表示されたり、[姓]に人名がすべて入力されたりすることがあります。これらを確認し、手順3のように姓や名を適切な内容に変更しておきましょう。なお、フリガナは、112ページのヒントの方法で変更や追加ができます。

💡 使いこなしのヒント
メールの差出人の署名を利用しよう

メールの署名には、差出人のフルネームや勤務先、所属部署、電話番号などが記入されていることが多いはずです。それらをコピーし、連絡先アイテムの各フィールドに貼り付ければ転記ミスを防げます。

⚠ ここに注意

手順1で[連絡先]以外にドラッグしてしまった場合は、表示されるウィンドウをいったん閉じ、もう一度やり直します。

2 差出人が登録された連絡先を保存する

レッスン34を参考に、各フィールドの情報を入力する

1 連絡先情報をメールの署名からコピーして入力

フリガナが漢字になった場合は訂正しておく

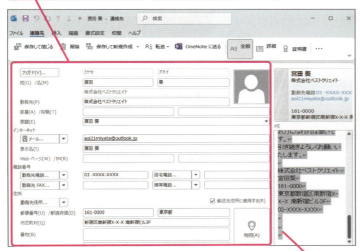

必要な情報の入力が済んだら、[メモ]のメール本文は削除しておく

2 ドラッグして本文を選択

3 Delete キーを押す

4 [保存して閉じる]をクリック

[連絡先]の画面を表示して作成した連絡先を確認する

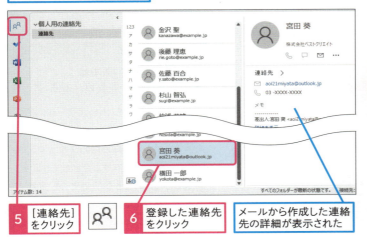

5 [連絡先]をクリック

6 登録した連絡先をクリック

メールから作成した連絡先の詳細が表示された

💡 使いこなしのヒント

メールアドレスを選択して連絡先を登録できる

閲覧ウィンドウで、差出人のメールアドレスを右クリックすると、メニューが表示されます。その中から[Outlookの連絡先に追加]をクリックすると、[連絡先]ウィンドウが表示されます。

1 差出人のメールアドレスを右クリック

2 [Outlookの連絡先に追加]をクリック

[連絡先]ウィンドウが表示された

レッスン34を参考にして、連絡先を登録する

まとめ
メールアドレスを正確に入力できる

メールをドラッグして連絡先を作成すると、メールアドレスが[メール]のフィールドにコピーされます。メールアドレスを手で入力する必要がないので、登録は簡単です。継続的にメールをやりとりするであろう相手からメールを受け取ったら、すぐ連絡先に登録しておきましょう。

レッスン 68 複数の宛先を1つのグループにまとめるには

連絡先グループ

連絡先グループは、複数の宛先をグループ化し、同じ内容のメールを一斉同報するために使います。宛先が多い場合、メールを新規作成するたびに指定するのはたいへんですが、グループ化しておけば単一の宛先を選ぶのと同じ手順で同報メールを送信できます。

キーワード	
Microsoft Exchange Online	P.308
Outlookテンプレート	P.308
連絡先	P.313
連絡先グループ	P.313

1 連絡先グループを作成する

ここでは、会社案内のパンフレットの関係者を連絡先グループにまとめる

1　[連絡先]をクリック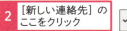

2　[新しい連絡先]のここをクリック

3　[連絡先グループ]をクリック

使いこなしのヒント
連絡先グループって何？

ここで解説している連絡先グループは、複数の宛先をグループ化する機能です。グループの作成者だけのもので、グループ宛に送られたメールは、受信者にとっては宛先に個別の受信者名が並んでいるにすぎません。
一方、特別なメールアドレスとして、1つのメールアドレスに、複数の宛先が登録されたメーリングリストという方式があります。ただし、利用には管理者による登録作業が必要です。こちらは受信者にとっては1つの宛先に送られたメールにしか見えませんが、実際には登録された全アドレスにメールが送信されます。

使いこなしのヒント
Exchangeサービスでは連絡先グループを共有できる

企業や学校向けのExchangeサービスではOutlookから連絡先グループを作成できるだけでなく、作った連絡先グループをほかのユーザーと共有することもできます。利用できるかどうかは管理者の設定が必要です。詳しくは企業や学校内のシステム管理者に問い合わせましょう。

● 連絡先グループの名前を入力する

4 連絡先グループの名前を入力
5 [メンバーの追加]をクリック

6 [Outlookの連絡先から]をクリック

7 追加するメンバーをクリック

8 [メンバー]をクリック

| メンバーが追加された | 続けてほかのメンバーを追加する | **9** 追加するメンバーをクリック |

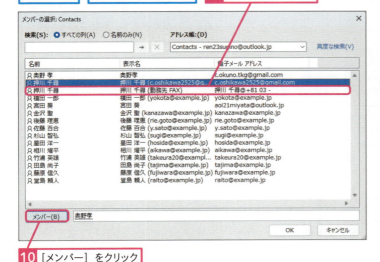

10 [メンバー]をクリック

使いこなしのヒント

Ctrlキーで複数のメンバーを選択できる

メンバーの追加時、Ctrlキーを押しながら、追加したいメンバーを順にクリックしていけば、複数のメンバーを一度に宛先として登録することができます。

| 1 | 1人目のメンバーをクリック | 2 | Ctrlキーを押しながら、2人目のメンバーをクリック |

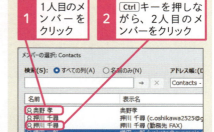

| 同様の手順で複数のメンバーを選択できる | 左の手順を参考に、[メンバー]をクリックして、最後に[OK]をクリックしておく |

使いこなしのヒント

メンバーのメールアドレスを直接入力することもできる

ここで紹介している手順では、あらかじめ登録された連絡先を指定しています。連絡先として登録されていない宛先を登録したい場合は、操作8で入力ボックスにコピーしたメールアドレスを貼り付けたり、直接アドレスを手入力してもかまいません。199ページのヒントのように、連絡先への登録とグループメンバーへの登録を続けて行うこともできます。

1 メールアドレスを入力

「;（セミコロン）」で区切って複数のメールアドレスを入力できる

68 連絡先グループ

次のページに続く→

できる 197

● 連絡先グループを保存する

同様の手順で、メンバーを追加しておく

11 [OK] をクリック

12 [保存して閉じる] をクリック

連絡先グループが追加された

使いこなしのヒント
後からメンバーを追加するには

以下の手順で作成済みの連絡先グループにメンバーを追加することができます。メンバーの参加状況が変わったときは、セキュリティ上の観点からもすぐに更新するようにしましょう。

1 追加する連絡先グループをダブルクリック

2 [メンバーの追加] をクリック

3 [Outlookの連絡先から] をクリック

レッスンと同じ手順で、メンバーを追加できる

使いこなしのヒント
作成済みの連絡先グループを削除するには

必要がなくなった連絡先グループは削除することができます。削除されるのはグループだけで、そこに登録されている個別の連絡先が削除されることはありませんが、直接メールアドレスを登録した場合にはグループの削除と共に削除されます。

1 連絡先グループを右クリック

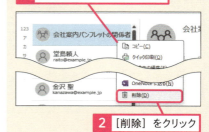

2 [削除] をクリック

2 連絡先グループを宛先に指定する

手順1で作成した連絡先グループを宛先に指定する

レッスン11を参考に、メールを作成しておく

1 [宛先]をクリック

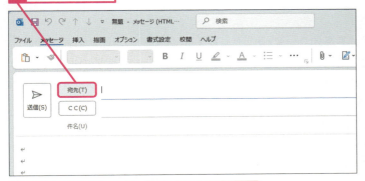

[名前の選択]ダイアログボックスが表示された

2 連絡先グループをクリック

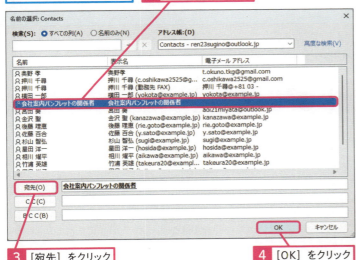

3 [宛先]をクリック

4 [OK]をクリック

選択した連絡先グループが宛先として入力された

レッスン11を参考に、件名や本文を入力してメールを送信する

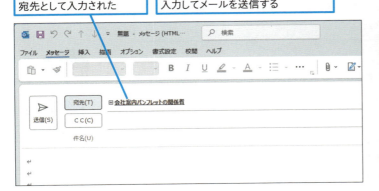

💡 使いこなしのヒント

連絡先に登録されていないメンバーを追加するには

連絡先グループに登録されていないメンバーを追加し、同時に連絡先にも登録することができます。

1 [メンバーの追加]をクリック

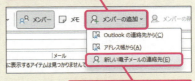

2 [新しい電子メールの連絡先]をクリック

3 [表示名]に名前を入力

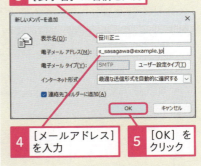

4 [メールアドレス]を入力

5 [OK]をクリック

まとめ 複数の宛先を指定する手間を省ける

連絡先グループを使うことで、そのとき自分が参加しているプロジェクトなどで情報を共有したいメンバーと円滑なコミュニケーションができるようになります。メールを送る手間の軽減はもちろん、指定漏れや宛先指定間違いもなく、必要なメンバーにメールを確実に届けられる手段となります。受け取ったほかのメンバーも全員に返信するだけで、間違いなく、全員にメールを返信することができます。ただし、ToとCCといった個別の宛先対応は難しいので、必要な場合は**レッスン62**のOutlookテンプレートを使いましょう。

この章のまとめ

メールの多様な作業は連携ワザと事前準備で効率化！

この章では、メールと予定表、タスク、連絡先といった異なるアイテムを組み合わせて活用する方法を紹介しました。Outlookで利用できるそれぞれのアイテムには、情報の共有や連携をしやすくする機能が豊富に用意されています。メールの情報を引用して予定やタスクを登録できるほか、作成済みの予定を選択して会議の出欠確認を行うなど、アイテムを連携させながら効率化を図れるのです。同じ情報であってもその見た目を変えることで別の用途に応用ができること、それがOutlookという名前の由来です。特に、コミュニケーションの多くをメールに頼ることが多いビジネスシーンでは、メールを起点とした情報をどう活用するかで効率が変わります。自動応答などの事前準備が必要なテクニックを含め、この章で紹介した方法を自分なりに活用できるようになりましょう。

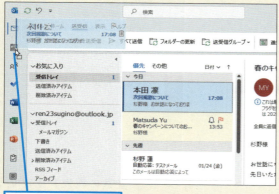

受信したメールを基に各機能を連携できる

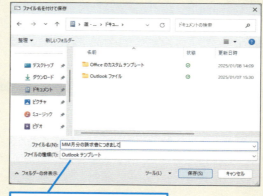

ある程度決まった内容のメールはテンプレート化できる

Outlookではメールから各機能に連携する機能が充実しているんだ。メールは仕事をする上で重要な情報が含まれているから、これを利用しない手はないよね。

この連携ワザを活用すれば、グッと効率が上がりそうです！

テンプレート化や自動応答機能も、一度設定した後の効果が高いですよね！

活用編

第**8**章

共同作業に役立つ活用法を知ろう

仕事や暮らしの中でさまざまな人々とのつながりが広がると、メールのやりとりなどの中から、多くの個人情報が手元に集まります。Outlookの各アイテムを、メールや予定表などのフォルダー間で再利用することで、その情報を一過性のものにせず、多角的に活用できるようにしてみましょう。また、Microsoft 365などのクラウドサービスを会社や学校で一括契約している場合、その強力なコラボレーション機能をOutlookから活用できます。ハイブリッドな働き方に欠かせないオンライン会議の設定などもそのひとつです。

69	Outlookをもっと効率よく使いこなす！	202
70	予定の下準備をタスクに追加するには	204
71	会議への出席を依頼するには	206
72	メールの誤送信を防ぐには	210
73	Excelの表をメールに貼り付けるには	212
74	Outlookの機能をフルに使うには	214
75	予定表を共有するには	216
76	共有されたスケジュールを追加するには	218
77	複数人の予定を調整した会議を作成するには	220
78	オンライン会議の招待を簡単に送るには	222
79	メールに起因する情報漏洩を防ぐには	226
80	なりすましメールを見分けるには	228

レッスン **69**

Introduction この章で学ぶこと

Outlookをもっと効率よく使いこなす！

活用編 第8章 共同作業に役立つ活用法を知ろう

複数のメンバーが関わる仕事では、全員の都合を配慮しての会議の開催調整などで、大きな手間がかかることもあります。Outlookに用意された機能を使えば、こうした苦労から解放されるかもしれません。この章では仕事の手間を軽減するさまざまな機能を紹介しましょう。

会議の調整・管理をもっと楽にできる

今度のミーティングで日程を調整したいけど、なかなかみんなの予定を確認できなくて調整がうまくいかない……。出欠の確認も意外とたいへんだよ……。

会議の調整はなかなかたいへんだよね。そんな時に便利なのが、会議の出欠確認機能や予定表の共有機能だ。どれもメールから実行できるから、時間のかかる調整と管理が楽になるよ。

予定表を共有しておけば、空き時間を調べられるようになるってことですね。メールからできるのも手軽でいいですね！

出欠確認が入ったメールを送信できる

Exchangeサービスを利用すれば、社内で予定表を共有できる

会議や予定の情報を再利用しよう

第7章ではメールを軸に予定や連絡先、タスクと連携できることを解説したけど、予定表もタスクと連携できるんだよ！

登録された予定からタスクを新しく追加できる

会議は事前に準備しておくことが多いので、タスクと連携できると作業ミスを防いでスムーズに会議に参加できそうです。

ほかのアプリと連携できる

OutlookはほかのOfficeアプリとも簡単に連携できるんだ。例えばExcelで作った表をメールに貼り付けたり、Teamsと連携してオンライン会議の招待を送ったりもできるんだ。

Excelの表は添付して送るものだとばかり思っていました！　オンライン会議はOutlookから招待が送れれば、ほかのアプリを操作する点が省けますね！

メールの本文にExcelの表を貼り付けられる

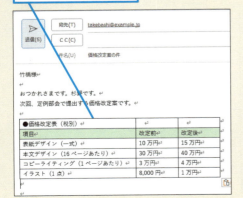

OutlookからTeamsを使ったオンライン会議の招待を送れる

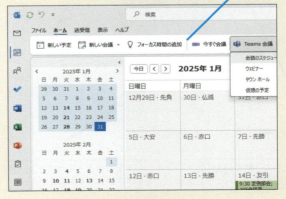

レッスン 70 予定の下準備をタスクに追加するには

予定をタスクに変換

YouTube動画で見る
詳細は2ページへ

登録済みの予定で、予定に関連する準備をしなくてはいけなくなったときは、予定の内容をタスクにも登録しておきましょう。期限やアラームの再設定も可能です。

キーワード
タスク	P.311

使いこなしのヒント
予定表に毎日のタスクを表示するには

[予定表]の画面に[日毎のタスクリスト]を表示させると、タスクがひと目で分かり、予定タスクを一度に確認できます。

レッスン27の手順2を参考に、予定表を週単位に切り替えておく

1 [表示]タブをクリック

2 [その他のコマンド]をクリック

3 [レイアウト]-[日毎のタスクリスト]-[標準]をクリック

[予定表]の画面に日ごとのタスクリストが表示された

ここに注意

手順1の2枚目の画面で間違って閉じるボタン（■）をクリックしてしまうと、「変更を保存しますか？」というダイアログボックスが表示されます。そのときは、[キャンセル]ボタンをクリックしてもう一度手順1からやり直します。

1 予定からタスクを作成する

登録済みの予定を表示しておく

登録済みの予定からタスクを作成する

1 予定にマウスポインターを合わせる

2 [タスク]にドラッグ

[タスク]ウィンドウが表示された

予定と同じ件名が入力された

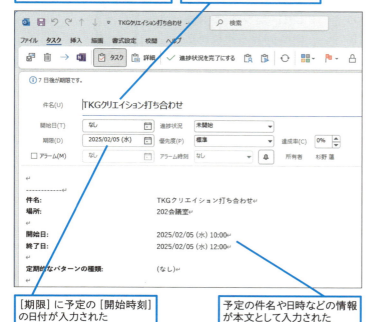

[期限]に予定の[開始時刻]の日付が入力された

予定の件名や日時などの情報が本文として入力された

● 件名を修正しアラームを設定する

③ 件名を修正
必要に応じて、予定より前の期限を設定してもいい

④ [アラーム] をクリックしてチェックマークを付ける

⑤ アラームの日時を選択

⑥ [保存して閉じる] をクリック

2 登録したタスクを確認する

To Doバーのタスクリストを表示して、作成したタスクを確認する

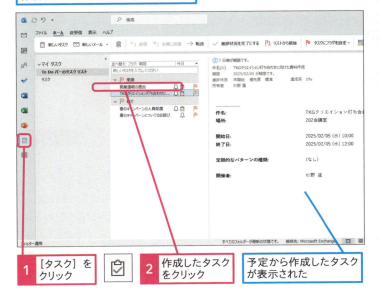

① [タスク] をクリック

② 作成したタスクをクリック

予定から作成したタスクが表示された

使いこなしのヒント

タスクから予定を作成するには

このレッスンの例とは逆に、タスクから予定の作成もできます。タスクを [予定表] にドラッグして予定を作成すれば、開始時刻と終了時刻を設定し、作業予定として扱うことができます。

タスクを [予定表] にドラッグする

タスクの件名や日時などの情報が入力される

まとめ
予定とタスクを連携させよう

予定とタスクは、内容によって切り離せない関係といえるでしょう。結婚式に出席するために、美容院に行ったり、スーツを新調したりするといった行動もタスクといえます。登録済みの予定があれば、その予定と関連するタスクを登録しておきましょう。予定からタスクを作成しても、予定表から予定が消えるわけではありません。従って、「打ち合わせ」という予定なら、それに合わせて「打ち合わせ資料作成」というように「予定に関連したタスク」ということが分かるような件名を付けましょう。前ページのヒントの方法で予定とタスクを1つの画面に表示すれば、仕事とタスクを一度に確認でき、やらなくてはいけないことがすぐに分かります。

レッスン 71 会議への出席を依頼するには

会議出席依頼

相手がOutlookか対応するメールアプリを使っている場合、会議やイベントなどの予定を招待状として送信し、出欠の確認が簡単にできます。

キーワード
iCalendar	P.307
添付ファイル	P.312
予定表	P.313

1 出席依頼を送る

［予定表］の画面を表示しておく

1 出席依頼を送る予定をダブルクリック

使いこなしのヒント
予定情報をまとめた添付ファイルが送付される

会議出席依頼の機能を使うと、会議やイベントの日時、場所などの情報をまとめたiCalender形式のファイル（ICSファイル）が添付されます。受け取った相手は、参加の可否をクリックで決定でき、参加を承諾した場合、その予定がその人のカレンダーに追加されます。Outlookはもちろん、Gmailや主要メールアプリなどがこの機能に対応しています。ただし、スマートフォン標準のメールアプリなどではICSファイルに対応しておらず、その場合は［添付ファイル削除］というメッセージが表示されます。

［予定］ウィンドウが表示された

2 ［会議出席依頼］をクリック

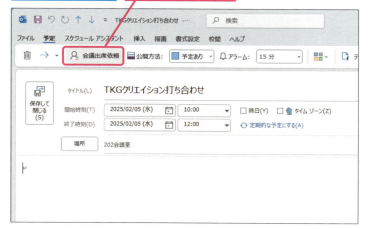

使いこなしのヒント
予定の作成と同時に出席依頼をするには

レッスン28を参考に新しい予定を作成し、［予定］ウィンドウで［予定］タブの［会議出席依頼］ボタンをクリックすると、予定の作成と出席依頼のメールの送信を同時に実行できます。

● ［予定］ウィンドウが［会議］ウィンドウに切り替わった

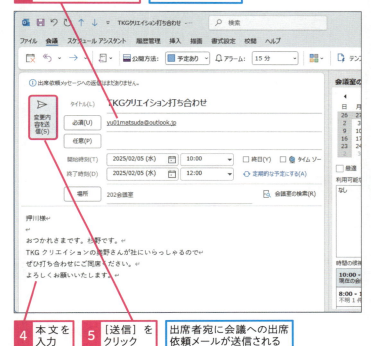

2 出席依頼に返答する

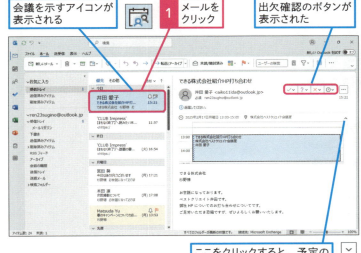

使いこなしのヒント
［必須］と［任意］の違いは何？

会議への出席依頼には、必ず出席してほしいことを示す「必須」と、できる限り出席してほしい「任意」があります。レッスン77で紹介するスケジュールアシスタントでは、時間調整のための優先度がこの指定によって変わります。

使いこなしのヒント
招待者の出欠確認ができる

送信した出席依頼のメールは、自分が「開催者」となって相手に届きます。相手が出欠確認に応答すると、その状態がメールで返ってきて、［会議］ウィンドウで招待者ごとの出欠状況を確認できるようになります。また、予定の日時などに変更を加えたり、新たな招待者を追加したりした場合も、その変更内容を招待者に送信できます。

⚠ ここに注意

間違った予定で［会議］ウィンドウを表示してしまったときは、手順1の操作3で［閉じる］ボタン（■）をクリックします。「変更内容を保存しますか？」というダイアログボックスが表示されたら［いいえ］ボタンをクリックして、もう一度手順1からやり直します。

● 出欠確認に返答する

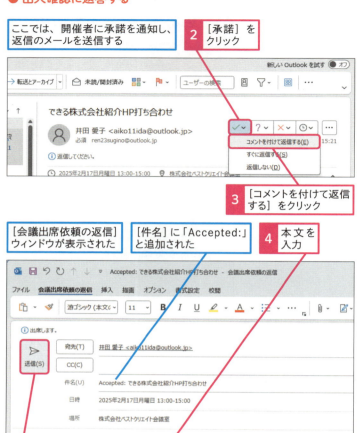

ここでは、開催者に承諾を通知し、返信のメールを送信する

2 [承諾]をクリック

3 [コメントを付けて返信する]をクリック

[会議出席依頼の返信]ウィンドウが表示された

[件名]に「Accepted:」と追加された

4 本文を入力

5 [送信]をクリック

使いこなしのヒント
[返信しない]を選ぶと承諾の意図が通知されない

出席依頼を承諾する場合、[承諾]の一覧から[コメントを付けて返信する][すぐに返信する][返信しない]のいずれかを選びます。[すぐに返信する]を選ぶと、手順2の操作4のようなメッセージは返信されず、承諾したことだけが開催者に通知されます。[返信しない]を選んだ場合、招待を受けた予定が自分の予定表に追加されますが、開催者に参加承諾が通知されません。出席の意思はあるがメールを返信する余裕がないというときは、せめて[すぐに返信する]をクリックしておきましょう。

使いこなしのヒント
招待の保留や辞退をするには

左の画面の開催者への返答は、[承諾][仮承諾][辞退][別の日時を指定]の4つの中から選択します。参加の可否がはっきりしない場合は[仮承諾]をクリックして保留の意思を返答しておき、予定が確定した時点で承諾または辞退の返答をします。なお、[仮承諾]の一覧から[コメントを付けて返信する]か[すぐに返信する]を選択すると、開催者には[仮承認]という情報が通知されます。

スキルアップ
Outlook 2024以外でも出席依頼に返信できる

招待した相手がOutlookを使っていない場合でも、Outlook.comのほか、企業で使われているMicrosoft Exchange、Googleアカウント（Gmail、Googleカレンダー）など、互換性のあるクラウドサービスを使っている場合は、会議出席依頼の機能が有効になります。

なお、招待メールを送った相手が対応するクラウドサービスやアプリを使用していない場合も、予定表データの添付されたメールは届きます。ただし、出欠確認機能やカレンダーアプリとの連携は利用できません。

Gmailで出席依頼メールを受信すると、出欠の意思を通知できるボタンが表示される

● メールが送信できた

出欠確認が済んだので、出席依頼メールが［送信済み］フォルダーに移動した

出席を承諾した予定が追加されたかどうかを確認する

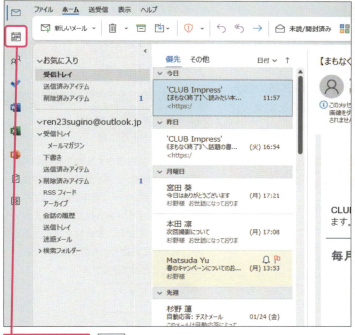

6 ［予定表］をクリック

［予定表］の画面が表示された

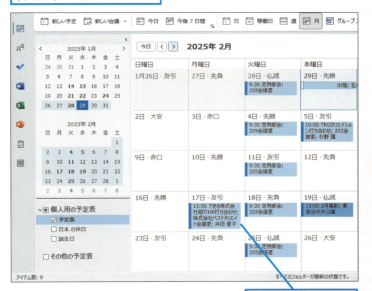

出席を承諾した会議の予定が表示された

使いこなしのヒント
通知内容によって予定の表示が変わる

前のページの画面で［仮承諾］や［別の日時を指定］の［仮承認して別の日時を指定］を通知した予定は、予定の左に斜線が表示されます。

通知によって予定の表示が変わる

使いこなしのヒント
出席する会議の詳細を確認するには

左の画面で自動的に追加された予定をダブルクリックすると、［会議］ウィンドウが表示され、会議の詳細を確認できます。また、［会議］タブの［返信］グループから予定変更の返答をすることもできます。参加できるはずの会議に参加できなくなってしまった場合には辞退の返答をしておきましょう。

まとめ　メールと予定を自動的に連携できる

複数の人の空き時間を確認して、予定を調整するのはたいへんな作業です。このレッスンで紹介した会議出席依頼の機能を使えば、その煩雑なやりとりを簡略化できます。会議以外にもパーティーやイベントなど、幅広いシーンで活用してみましょう。

レッスン 72 メールの誤送信を防ぐには

接続したら直ちに送信する

メールは送信したら瞬時に相手の受信トレイに届きます。相手がそれをすぐに読むかどうかは別ですが、相手に届いてしまったメールを取り消すことは基本的にできないと考えましょう。誤送信や宛先入力の間違いを抑止するために、直ちに送信しないような配慮も有効です。

キーワード
Outlookのオプション　P.308

使いこなしのヒント

保存したメールを編集したり削除したりするには

送信トレイで送信されるのを待機しているメールを開くと、その内容を編集することができます。メールを書き終わってもすぐには送信せず、ある程度の時間をおいて読み直してから、最終的な送信をしたり、あるいは送信そのものを取りやめたりといったことができます。

1 送信前に送信トレイへ保存されるように設定する

［ファイル］タブの［オプション］をクリックして、［Outlookのオプション］ダイアログボックスを表示しておく

1 ［詳細設定］をクリック
2 画面を下にスクロール

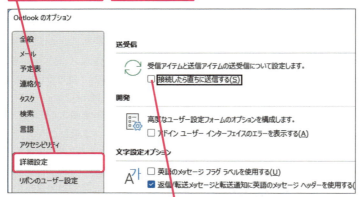

1 メールをダブルクリック

メッセージの編集画面が表示される

3 ［接続したら直ちに送信する］のここをクリックしてチェックマークを外す

4 ［OK］をクリック

メールを送信すると、一度送信トレイに保存されるように設定された

2 送信トレイに一度保存したメールを送信する

手順1を参考に、[接続したら直ちに送信する]の機能をオフにしておく

レッスン11を参考に、メールを作成しておく

1 [送信]をクリック

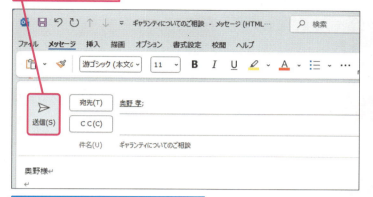

保存されたメールの数が[送信トレイ]の右に表示された

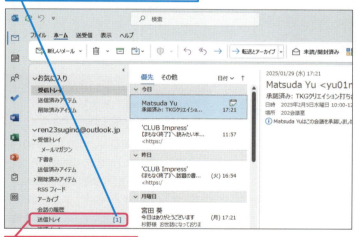

2 [送信トレイ]をクリック

保存されたメールが表示された

前のページや右のヒントを参考に、送信するかどうか確認する

ここではすぐに送信する

3 [送受信]タブをクリック
4 [すべて送信]をクリック
メールが送信される

使いこなしのヒント

送信トレイのメールを削除するには

送信トレイで待機中のメールは、ポインタを重ねると右端にごみ箱アイコンが表示されます。このアイコンをクリックすると、そのメールを削除することができます。

1 メールにマウスポインターを合わせる

2 ここをクリック

まとめ 送ったメールは取り消せない

ビジネスメールでは宛先の指定違いや誤字脱字、不適切な言い回しなどが大きな問題に直結することがあります。またファイルの添付ミス、その宛先の間違いなどが企業の機密漏洩に発展し、株価に影響を与えるようなことさえ想定する必要があります。そんな事態を防ぐために、メールの送信前に一呼吸を置き、十分な推敲の上で送信するようにしておくことも有効です。

レッスン 73 Excelの表をメールに貼り付けるには

貼り付けのオプション

YouTube動画で見る
詳細は2ページへ

OutlookのHTMLメールには、ほかのアプリのデータを、可能な限り忠実に貼り付けてレイアウトすることができます。ここではExcelのシートの一部を本文に貼り付ける方法を紹介しましょう。

キーワード

HTMLメール	P.307
添付ファイル	P.312

使いこなしのヒント

数式は計算結果だけがコピーされる

Excelのシートに数式が含まれている場合、この方法でコピーされるのは計算結果だけです。数式が含まれたExcelシートとして相手に参照してもらいたい場合は、そのファイルを添付するようにします。

1 Excelの表をコピーする

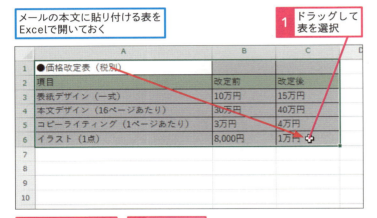

メールの本文に貼り付ける表をExcelで開いておく

1 ドラッグして表を選択

2 [ホーム] タブをクリック

3 [コピー] をクリック

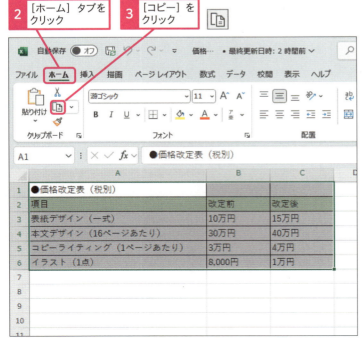

時短ワザ

WordやExcelで表示しているファイルをメールで送信できる

WordやExcelの画面右上にある [共有] - [共有] の順にクリックし、[共有] ダイアログボックスで [代わりにコピーを添付する] から、ファイルのコピー、またはPDF化したファイルを添付ファイルとして送信することができます。また、エクスプローラでファイルのある場所を開いているなら、コピーしてメール作成画面に貼り付けることでも添付できます。

ここに注意

手順2で貼り付けたときに、間違った貼り付けのオプションを選択した場合は、ショートカットキーの [元に戻す] で取り消し、もう一度やり直します。

2 メッセージに表を貼り付ける

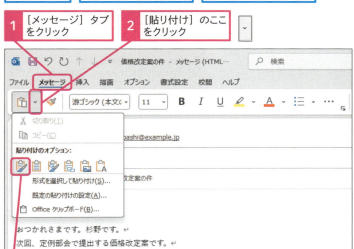

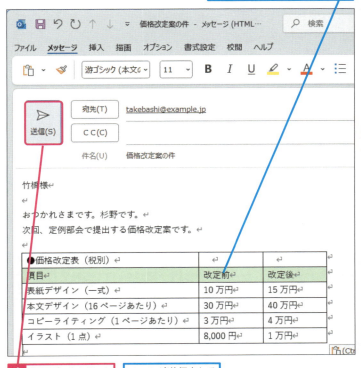

> **使いこなしのヒント**
>
> **貼り付けのオプションって何?**
>
> 貼り付け時の形式は複数用意されています。通常は「元の書式を保持」とすることで、Excelシートのオリジナルに近い状態で値が貼り付けられます。ほかのファイルを参照するリンク貼りつけなどは、別にファイルが必要で、外部とのやりとりなどには向いていません。

●貼り付けのオプションの種類

項目	機能
元の書式を保持	コピーされたセルのデータと書式をすべて保って貼り付ける
貼り付け先のスタイルを使用	コピーされたデータを貼り付け先の書式に合わせて貼り付ける
リンク（元の書式を保持）	コピー元のデータと書式が連動される状態で貼り付ける
リンク（貼り付け先のスタイルを使用）	コピー先の書式に合わせ、データのみ連動される状態で貼り付ける
図	コピー元のデータと書式を画像として貼り付ける
テキストのみ保持	コピー元の書式を破棄して、データ（値）のみを貼り付ける

> **まとめ** **用途に合わせて使い分けよう**
>
> Excelの表を共有したい場合、通常は、そのファイルをそのまま送れば済みます。ただし、巨大な表の中のどの部分に注目し、それがどのような意味を持っているのかを相手に知らせる必要があるなら、注目すべき部分をコピーして文面に直接貼り付け、ファイルは別に添付するといった方法をとるのがスマートです。相手のことを考え、用途に合わせて情報共有の方法を工夫しましょう。データの再利用が必要なければスクリーンショットの添付でもいいのです。

レッスン 74 Outlookの機能をフルに使うには

企業、学校向けExchangeサービスの紹介

企業や学校で提供されるメールやコラボレーションツールであるExchangeサービスならOutlookの機能を存分に発揮できます。ここではその概要を紹介します。

🔍 キーワード	
Microsoft Exchange Online	P.308
Microsoftアカウント	P.308

予定やタスクを共有してコラボレーション

これまでの章では、自分のメールや予定、タスク、連絡先などを管理してきました。Outlookは、これらをチームメンバーと共有することもできます。例えば、今までは複数のメンバーで会議をしたいときに、予定を調整するメールを何度もやりとりして、全員が出席できる日時を決めていました。予定表が共有されていれば、メンバー全員の空いている日時はすぐに分かります。Outlookなら、相手の予定表のその時間に会議の仮予約を入れることもできます。

● 会議の予定の例

自分の予定表

宮田さんの予定表

高田さんの予定表

全員の予定を共有して同時に表示できる

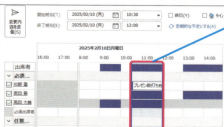

重ねて表示して全員の予定が空いている時間に会議を予約できる

コラボレーションはExchangeサービスで

このようなコラボレーション機能を実現するには、メールサービスのシステムとして、「Microsoft Exchange」が使われている必要があります。実際に多くの企業や学校で、Microsoft Exchangeが採用されています。Exchangeサービスは、次の2つに大別されます。

● 一般法人、教育機関向けのクラウドサービス
「Exchange Online」

● 企業向けの自社内運用サービス
「Exchange Server」

利用者は、特にこの違いを意識する必要はありませんが、Exchangeサービスを利用していない方でこの章のレッスンを自分でも試してみたい場合は、Exchange Onlineを個人で使うこともできます。

個人や家族でも使えるExchangeサービス

ExchangeはクラウドサービスのMicrosoft Exchage Onlineとしても提供され、個人でも月額599円／1ユーザー（税別：2025年2月現在）で利用できます。PC単体、あるいはOutlook.comでは提供されていない機能を利用でき、メール、予定表、タスク、メモ、連絡先を統合的に管理し、すべてのアイテムを連携させて使うことができます。さらに、Webブラウザー、Android、iOSなどのあらゆる機器から利用できるといった特徴があります。コラボレーション機能が特徴なので、Outlookの真価を発揮するには、家族の分も契約する必要があります。契約には、Microsoftアカウントとクレジットカードが必要です。

▼Exchange OnlineのWebページ
https://products.office.com/ja-jp/exchange/exchange-online

［今すぐ購入］をクリックして、購入手続きを行う

> **使いこなしのヒント**
> **タスクや連絡先も共有できる**
>
> この章では、予定表の共有方法を解説していますが、同様にして連絡先やタスクも共有できます。タスクなら［新しいタスク］ウィンドウで［タスクの依頼］ボタンから、連絡先なら、連絡先を表示した画面で［連絡先の共有］ボタンから共有できます。
>
>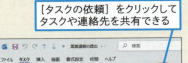
>
> ［タスクの依頼］をクリックしてタスクや連絡先を共有できる

> **まとめ　チームで使うと何ができるの？**
>
> Exchageサービスの最たる特徴は、予定表や連絡先の共有などチームでの共同作業ができる点にあります。グループスケジュール、会議室、機材の予約などのリソース管理などは、コラボレーションシステムならではのものです。

レッスン 75 予定表を共有するには

共有メールの送信

組織内のほかの人に対して自分の予定を公開することで、会議や打ち合わせの予定を立てやすくできます。自分の予定表を組織内のほかの人に公開してみましょう。

キーワード
メール	P.313
予定表	P.313

1 予定表を共有する

企業や学校のExchangeサービスにログインしておく

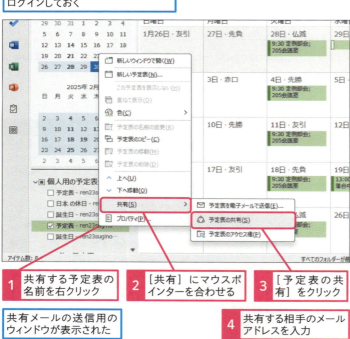

1. 共有する予定表の名前を右クリック
2. ［共有］にマウスポインターを合わせる
3. ［予定表の共有］をクリック
4. 共有する相手のメールアドレスを入力

共有メールの送信用のウィンドウが表示された

5. ［送信］をクリック

使いこなしのヒント
詳細情報の公開レベル

各予定表アイテムにはその詳細が記載されていることがあります。他人に自分の予定を公開する際には、この詳細について、3段階の公開レベルを選択することができます。

［詳細］のここをクリックすると、3つの公開レベルを選べる

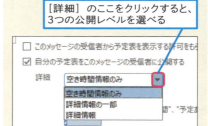

使いこなしのヒント
［宛先］ボタンからも相手を選択できる

手順1の操作4では、メールアドレスを直接入力しましたが、レッスン36の手順2のように［宛先］ボタンから共有する相手を選択できます。

連絡先をクリックして選択できる

● 共有を完了する

6 [はい] をクリック

相手側がメールを受け取れば共有される

2 予定表のアクセス権を変更する

1 予定表の名前を右クリック
2 [共有] にマウスポインターを合わせる
3 [予定表のアクセス権] をクリック

アクセス権を変更するユーザーを選択できる

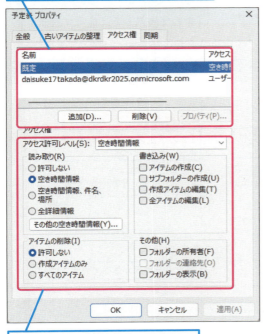

読み取りレベルや書き込み、アイテムの削除なども管理できる

使いこなしのヒント
予定ごとに公開方法を設定できる

個々の予定は、その公開方法として、
・空き時間
・ほかの場所での作業
・仮の予定
・取り込み中
・外出中

を設定しておくことができます。社内や学内でのミーティングを設定する際に、その前の予定が外出中であることが分かっていれば移動の時間を確保するなどの配慮をしてもらうことができます。もちろん、あらゆる予定をすべて入れておくということも大切です。

使いこなしのヒント
アクセス権を変更するだけならメールは送信されない

左の手順を使えば、アクセス権のないユーザーに対しても共有する設定にできます。この場合は、共有のお知らせメールは送信されません。ただ共有するだけでは相手が気付かないので、新たに共有する場合は、前ページの手順でメールを送って共有するようにしましょう。

まとめ　予定は自分だけのものではない

上司や部下、あるいは同僚の予定をある程度把握できれば、メールで複数メンバーの予定を問い合わせて互いの空き時間をすり合わせるといったことをしなくても、短時間でチームの予定を決めることができます。共同作業においては、予定が自分だけのものではないことを念頭においておきましょう。

75 共有メールの送信

217

レッスン 76 共有されたスケジュールを追加するには

この予定表を開く

予定表が共有されるとその旨を知らせるメールが届きます。チームのほかのメンバーの予定表を開き、全員の都合がいいのは、いつなのかをチェックしてみましょう。

1 共有のお知らせメールから予定表を開く

企業や学校のExchangeサービスにログインしておく

予定表が共有されたお知らせのメールが届いている

1 ［この予定表を開く］をクリック

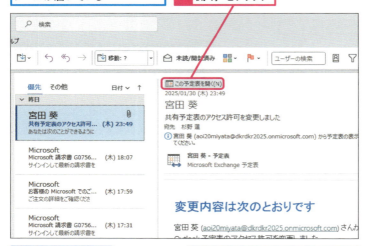

共有された予定表を開くことができた

共有されたのは空き時間情報だけなので、予定は表示されない

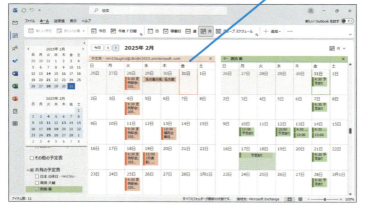

キーワード
予定表　　P.313

使いこなしのヒント
メールから共有された予定表を開ける

誰かが予定表を共有すると、その旨を知らせるメールが届きます。届かない場合もアドレス帳を使ってほかの人の予定表を開いて予定を確認できる場合もあります。共有した際に設定されたアクセス権に応じて予定表の見かけが変わります。設定によっては担当秘書などに書き込みの権限を与え、予定の管理を任せるようにすることもできます。

使いこなしのヒント
［重ねて表示］と［並べて表示］

追加した予定表は、自分の予定表やその他の予定表と重ねて表示したり、それぞれを並べて表示したりできます。操作方法はレッスン91を参考にしてください。

●重ねて表示

1つの予定表に予定が折り重なるように表示される

●並べて表示

複数の予定表が並べて表示される

活用編　第8章　共同作業に役立つ活用法を知ろう

218　できる

2 共有相手の予定表を直接設定する

ここでは宮田さんと高田さんの予定表を表示する

1 ここを下にドラッグしてスクロール

2 [宮田葵]のここをクリックしてチェックマークを付ける

宮田さんの予定表が表示された

3 [高田大輔]のここをクリックしてチェックマークを付ける

自分を含めて3人分の予定表が表示された

🕐 時短ワザ
会議室の予定表を開くこともできる

会議をするためには会議室が必要です。メンバーの予定を確保した上で、そのメンバーが集合して会議ができる場所を設定しておくことができます。会議室、プロジェクターといった用具など、参加者以外の共有物をリソースと呼び、あらかじめそれらが設定されている場合は組織の中で使用時間枠を確保することができます。

公開されていれば、[会議室の一覧から]や[インターネットから]で予定表を開くこともできる

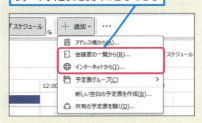

⚠ ここに注意

手順2の手順2や手順3で間違った人を選択してしまった場合は、再度、クリックし直してチェックマークを外します。

まとめ 👉 他人の予定を把握すればビジネスのスピードが上がる

チーム内のいつ誰がどこで何をしているかを知ることはビジネスの現場ではとても重要なことです。手帳の予定表を見ることはプライベートではためらわれるかもしれませんが、チームでの仕事をうまく進めるためには必須の行為といってもいいでしょう。チーム内のメンバーの動きを把握し、共同作業を効率よくこなせるようになりましょう。

76 この予定表を開く

レッスン 77 複数人の予定を調整した会議を作成するには

グループスケジュール

複数のメンバーを集めた会議を開催するには、グループスケジュールを設定します。個々のメンバーの空き時間をチェックし、会議を招集してみましょう。

キーワード
グループスケジュール　P.310

使いこなしのヒント
会議の依頼はメールで送る

グループスケジュールを設定するには、会議の主催者が招待メールを最初に参加メンバー宛に送ります。全員が空いているように見えても、前後の予定の移動時間などを考慮しなければならない場合もあります。無理のないように時間や場所を設定しましょう。

1 会議を招集する

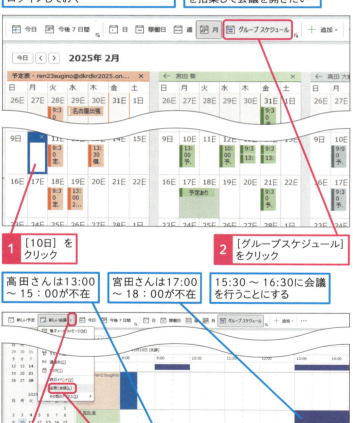

使いこなしのヒント
招待した会議をキャンセルするには

会議の招待メールを送った後に、優先順位の高い予定が入るなどして会議をキャンセルしたい場合は、予定表で会議の予定をダブルクリックし、会議のウィンドウで［会議のキャンセル］（）をクリックします。

1 会議のウィンドウで［会議のキャンセル］をクリック

2 ［キャンセル通知を送信］をクリック

● 時間を決定する

会議の出席依頼メールのウィンドウが開いた

7 ［会議］タブをクリック

［開始時刻］と［終了時刻］に上の画面で選択した
時間帯が指定されていることを確認する

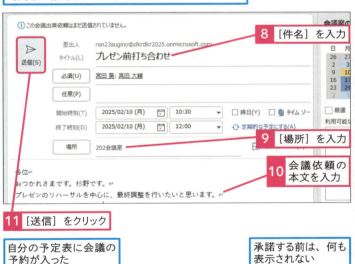

11 ［送信］をクリック

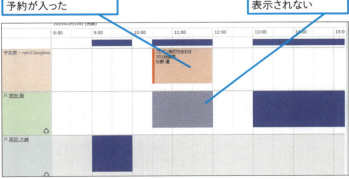

時短ワザ

会議を承諾するには

会議の招待メールには、［承諾］（✓）［仮承諾］（？）［辞退］（×）［別の日時を指定］（🕐）を設定するためのボタンが用意されています。［承諾］や［仮承諾］などを選択すると、その旨がメールで返信され、自分の予定にその会議の予定が追加されます。

［承諾］［仮承諾］［辞退］［別の日時を指定］をクリックして返事を送る

まとめ

複数のメンバーの予定を表示し会議の予定を決められる

グループスケジュールでは、参加を求めるメンバーの予定を横レイアウトで表示し、それぞれのメンバーの空き時間を把握しやすくします。従来はそれぞれのメンバーと何度かのメールをやりとりして日程を詰めていたはずです。グループスケジュールを使えば、全員が空いていることが分かっている時間に会議を設定して招待することができるので、会議の成立が確実なものになります。

レッスン 78 オンライン会議の招待を簡単に送るには

Teams会議

会社や学校で契約しているMicrosoft 365などでは、メールを含め、さまざまなクラウドサービスを利用できます。ここでは、オンライン会議サービスの定番として知られるMicrosoft Teams会議の開催をOutlookで設定し、参加を要請するメンバーに招待メールを送信してみましょう。

キーワード

Microsoft Exchange Online	P.308
Teams	P.308
アラーム	P.309
クラウド	P.310

使いこなしのヒント

オンライン会議の招待を送るには会社や学校用のExchangeサービスが必要

Outlookでオンライン会議の開催を設定し、その招待メールを送るには企業用のクラウドサービスとしてExchange Onlineが必要です。これらは会社や学校が組織として契約するMicrosoft 365などのクラウドサービスに含まれていますが、Office 2024やMicrosoft 365 Personalなどの個人用アプリでは利用できません。

1 オンライン会議を主催するには

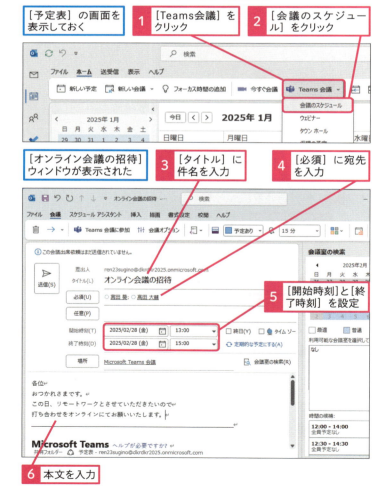

ここに注意

手順1で「新しいTeams会議」が設定できない場合は、企業や学校用のサービスが未契約、または意図的に未設定のままである可能性があります。オンライン会議についてはGoogle MeetやZoomなどを使っているケースもあります。使えるはずなのに使えない場合は、管理者等に問い合わせてみてください。

● 招待メールを送信する

6 ［送信］をクリック

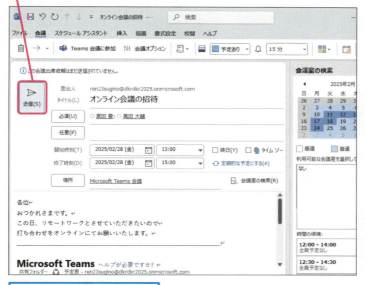

予定表に、送信したオンライン会議の予定が登録された

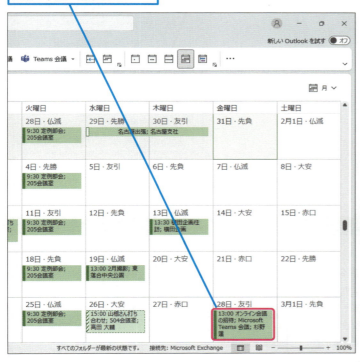

使いこなしのヒント
Microsoft Teamsって何？

Microsoft TeamsはMicrosoftが提供するオンライン会議サービスの名称です。映像と音声によるリアルタイムコミュニケーションを中心に、個人間のチャットや対話といった小規模なものから、組織をまたいだビデオ会議、また、不特定多数の視聴衆を想定したウェビナーなど、あらゆるタイプの会議を開催でき、ハイブリッドな働き方を支える中核的なシステムとして使われています。

使いこなしのヒント
オンライン会議をキャンセルするには

いったん開催を設定した会議をキャンセルする場合は、予定表内に作成済みの会議を右クリックしてショートカットメニューから会議をキャンセルします。変更する場合はダブルクリックで会議予定を開き、開始時間等を書き換えます。

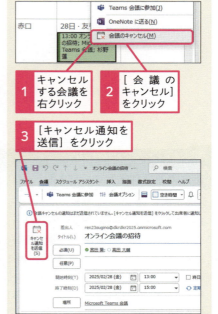

会議のキャンセルを知らせるメールが参加者に送信される

次のページに続く

2 招待されたビデオ会議に参加するには

▼Microsoft Teams
https://teams.microsoft.com/v2/

1 上のURLのWebページを開く

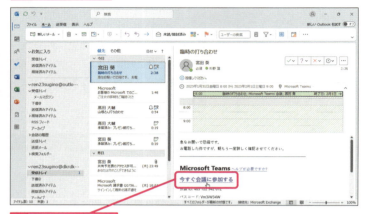

2 ［会議に参加］をクリック

💡 使いこなしのヒント
会議の予定からオンライン会議に参加するには

予定表に登録されたオンライン会議に参加するには、2つの方法があります。1つは招待されたメールに設定されたリンクから参加する方法です。もう1つは登録された予定表の会議の詳細にあるリンクから参加する方法です。後者の方が、メールを検索する必要もないので簡単です。
なお、オンライン会議にアラームが登録されていれば、アラームの通知から参加することも可能です。招待されたオンライン会議にアラームが設定されていないときは、登録された会議にアラームを設定し直せば、ついうっかりで会議に遅刻することもありません。

1 ［会議に参加するにはここをクリックしてください］をクリック

💡 使いこなしのヒント
出欠の返信は通常の会議と同じ

会議の招待メールには、招待された会議への出席を承諾、辞退等を返信するためのボタンが用意されています。ボタンのクリックで簡単に会議への出席の可否を連絡できるのは、レッスン71で解説した会議出席依頼と同様です。ボタンのクリックで出席する旨の返事をすれば、予定表に自動的に予定が追加されます。自分で時刻等を設定する必要はありません。

出席するときは［承諾］をクリックして、レッスン71の手順2を参考に返答する

欠席するときは［辞退］をクリックする

スキルアップ

Microsoft Teamsがインストールされていないときは

Microsoft Teams会議に参加するには、基本的にはTeamsアプリを使うのが便利です。Windows 11には標準でアプリがインストールされていますが、ブラウザーでの参加も可能です。また、スマートフォン用にもアプリが提供され、さまざまな環境から会議に参加することができます。Webカメラやマイクを使ったり、チャットができたりと、ブラウザーでの参加でも、機能面での不自由はなく、必要なコミュニケーションができるはずです。

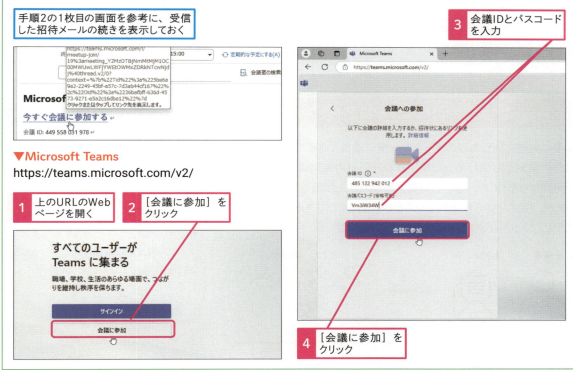

● オンライン会議を開始する

まとめ：Outlookならオンラインでもリアルな会議でも招待できる

オンライン会議サービスは、各社のクラウドサービスとしてさまざまなものがありますが、MicrosoftブランドのサービスとしてのExchangeとTeamsは、同社アプリのOutlookとの親和性も高く、会議開催の登録から、招待、実施に至るまでの一連のプロセスを円滑に行うことができます。会議に至るまでの多くのことがOutlookだけで完結できるのが魅力です。

レッスン 79 メールに起因する情報漏洩を防ぐには

CCとBCC、誤送信

現代のように誰もがスマートデバイスを気軽に使い、デジタル情報をやりとりできる社会では、ささいに見える失敗が大きな事故につながります。正しい知識で取り返しのつかない情報漏洩を回避しましょう。

キーワード

BCC	P.307
CC	P.307
添付ファイル	P.312
連絡先	P.313

使いこなしのヒント

CCとBCCは明確に使い分けよう

複数の宛先同士が互いに面識/相識があるかどうかでCCとBCCのどちらを使うかを決めましょう。互いに見知らぬ宛先がCCにある場合、本人の了解を得ずに、第三者にメールアドレスが漏洩する結果となります。個人情報保護の点でもこうした事態を避けなければなりません。

パターン1：CCに入れてメールアドレス流出

複数の宛先に同じ内容のメールを一度に送付できるのは便利です。宛先の指定には受け取った相手が自分以外の誰に送られているかが明確になるCCと、ほかの宛先メールの宛先が隠されるBCCを使います。BCCで送らなければならない宛先をCCで送った場合には、意図しないメールアドレスの流出が起こります。

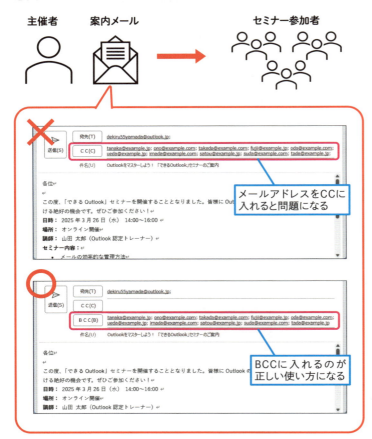

パターン2：誤送信で機密情報を漏洩

重要な情報が含まれた添付ファイルを間違った宛先に送ってしまうと、取り返しの付かない情報漏洩が起こります。同姓同名、たまたま名字が同じだったなど、こうした事態が起こるきっかけは多岐にわたりますが、基本的には送り手の最終確認が重要です。十分な注意と配慮が必要です。

● 宛先の間違い

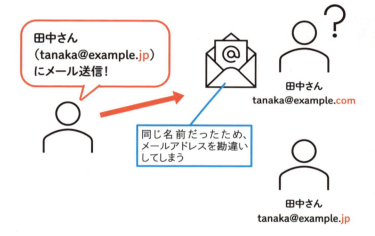

● 異なるデータの添付

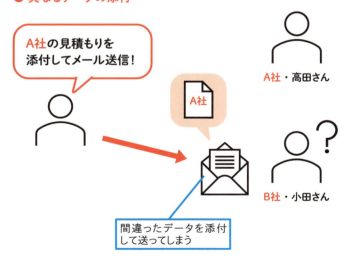

使いこなしのヒント
送信前にもう一度確認

メールの本文を書き上げてすぐに送信ボタンをクリックするのはやめましょう。落ち着いてもう一度文面を読み直し、誤字脱字、不適切な表現がないかどうかを確認しましょう。また、宛先も確認し、間違った相手に送ろうとしていないかどうかを確かめます。連絡先の登録時に、相手の会社名を入れておくような工夫も有効です。さらに、レッスン60で解説している配信タイミングの調整で、送信前に、もう一度チェックする習慣も役に立ちそうです。

まとめ　メールにまつわる情報漏洩を防ごう

CCとBCCの意味を理解して、明確に使い分けることで、意図せぬ個人情報の漏洩を防ぎながら、同報メールというメールならではの特性を便利に使えます。また、メールの内容によっては、送信前の入念なチェックを習慣づけ、重要な情報が漏洩しないように対策してください。

レッスン 80 なりすましメールを見分けるには

ヘッダー情報の確認

詐欺メールの多くは、差出人の詐称をした上で、受取人が喜んだり、驚いたりする要素を本文として伝えてきます。受け取った側が、それに欺されることで詐欺などの犯罪につながります。

キーワード

差出人	P.311
ヘッダー	P.312
メール	P.313

用語解説

ヘッダー

メールは瞬時に届いたとしても、その配信のためにさまざまな経路をたどる。その経路の履歴はヘッダー情報としてメールに付加され、どのような経路を通って配信されたか、差出人は本当に自称と一致しているのかなどヘッダー情報を見ればメールの素性などが分かる。

1 ヘッダーを確認する

ヘッダーを確認したいメールのメッセージウィンドウを表示しておく

[ファイル] タブをクリック

【重要・緊急】お客様のカードがロックされました － メッセージ (テキスト形式)

ファイル　メッセージ　ヘルプ

【重要・緊急】お客様のカードがロックされました

できるマネーカード <＊＊＊＊＊＊@gmail.com>
宛先　ren23sugino@outlook.jp

できるマネーカードユーザー様

平素よりできるマネーカードをご利用いただき、ありがとうございます。
会員様のカード利用について認証方法をより強固なものにいたしましたが、
その設定時、お客様のカードが不正利用されている痕跡を発見いたしました。
※現在、カードの利用はロックしてあるのでご安心ください。

ただ、カードの再利用については、お客様の方で再設定していただく必要がございます。
お手数をおかけして誠に恐縮ではございますが、
以下の専用リンクから再設定をお願い申し上げます。

▼できるマネーカード利用再開設定専用ページ
https://d-money.example.com/reset/

ご不便をおかけいたしますが、なにとぞよろしくお願いいたします。

● ［プロパティ］ダイアログボックスを表示する

2 ［プロパティ］をクリック

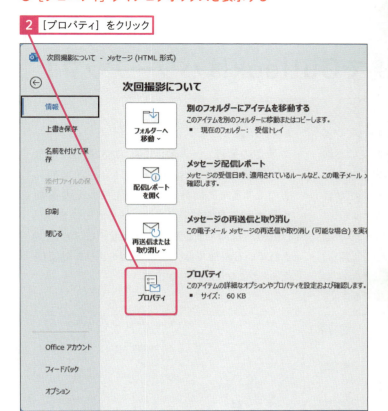

ヘッダーが表示された

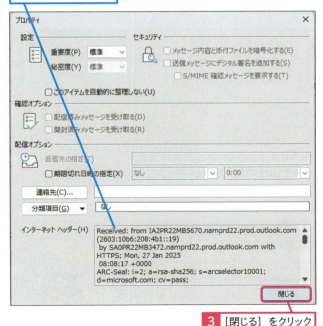

3 ［閉じる］をクリック

使いこなしのヒント
見知らぬ相手からの添付ファイルは危険がいっぱい

メールに添付されたファイルには十分に注意しましょう。実行することで、マルウェアに感染してパソコンが使えなくなったり、大事なデータが参照できなくなったりする可能性があります。信頼のおける差出人からの正当な添付ファイルであることが保証されない限り、開くべきではありません。

使いこなしのヒント
架空請求のパターンを見破るには

本来は支払う必要がない請求を電子メールなどで送付してくる手口が架空請求です。心あたりがあってもなくても送金する前に家族や友人に相談するか、消費者センターなどに問い合わせましょう。指定した口座に振り込むように促したり、プリペイドカードでお金を支払わせたりしてくる場合、そのほとんどは無視してよいケースです。詐称されている相手との取引等で心当たりがある場合は、既知の連絡先に問い合わせてみましょう。

まとめ　まずは冷静になろう

お金にまつわるメールが届いても、あわてずまずは冷静になりましょう。本当にそれが正しいメールかどうかをつきとめることが大事です。そのために返信したり、メール内の指示にしたがったりしても意味がありません。必ず、別のルートで正規の問い合わせ先に連絡して真偽を確かめましょう。

この章のまとめ

共有とアプリ連携でOutlookはパワーアップ！

この章では多くの企業や学校で使われているExchangeサービスによって提供されている機能の一部を紹介しました。組織においては他人といかにうまくコラボレーションしていくかが仕事の効率や完成度に直結します。ほかのアプリとの連携はそのための方法のひとつです。また、自分の予定表を組織のほかの人に公開し、相互に自由に参照できるようにすることで、会議の開催をスピーディにスケジュールできます。

Exchangeサービスは個人が自分だけのメールや予定の管理ツールとして使うためだけではなく、組織内のコラボレーションをより効率的なものにするためにあります。そして、その機能を最大限に発揮されるように作られているのがOutlookなのです。Exchangeサービスが提供されている組織では、その機能をより有効に使えるようになりたいものです。

予定表の共有やオンライン会議のアプリと連携できるのがOutlookの強み

それぞれが持っている予定表の情報を共有すると、こんなに効率化できるんですね。空き時間の調整に苦労していたのは何だったのか……。

Excelの表は添付するものというイメージが強かったですが、メールの本文に貼り付ければひと目で相手に伝えられて便利です！

デジタルのいいところは、情報を共有しやすいところだよね。Outlookでもそこをうまく活用していこう！

活用編

第9章

スマートフォンと
連携して使いこなそう

Outlookはパソコン以外にも、さまざまなデバイス用にアプリが
提供されています。特に、スマートフォンでアプリを使うことで、
いつでもどこでも気軽に参照でき、その機能をもっと便利に使え
るようになります。
外出先ではスマートフォン、社内や出張先ではパソコンと、TPO
に応じて機器を柔軟に使い分けることで、よりスマートに仕事をこ
なせるようになるはずです。ここではスマートフォンでのOutlook
の便利な使い方を解説しましょう。

81	スマートフォンと連携しよう	232
82	スマートフォンでOutlookを活用しよう	234
83	スマートフォンでOutlookを使うには	236
84	受信メールを後から再チェックするには	244
85	GmailとGoogleカレンダーをOutlookで確認するには	246
86	パソコンで作ったタスクをスマートフォンでチェックするには	250
87	スマートフォンで書いたメールをパソコンで送るには	252
88	Webページや地図のURLを共有するには	254

レッスン **81**

Introduction　この章で学ぶこと
スマートフォンと連携しよう

Outlookが使えるのはパソコンだけではありません。現代生活に欠かせない存在となり、ほぼ肌身離さず持ち歩いているスマートフォン用にもアプリが提供されています。この章では、スマートフォン用の［Outlook］アプリの使いこなしについて説明します。

身近なスマートフォンとの連携でもっと便利に

外出することが多いと、パソコンでOutlookをチェックするのはなかなか厳しい……。

分かる……。パソコンでできなくはないけど、手早くチェックするのには向かないよね。

Outlookはパソコンで使うというイメージが強いけど、スマートフォンのアプリも提供されているよ。メールのチェックはもちろん、予定や連絡先も同期できるんだ。

メールのチェックができるのはなんとなく想像できたのですが、予定表や連絡先も同期できるんですね！

パソコンとスマートフォンをうまく使い分けると効率的だよ。メールなら長文の入力やファイル添付はパソコンで、手早いチェックと返信ならスマートフォンで、みたいにね。

クラウドサービスのOutlook.comを介して、パソコンとスマートフォン、タブレットで最新の情報を同期できる

パソコンとスマートフォンでスマートに使い分ける！

ポイントはパソコンとスマートフォンで同じアカウントを設定することだよ。そうすると、こんなことができるようになるんだ！

スマートフォンで下書きしたメールをパソコンで仕上げる

外出先で受信したメールをスマートフォンで再通知する

パソコンで作ったタスクをスマートフォンでチェックする

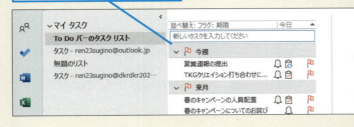

受信メールがスマートフォンから見られるだけでなく、下書きしたメールも同期されるんですね！

タスクをスマートフォンからチェックできるようになれば、外出先での確認忘れが防止できそう！

レッスン 82 スマートフォンでOutlookを活用しよう

スマートフォンとの連携

Outlookは、パソコンで使う以外にも、スマートフォンやタブレットで使えるアプリが提供されています。また、スマートフォンのGmailアプリ、カレンダーアプリ、iPhoneの標準メールアプリ、標準カレンダーアプリなどは、Outlook.comやExchangeメールサービスをサポートしています。日常的に使い慣れているこれらのアプリを使ってOutlookのデータを共有できるようにしておきましょう。

キーワード	
Outlook.com	P.308
クラウド	P.310

iPhoneでのOutlookの利用イメージ

iPhoneでOutlookのデータを読み書きするには複数の手段があります。データがクラウドで管理されるExchange、Outlook.comなどのメールサービスを使うことで、パソコンのOutlookとiPhoneの両方から同じデータを参照することができます。もちろん書き込みも可能です。

標準メールアプリ
iPhoneが標準で提供しているメールアプリです。App Storeからダウンロードすることなく必ず最初からインストールされています。また、標準カレンダーアプリを使えば予定表の管理ができます。

[Outlook] アプリ
マイクロソフトがiPhone用に提供している無料のアプリです。App Storeで検索し、インストールして使います。1つのアプリでメールの読み書きと予定表の管理ができます。

AndroidスマートフォンでのOutlookの利用イメージ

AndroidスマートフォンでOutlookのデータを読み書きするには複数の手段があります。データがクラウドで管理されるExchange、Outlook.comなどのメールサービスを使うことで、パソコンのOutlookとAndroidスマートフォンの両方から同じデータを参照することができます。もちろん書き込みも可能です。

［Gmail］アプリ
多くのAndroidユーザーが使っている［Gmail］アプリです。Androidスマートフォンには必ず最初からインストールされています。

［Gmail］アプリからメールの送受信ができる

［Outlook］アプリ
マイクロソフトがAndroid OS用に提供している無料のアプリです。Google Playストアで検索してインストールして使います。1つのアプリでメールの読み書きと予定表の管理ができます。

予定表を確認するにはOutlook.comか［Outlook］アプリを使う

端末メーカー独自アプリ
多くの場合、端末のメーカーごとにメールとカレンダーがアプリとしてプリインストール提供されています。これらにもExchangeやOutlook.comのメールや予定表のデータを読み書きするためのアカウントを設定することができます。

まとめ　アプリを選んでいつでもどこでもOutlookを使いこなす

スマートフォンでのOutlook活用は、iPhoneやAndroidスマートフォンに標準で用意されたアプリをマイクロソフトのクラウドメールサービス（Exchange）連携機能で利用する方法と、マイクロソフトが提供する専用アプリとしてOutlookを使う方法があります。前者はアプリを追加することなく使え、ほかのメールなどと統合しても使えます。ほかのメールサービスとの共存にも便利です。また、後者は別のアプリを完全に使い分けることになります。

レッスン 83 スマートフォンでOutlookを使うには

［Outlook］アプリ

スマートフォン用に提供されている［Outlook］アプリを手元のスマートフォンにインストールしましょう。ここではMicrosoftが提供している［Outlook］アプリをiPhoneにインストールします。

■iPhoneの場合

1 Outlookアカウントを追加する

右のヒントを参考に、［Outlook］アプリをiPhoneにインストールしておく

1 ［Outlook］をタップ

2 ［アカウントの追加］をタップ

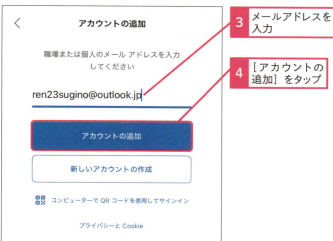

3 メールアドレスを入力

4 ［アカウントの追加］をタップ

キーワード

Microsoftアカウント	P.308
フォルダー	P.312
プロバイダー	P.312

使いこなしのヒント

iPhoneに［Outlook］アプリをインストールするには

iPhoneで以下のQRを読み取って［Outlook］アプリをインストールします。AppStoreからOutlookを検索してもいいでしょう。パソコンのOutlookに設定したものと同じアカウントを設定し、正しいパスワードを入力するだけで、パソコンの［Outlook］アプリとほとんど同じことがスマートフォンでできるようになります。また、iPad用にも［Outlook］アプリは提供されています。

●iPhone版の［Outlook］アプリ

活用編　第9章　スマートフォンと連携して使いこなそう

236　できる

● パスワードを入力する

5 Microsoftアカウントのパスワードを入力

6 ［サインイン］をタップ

ここでは別のアカウントを追加しない

7 ［後で］をタップ

ここでは通知を有効にする

8 ［有効にする］をタップ

使いこなしのヒント
通知って何？

iPhoneでは、インストールしたアプリごとに、その通知を有効にするかどうかを設定しておく必要があります。通知を有効にしておくと、新着メールが届いたことなどが通知として表示されるようになります。

使いこなしのヒント
プロバイダーメールも設定できる

スマートフォン用の［Outlook］アプリは、各種のメールサービスに対応しています。アカウントを追加し、複数のアカウントで使うことができるのです。ただし、一般のプロバイダーメールは受信した直後にメールがサーバーから削除され、スマートフォンだけに残ります。メールの実体がサーバーに保存されたままで、複数の機器から参照できるのはMicrosoftのクラウドメールサービスだけです。

● 通知を許可する

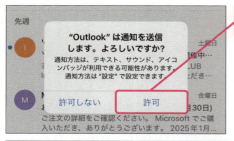

9 ［許可］を
タップ

Microsoftアカウント
が登録された

これまでに受信した
メールが表示された

2 フォルダーの一覧を表示する

1 ここをタップ

💡 使いこなしのヒント

予定表を表示するには

［Outlook］アプリでは、メールと同様に
予定表も参照できます。右下の［予定表］
をタップすると表示が切り替わります。

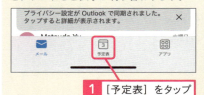

1 ［予定表］をタップ

予定表が表示された

● フォルダーの一覧が表示された

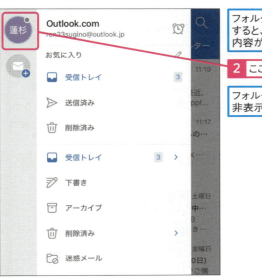

フォルダー名をタップすると、フォルダーの内容が表示される

2 ここをタップ

フォルダーの一覧が非表示になる

3 メールを新規作成する

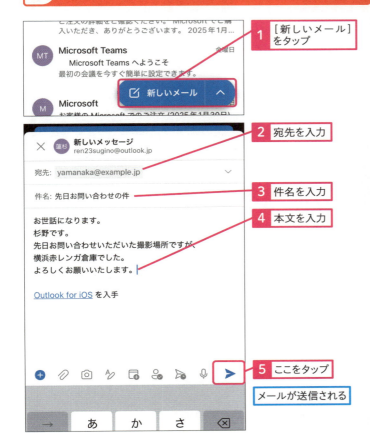

1 ［新しいメール］をタップ

2 宛先を入力

3 件名を入力

4 本文を入力

5 ここをタップ

メールが送信される

使いこなしのヒント
同期される情報に注意する

スマートフォンの［Outlook］アプリはパソコンの［Outlook］アプリで保存した予定を参照できるのはもちろん、スマートフォンで予定を入れればパソコンでも参照できるようになります。メールや予定などのデータの実体をメールサービスが預かっているからこそできることです。複数の機器から参照できるのはMicrosoftのクラウドメールサービスだけです。

使いこなしのヒント
スマートフォンで新しいフォルダーは作成できない

手順2の画面には受信トレイなどのお馴染みのフォルダーが並んでいます。ただし、スマートフォン用の［Outlook］アプリではフォルダーを新規に作成することはできません。必要な場合は、あらかじめパソコンで作成しておきましょう。

使いこなしのヒント
写真も添付できる

手順3の新規メール作成画面では、下部のボタンを使ってさまざまなデータを添付できます。写真などを添付したり、音声のメモを添付したりするなど使い方はさまざまです。いつでもどこでも気軽に使える入力機器としてのスマートフォンの特性を有効に使いましょう。

■Androidスマートフォンの場合

4 Outlookアカウントを追加する

右のヒントを参考に、[Outlook] アプリを
Androidスマートフォンにインストールしておく

1 [Outlook] を
タップ

2 [アカウントを追加
してください] を
タップ

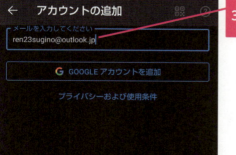

3 Microsoftアカウ
ントのメールアド
レスを入力

4 [続行] をタップ

💡 使いこなしのヒント

**Androidスマートフォンに
[Outlook] アプリを
インストールするには**

ここではAndroidスマートフォン用の [Outlook] アプリをインストールします。下のQRを読み取ってインストールするか、Google PlayストアでOutlookと検索してインストールします。

●Androidスマートフォン版の
　[Outlook] アプリ

● パスワードを入力する

5 Microsoftアカウントのパスワードを入力

6 ［サインイン］をタップ

ここでは別のアカウントを追加しない

7 ［後で］をタップ

［通知を有効にする］と表示されたら、右のヒントを参考に［いいえ、結構です］か［オンにする］をタップしておく

Microsoftアカウントが登録された

これまでに受信したメールが表示された

使いこなしのヒント
プロバイダーメールも設定できる

スマートフォン用の［Outlook］アプリは、各種のメールサービスに対応しています。アカウントを追加して、複数のアカウントで使うことができるのです。ただし、一般のプロバイダーメールは受信した直後にメールがサーバーから削除され、スマートフォンだけに残ります。なお、メールの実体がサーバーに保存されたままで、複数の機器から参照できるのはMicrosoftのクラウドメールサービスだけです。一部のプロバイダーでは、メールをサーバーに残したままで扱えるIMAP方式等をサポートしている場合もあるので調べてみましょう。

使いこなしのヒント
通知を有効にするとどうなるの？

通知を有効にすると新規にメールが届くたびに通知が表示されます。通知を有効にしておくとメールが届く頻度によってはうるさく感じるかもしれません。一度オンにしても簡単にオフに戻せます。わずらわしく感じるならオフにしておきましょう。

使いこなしのヒント
Androidスマートフォンでも同期されるメールに注意する

スマートフォンの［Outlook］アプリはパソコンの［Outlook］アプリで保存した予定を参照できるのはもちろん、スマートフォンで予定を入れればパソコンでも参照できるようになります。メールや予定などのデータの実体をメールサービスが預かっているからこそできるメリットといえます。複数の機器から参照できるのはMicrosoftのクラウドメールサービスだけです。

5 フォルダーの一覧を表示する

1 ここをタップ

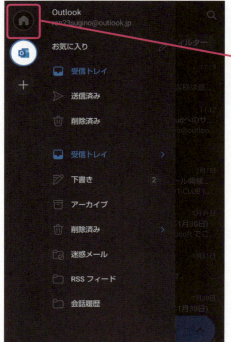

フォルダー名をタップすると、フォルダーの内容が表示される

2 ここをタップ

フォルダーの一覧が非表示になる

使いこなしのヒント
予定表を表示するには

スマートフォンの［Outlook］アプリはパソコンの［Outlook］アプリで保存した予定を参照できるのはもちろん、スマートフォンで予定を入れればパソコンでも参照できるようになります。メールや予定などのデータの実体をメールサービスが預かっているからこそできるメリットといえます。複数の機器から参照できるのはMicrosoftのクラウドメールサービスだけです。

1 ［予定表］をタップ

予定表が表示された

使いこなしのヒント
スマートフォンで
新しいフォルダーは作成できない

手順5の操作2の画面には受信トレイなどのお馴染みのフォルダーが並んでいます。スマートフォン用の［Outlook］アプリではフォルダーを新規に作成することはできません。必要な場合は、あらかじめパソコンで作成しておきましょう。なお、プロバイダーメールを利用している場合は、パソコンで作ったフォルダーは同期されません。

6 メールを新規作成する

1 [新規メール] をタップ

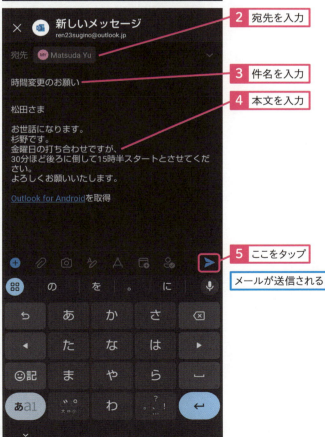

2 宛先を入力
3 件名を入力
4 本文を入力
5 ここをタップ

メールが送信される

使いこなしのヒント
写真やファイルなどを添付できる

手順6の操作2の新規メール作成画面では、下部のボタンを使ってさまざまなデータを添付できます。写真やファイルを添付したり、音声のメモを添付したりするなど使い方はさまざまです。いつでもどこでも気軽に使える入力機器としてのスマートフォンの特性を有効に活かしましょう。なお、Androidスマートフォンでは、写真以外のファイルも添付できます。

まとめ
アカウントを設定するだけで同期できる

スマートフォン用アプリを使えば、パソコンと同様にMicrosoftアカウントのOutlookメールアドレスとパスワードを設定するだけで、すぐにパソコンアプリに匹敵するOutlook環境が手に入ります。送受信したメールはもちろん、予定表もリアルタイムに同期されるほか、フォルダー構成なども同期されるので、パソコンで慣れた環境をそのまま使えるのが大きなメリットです。Microsoftのメールサービスがデータの実体をメールサービス側で預かっているからです。
アプリには一般のプロバイダーメールを設定することもできますが、送信したメールはスマートフォンとパソコンで個別に保存されるなど、完全には同期できない点に注意してください。

レッスン 84 受信メールを後から再チェックするには

再通知

メールの着信通知は、そのタイミングが重要です。明後日に宿泊するホテルの予約確認メールが事前に通知されても、宿でチェックインするときに、そのメールを参照するには検索しなければなりません。そんなときには、時刻等を指定し、そのメールの到着を再通知させます。

キーワード

再通知	P.310
フォルダー	P.312

使いこなしのヒント

Androidスマートフォンで再通知を設定するには

iPhone同様にAndroidスマートフォンでも再通知の設定は簡単です。メニューから簡単に設定できるほか、頻繁に使う場合はメール一覧で左右にスワイプして実行できるスワイプオプションに再通知を設定しておくと便利です。

1 再通知の設定画面を表示する

レッスン83を参考に、メールの一覧を表示しておく

1 再通知を設定するメールをタップ

2 ここをタップ

3 [再通知] をタップ

1 ここをタップ

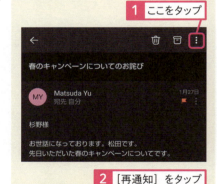

2 [再通知] をタップ

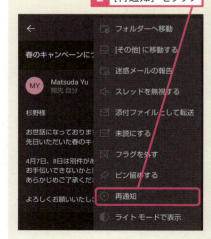

2 再通知の時間を設定する

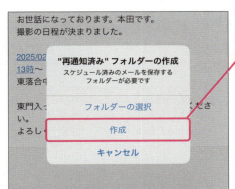

ここでは新たにフォルダーを作成する

1 ［作成］をタップ

ここでは翌日に再通知する

2 ［明日］をタップ

再通知が設定され、メールが受信トレイから一時的に表示されなくなった

使いこなしのヒント

再通知を設定したメールはどこに保存されるの？

iPhoneでは、再通知指定したメールが「再通知済み」という名前の専用フォルダーに保存され、再通知が終わると元の受信トレイに戻ります。Androidスマートフォンでは特にそのようなフォルダーが作成されることなく、再通知機能が使えます。

レッスン83を参考に、フォルダーの一覧を表示しておく

［再通知設定済み］フォルダーに保存される

まとめ 後から対応したいメールは［再通知］でチェックする

大量に届くメールの中には、今すぐに対応するのは難しいけれども、別のタイミングで確実に対応しなければならないもも少なくありません。そのことをきちんと覚えているのはたいへんです。そんなときに便利なのが［再通知］の機能です。一度受信したメールに「再通知」を設定すると、指定したタイミングで最新のメールとして表示されるので、見逃してしまうことがありません。フラグを付けたり、アラームを設定したりしてもいいのですが、再通知されたときに最新のメールのように表示され、すぐにオリジナルのメールを参照できるのがポイントです。

レッスン 85 GmailとGoogleカレンダーをOutlookで確認するには

アカウントの追加

スマートフォン用の［Outlook］アプリでGoogleカレンダーを登録して管理することができます。仕事についてはGoogleカレンダー、プライベートはOutlookといった使い分けも可能です。自分のGoogleアカウントを設定するだけですぐに使えるようになります。

キーワード	
Gmail	P.307
Googleアカウント	P.307

使いこなしのヒント
iPhoneのカレンダーも同期できる

手順1でiCloudと同期しているApple IDを入力すれば、iPhoneのカレンダーを同期することもできます。iPhoneの標準メールとの併用も可能です。

1 Gmailのアカウントを追加するには

ここではiPhoneにアカウントを追加する

Androidスマートフォンは、次のページのヒントを参考に手順を進める

レッスン83を参考に、フォルダーの一覧を表示しておく

1 ここをタップ

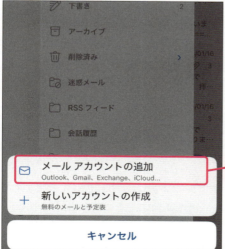

2 ［メールアカウントの追加］をタップ

● ここではGmailのアカウントを追加する

3 Gmailのメールアドレスを入力

4 ［アカウントの追加］をタップ

5 ［次へ］をタップ

6 パスワードを入力

7 ［次へ］をタップ

使いこなしのヒント

AndroidスマートフォンでGmailのアカウントを追加するには

AndroidスマートフォンでもGmailを使うことができます。Googleアカウントを追加することで、メールとカレンダーを同期します。

レッスン83を参考に、フォルダーの一覧を表示しておく

1 ここをタップ

2 ［アカウントの追加］をタップ

アカウントの追加

次のページに続く→

できる 247

● アカウントの追加を完了する

2 アカウントを切り替えるには

レッスン83を参考に、フォルダーの一覧を表示しておく

地球のアイコンに青い枠がついていると、すべてのアカウントのメールが表示される

ここをタップすると、Outlookのメールアドレスに届いたメールだけが表示される

ここをタップすると、Gmailのメールアドレスに届いたメールだけが表示される

3 予定表の表示と非表示を切り替えるには

レッスン83の238ページのヒントを参考に、予定表を表示しておく

1 ここをタップ

予定表のここをタップして表示と非表示を切り替えられる

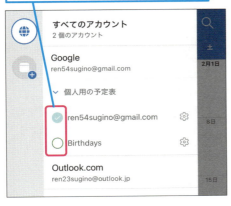

使いこなしのヒント

どちらのアプリからでも確認と登録ができる

［Outlook］アプリにGoogleアカウントを設定すると予定表だけでなく、Gmailも確認できるようになります。もちろん、Androidスマートフォンなら標準の［Gmail］アプリや予定表のアプリでも確認ができます。Googleのクラウドサービスがデータを預かるため、複数のアプリでデータを書き換えても矛盾なく同期されるようになっています。

まとめ

［Outlook］アプリに情報を集約できる

［Outlook］アプリでは、Microsoft系のクラウドメールサービスだけではなく、GoogleカレンダーやiPhoneのカレンダーなども設定して同期できます。また、iPhoneの標準メールでOutlookのデータを参照することも可能です。クラウドサービスとアプリが相互に連携しているのです。複数のサービスの利用に際して、管理するアプリを1つに統合したい、といったときは［Outlook］アプリに集約するのが便利でしょう。また、仕事の予定はOutlook、プライベートの予定はGoogleカレンダーなどと、サービスごとに用途を分けるのもひとつの方法です。

レッスン 86 パソコンで作ったタスクをスマートフォンでチェックするには

[Microsoft To Do] アプリ

Microsoftは、Outlookのタスク機能を、Microsoft To Doという別のアプリに統合しようとしています。Windows用のOutlookやWeb版ではすでに統合済みです。ただし、ビジネス用途ではOutlookのタスク機能の方が現時点においては充実しています。当面はアプリの対応を待ちましょう。

🔍 キーワード

Microsoft To Do	P.308
Microsoftアカウント	P.308
タスク	P.311

💡 使いこなしのヒント

[Microsoft To Do] アプリをインストールするには

iPhone用にもAndroid用にも [Microsoft To Do] アプリがストアで提供されています。下のQRを読み取るか、ストアで検索して、アプリをインストールしましょう。

● iPhone版の [Microsoft To Do] アプリ

● Androidスマートフォン版の [Microsoft To Do] アプリ

1 [Microsoft To Do] アプリを設定する

パソコンのOutlookでタスクを登録しておく

右のヒントを参考に、[Microsoft To Do] アプリをインストールしておく

1 [To Do] をタップ

2 Microsoftアカウントのメールアドレスを入力

3 [サインイン] をタップ

ここでは通知を有効にする

4 [通知を有効にする] をタップ

⚠️ ここに注意

手順1では設定済みのMicrosoftアカウントが追加候補として表示されます。この候補がパソコンに設定しているものと異なる場合は、「別のアカウントを使用する」で正しいアカウントを設定してください。正しい場合は、そのままボタンをタップします。

活用編 第9章 スマートフォンと連携して使いこなそう

2 ［Microsoft To Do］アプリでタスクを確認する

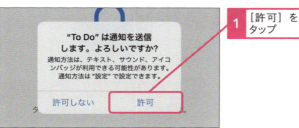

1 ［許可］をタップ

2 ［タスク］をタップ

タスクの一覧が表示された

ここをタップすると、タスクを完了できる

使いこなしのヒント

Androidスマートフォンで［Microsoft To Do］アプリを利用するには

Androidスマートフォン用の［Microsoft To Do］アプリでも基本的な使い方は同じです。アカウントを設定するだけで、各種タスクの管理ができます。

［Microsoft To Do］アプリを起動しておく

1 自分のMicrosoftアカウントをタップ

［タスク］をタップすると、タスクの一覧が表示される

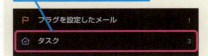

まとめ
パソコンとスマートフォンで使い分けるのがポイント

スマートフォンは新規メール着信などの気付きを与え、パソコンは操作の柔軟性や大画面での一覧性を提供します。第4章で解説したタスクをスマートフォンと連携できる［Microsoft To Do］アプリを使えば、パソコンと同じアカウントを設定するだけで、パソコンとスマホで同じタスクを管理できるようになります。完了の設定等、タスクの進捗に関する入力は、いつも手元にあるスマートフォンでこなし、新規作成や細かい情報入力はキーボードのあるパソコンで行うなど、機器をうまく使い分けましょう。出先では、タスクのタイトルだけをサッと登録しておき、後でパソコンを使って詳細を加える、という使い方もおすすめです。

レッスン 87 スマートフォンで書いた メールをパソコンで送るには

下書き

スマートフォンで書きかけたメールが思わず長くなりそうなときにも、パソコンを開いてその続きを書くことができれば便利です。ここでは下書きを使ったメールの作成引き継ぎ方法を紹介しましょう。

キーワード	
下書き	P.311
フォルダー	P.312
プロバイダー	P.312

1 スマートフォンでメールを下書きとして保存する

レッスン83を参考に、[Outlook] アプリでメールを作成して、送信しないでおく

1 ここをタップ

レッスン83を参考に、フォルダーの一覧を表示しておく

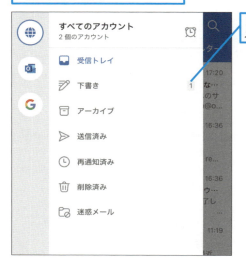

[下書き] フォルダーにメールが保存された

使いこなしのヒント

Androidスマートフォンで下書きを保存するには

iPhoneと同様に、書きかけのメールを閉じるだけで下書きフォルダーにメールの内容が保存されます。

1 ここをタップ

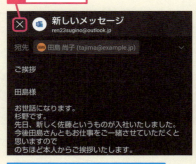

メールが [下書き] フォルダーに保存される

使いこなしのヒント

スマートフォンで下書きを編集するには

フォルダー一覧にある[下書き]フォルダーを開けば、保存された下書きのメールが表示されます。目的の下書きを開き、続きを書くことができます。送信すれば下書きからはなくなります。

2 パソコンで下書きのメールを編集する

Outlookを起動しておく　　1 [下書き] をクリック

[Outlook] アプリで作成した下書きの
メールが保存されている　　2 メールをダブルクリック

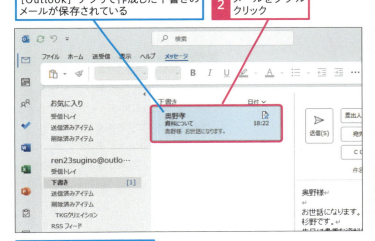

下書きのメールを編集して、
送信しておく

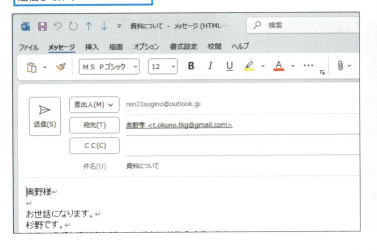

使いこなしのヒント

プロバイダーメールでデバイスを またいだ下書き機能は使えない

複数の機器間で下書きを共有できるのはMicrosoftをはじめとしたクラウドメールサービスだけです。下書きフォルダーも一般のフォルダーと同じなので、ある機器に保存したメールを、別の機器で開いて編集することができるわけです。一般的なプロバイダーメールでは、フォルダーの同期が行われないため、下書きの共有はできません。

まとめ
メールが同期されるメリットを最大限に活用する

複数の機器にOutlookのMicrosoftアカウントが設定されていれば、送受信したメールはもちろん、下書きのメールもすべて同期されます。この仕組みを活用すれば、出先ではサッと要点だけを入力したメールを下書きとして作成しておき、パソコンでそれを開いて、きちんとした報告メールに仕上げることもできます。逆に、パソコンで作っておいたメールに、出先で最新の情報を反映して送信する、という使い方もできそうです。一般のプロバイダーメールではメールが同期されないため、こうしたことはできません。Microsoftのクラウドメールサービスならではのメリットをフルに活用しましょう。

253

レッスン 88 Webページや地図のURLを共有するには

共有

スマートフォンでは各種アプリで参照している情報を、ほかのアプリと共有するのが簡単です。地図やウェブページなどを誰かに知らせるために、［Outlook］アプリで情報の在処を共有してみましょう。

1 ［Googleマップ］アプリから地図情報を共有する

ここではAndroidスマートフォンで地図情報を共有する

［Googleマップ］アプリで、共有したい地図を表示しておく

1 ［共有］をタップ

共有のメニューが表示された

2 ［Outlook］をタップ

キーワード
| URL | P.309 |

使いこなしのヒント
iPhoneでも共有できるの？

iPhoneでも同様の操作で情報を共有できます。Outlookに共有すれば手順1と同様にURLや施設名、住所などが入った新しいメッセージを作成できます。

使いこなしのヒント
どんなアプリから共有できるの？

iPhone、Androidスマートフォン問わず、さまざまなアプリで共有が可能です。ブラウザーで表示しているホームページのURLを共有し、写真アプリから写真を添付するなど、いろいろなスタイルでの共有が可能です。

使いこなしのヒント
共有するアプリが表示されないときは

クリップボードへの共有もできるので、共有機能に対応していないアプリにデータを渡したい場合は、［クリップボードにコピー］を使ってアドレス等のデータを共有できます。手順1で共有したいアプリの名前が表示されないときは、位置情報やWebページのURLをいったんクリップボードにコピーしてからメールの本文に貼り付けて共有しましょう。

● メールの作成画面が表示された

地図の住所とURLが入力された
メールが作成された

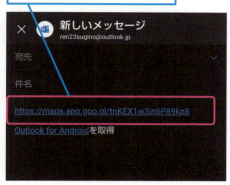

2 ［Chrome］アプリからWebページのURLを共有する

ここではAndroidスマートフォンで
WebページのURLを共有する

共有したいWebページを
開いておく

1 ここをタップ

メニューが表示
された

2 ［共有］をタップ

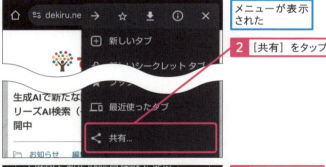

3 ［Outlook］を
タップ

［Outlook］が表示さ
れないときは［もっと
見る］をタップする

メールの作成画面が
表示され、自動的に
Webページの名称と
URLが入力される

使いこなしのヒント

**件名のチェックを
忘れないようにしよう**

アプリ間での共有でやりとりされるデータはメールの件名や本文などに使われます。このときに使われる情報はアプリによって異なり、場合によっては意味がよく分からないものになることもあります。そのようなメールを送信しないよう、送信する前に、正しく分かりやすいように共有されているかをしっかりと確認するようにしましょう。

まとめ

**情報を共有しやすい
スマートフォンを
活用する**

スマートフォンとパソコンは競合させるものではなく、両者を協調させて互いの使いやすい長所を活かします。iPhoneやAndroidといったスマートフォンは、いつでもどこでも気軽に使えて、手元で見ている情報を、共有しやすいのが特長といえるでしょう。その機動力の高さをクラウドメールシステムと組み合わせることで、ビジネスや日々の暮らしに役立てることができます。
一方で、パソコンの大きな画面や高速入力しやすいキーボードなどは、スマートフォンにはない魅力です。両者を適材適所で活用しながら、いろいろなデバイスでクラウドメールサービスを使っていきましょう。

この章のまとめ

利用シーンに合わせて最適な使い方ができる！

Outlookはパソコン以外にスマートフォンにも提供されています。スマートフォン用のアプリは無料で利用できるのでぜひ活用しましょう。クラウドメールは、メールの送受信に加えて、メールそのものを預かることをサービスの柱としています。サーバー上に保管されているメールデータをパソコンやスマートフォンから、いつでもどこでも参照できるのが魅力です。

また、スマートフォンはカメラの活用やほかのアプリによるデータ連携が容易です。位置情報など、アプリから共有しやすい情報の種類も多く、肌身離さず持ち歩いているスマートフォンで収集した情報を有効に活用することができます。パソコンとスマートフォンの特性に合わせてスマートに使い分けると、Outlookがもっと強力なツールになります。

パソコンとスマートフォンでTPOに応じて、柔軟に使い分ける

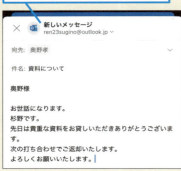 

 打ち合わせ中に出てきた重要なポイントをスマートフォン版Outlookの下書きにサッと書き込んで、パソコンで仕上げてその日のうちに送信、なんてことができるようになりました！

 先生からはパソコンで作ったタスクをスマートフォンでチェックする方法を教えてもらいましたが、逆の使い方でもいいんですよね！

そうそう！　どちらか一方方向ではなく、同期されるメリットを生かして柔軟に使い分けるのが重要なんだ。自分に合った使い方を見出すとどんどん楽しくなってくるよ。

活用編

第10章

もっと使いやすい表示に
カスタマイズしよう

Outlookを使い続けていると、メールや予定、タスクなど、さまざまな情報が蓄積されていきます。これらの情報を見やすく、探しやすくしておけば、情報の価値も高まり、作業効率も向上します。この章ではOutlookをより使いやすいものにするために、表示や機能をカスタマイズしていきましょう。

89	自分に必要な情報を表示してみよう	258
90	予定表に祝日を表示するには	260
91	複数の予定表を重ねて表示するには	264
92	To Doバーを表示するには	266
93	To Doバーの表示内容を変更するには	268
94	メールの一覧性を上げた表示を作るには	270
95	タスクの進捗管理に特化した表示を作るには	272
96	作成した表示画面を保存するには	274
97	よく使う機能のボタンを追加するには	278
98	リボンにボタンを追加するには	280

レッスン 89

Introduction この章で学ぶこと

自分に必要な情報を表示してみよう

メールや予定、連絡先、タスクなどにはさまざまな情報を集約できますが、その情報が詳細なものになればなるほど一覧性が犠牲になっていきます。Outlookは、自分が見やすいように表示をカスタマイズできるのが大きな特徴です。情報を探しやすくすることで別の角度から情報を眺めてみましょう。

活用編 第10章 もっと使いやすい表示にカスタマイズしよう

「見やすい」「使いやすい」画面が素早い作業を可能に

Outlookの強みに「ビューの設定」があげられるんだ。メールや予定表など、各機能で表示する項目を細かくカスタマイズできるんだ！

ビューの設定……。メールを並べ替えたりするのとは違うんですか？

ちょっと違うね。例えば、メールをプレビューする閲覧ウィンドウを消すことができるんだ。ほかにも表示だけでなく、よく使うボタンを常に表示しておくなど、用途に合わせて使いやすくできるよ。

メールの閲覧ウィンドウを消して、メールの一覧だけにできる

メールの作成画面によく使う機能のボタンを表示しておける

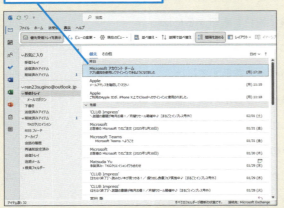

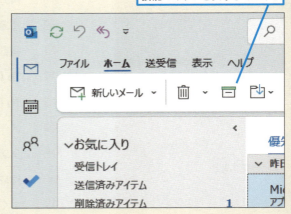

258 できる

用途に合わせた表示を作り出せる

例えばメールなら、以下のように1画面になるべく多くのメールを表示することができるんだよ！　ほかにも複数の予定表を重ねて表示もできるよ。

標準では閲覧ウィンドウがある上に1画面に表示できるメールも限られている

閲覧ウィンドウやメッセージのプレビューを非表示にすれば、1画面で多くのメールを確認できるようになる

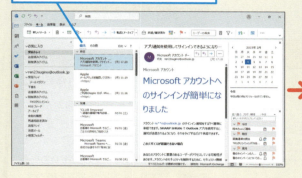 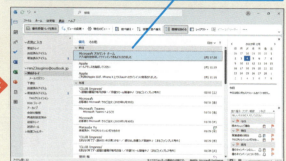

そうか！　これなら受信したメールを一気にチェックできますね。

よく使う機能を常に表示してスピードアップ！

Outlookを使っていると、自分なりによく使う機能があったりしないかな？

私はメールの転送はよく使いますね。

よく使うボタンを自由に追加できる

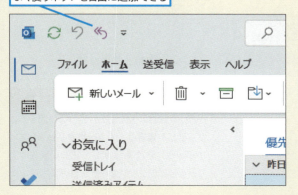

それなら［転送］ボタンを常に表示しておくと、作業の効率が上がるよね！　こんなふうによく使うボタンを追加していけば、どんどん使いやすくなるよ。

89　この章で学ぶこと

レッスン 90 予定表に祝日を表示するには

祝日の追加

予定表を使いやすくするために、祝日の情報を設定しておきましょう。ここでは、Outlookにあらかじめ用意された祝日から、日本の祝日を取り込みます。

キーワード
Outlook.com	P.308
Outlookのオプション	P.308
予定表	P.313

1 予定表に休日を追加する

[ファイル] タブの [オプション] をクリックして、[Outlookのオプション] ダイアログボックスを表示しておく

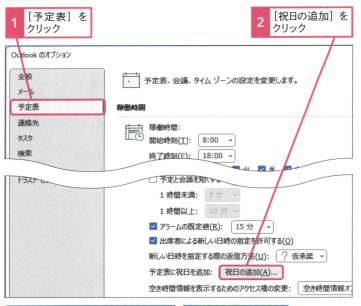

1 [予定表] をクリック
2 [祝日の追加] をクリック

[予定表に祝日を追加] ダイアログボックスが表示された

どの国の祝日を追加するかを選択する

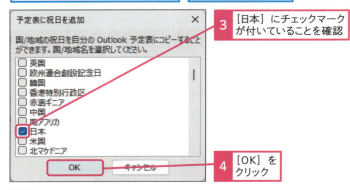

3 [日本] にチェックマークが付いていることを確認
4 [OK] をクリック

使いこなしのヒント
Outlookで利用できる祝日情報とは

Outlook 2024には、祝日情報が用意されていますが、2027年以降の休日に関しては、手で入力する必要があります。なお、Microsoftアカウントを使用している場合は、このレッスンの方法を使わず、Outlook.comに用意された [日本の休日] カレンダーを表示する方法もあります。詳しくは、レッスン91を参照してください。

使いこなしのヒント
複数の国の祝日情報を登録できる

[予定表に祝日を追加] ダイアログボックスには各国の祝日情報が用意されています。外資系企業などでOutlookを使うときは、日本以外の祝日情報も登録するといいでしょう。

ここに注意

手順1の2枚目の画面で必要のない国をクリックした場合は、もう一度クリックしてチェックマークをはずし、正しい国をクリックしてチェックマークを付けます。

● 日本の祝日が予定表に取り込まれる

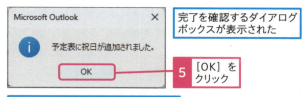

完了を確認するダイアログボックスが表示された

5 [OK] をクリック

[Outlookのオプション] ダイアログボックスが表示された

6 [OK] をクリック

日本の祝日が予定表に取り込まれた

祝日は終日のイベントとして追加される

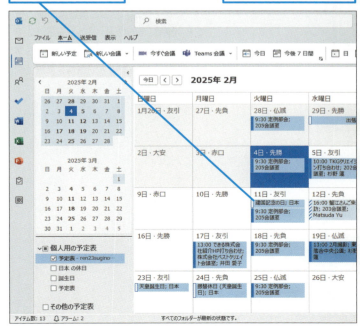

使いこなしのヒント
暦の表示を切り替えられる

予定表の日付には、標準の設定で「大安」や「赤口」などの六曜が表示されています。[Outlookのオプション] ダイアログボックスは、六曜の表示と非表示を切り替えることができます。六曜では、大安のみを表示するといった設定ができるほか、干支や旧暦の表示も可能です。好みに合わせて設定しておきましょう。

[ファイル] タブの [オプション] をクリックして、[Outlookのオプション] ダイアログボックスを表示しておく

1 [予定表] をクリック

ここをクリックすると六曜のほかに旧暦や干支などを選択できる

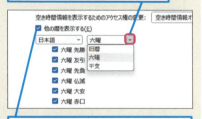

[他の暦を表示する] をクリックしてチェックマークを外すと、暦を非表示にできる

設定したら [OK] をクリックして [Outlookのオプション] ダイアログボックスを閉じておく

使いこなしのヒント
更新が必要な祝日情報に注意しよう

このレッスンで追加される祝日情報は完全なものではありません。例えば、春分の日、秋分の日の日付はあくまでも計算で求めたものであり、前年の官報で公示される日付とは異なる場合があります。また、秋分の日に依存する9月の「国民の休日」なども同様です。間違っている場合は、手動で修正しておきましょう。

2 祝日を見やすくする

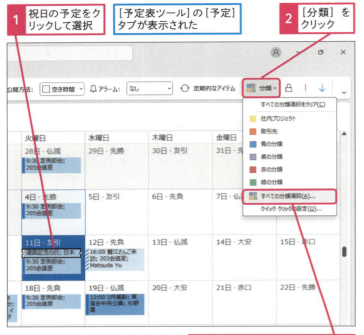

1 祝日の予定をクリックして選択
　[予定表ツール]の[予定]タブが表示された
2 [分類]をクリック
3 [すべての分類項目]をクリック

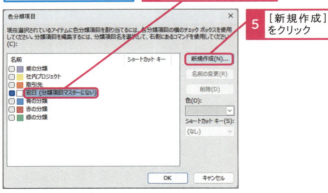

[色分類項目]ダイアログボックスが表示された
4 [祝日（分類項目マスターにない）]をクリック
5 [新規作成]をクリック

[新しい分類項目の追加]ダイアログボックスが表示された

6 ここをクリックして[赤]を選択
7 [OK]をクリック
8 [色分類項目]ダイアログボックスの[OK]をクリック

使いこなしのヒント
自分の休日は自分で登録しておこう

夏期休暇や冬期休暇、年末年始、創立記念日など、プライベートな休日は、自分で終日の予定として登録しておきましょう。

使いこなしのヒント
スマートフォンのアプリにも表示される

パソコンで設定した祝日情報は、他の予定と同様に、クラウドメールサービスに同期されます。従って、それを参照するスマートフォンでも同じ祝日情報を参照できます。

スキルアップ

祝日のデータをまとめて削除できる

他国の祝日情報を一時的に追加した場合や、Outlook.comの［日本の休日］カレンダーを使うために追加済みの祝日アイテムが必要なくなった場合は、祝日アイテムを削除しておきましょう。同じ日に祝日情報が重複して表示されることがなくなります。

間違って登録した予定を選択すると、すべて削除されてしまうので、慎重に操作する

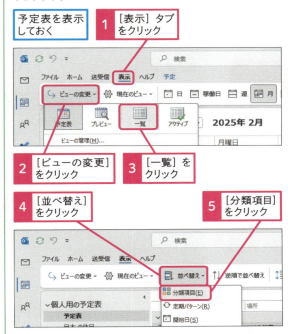

● 祝日の予定の色が変更された

祝日の予定の色がすべて選択した色に変更された

まとめ　祝日は終日の予定として登録される

このレッスンで予定表に取り込まれた祝日情報は、あらかじめ用意された終日の予定です。祝日が日曜日に重なった場合の振替休日なども追加されます。分類項目として「祝日」、場所として「日本」が割り当てられている以外は通常の予定と同じです。削除や移動もできてしまうので、扱いには注意してください。

レッスン 91 複数の予定表を重ねて表示するには

重ねて表示

Outlookでは、複数の予定表を扱うことができます。これらの予定表を重ね合わせて表示すれば、自分の予定と照らし合わせる作業が容易になります。

🔍 キーワード

Outlook.com	P.308
アイテム	P.309
タブ	P.312
予定表	P.313

1 予定表を追加する

予定表を表示しておく

ここではOutlook.comの[日本の休日]を表示する

1. [日本の休日]をクリックしてチェックマークを付ける

💡 使いこなしのヒント

[日本の休日]は読み取り専用で追加される

[日本の休日]はOutlook.comが標準で提供している予定表です。Outlookに、この予定表を追加表示することで、日本の祝日情報を知ることができます。ただし、この予定表は読み取り専用のため、予定の新規作成や変更はできません。

2 予定表を重ねて表示する

チェックマークを付けた予定表が表示された

追加した予定表は、画面の右側に別の色で表示される

1. [重ねて表示]をクリック

💡 使いこなしのヒント

新しい予定表を作成するには

予定表は目的別に追加することができます。[ホーム]タブの[追加]ボタンをクリックし、[新しい空白の予定表を作成]をクリックすると、[予定表]フォルダーに新規の予定表を作成できます。

● 予定表が重なって表示された

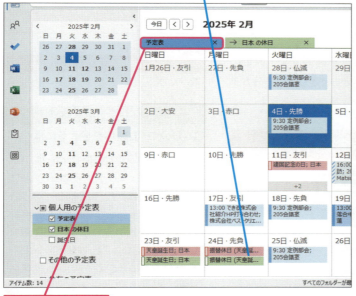

使いこなしのヒント
背面に隠れた予定表の　アイテムも編集できる

予定が重なり合っていない限り、背面にある予定表のアイテムをダブルクリックすれば予定が［予定］ウィンドウに表示されます。背面の予定表を手前に表示するために、タブを切り替える必要はありません。

使いこなしのヒント
予定表を左右に　並べて表示するには

重ね合わせた複数の予定表を、左右に並べて表示するには、［左右に並べて表示］ボタンをクリックします。

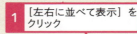

ここに注意

予定を新しく作成しようとして書き込むことができない場合、［日本の休日］が前面に表示された状態になっている可能性があります。手順3の操作で予定を書き込みたい予定表を前面に表示した状態でやり直しましょう。

まとめ
予定の種類に応じて　別の予定表を追加できる

複数の予定表を使うと、関連する一連の予定の表示、非表示を簡単に切り替えられて便利です。プライベートとビジネスの予定表を別にしていても、まるでひとつの予定表のように扱ったりするなど、いろいろな応用が可能です。

レッスン 92 To Doバーを表示するには

To Doバー

To Doバーは、予定やタスクの要約を表示する画面です。直近のアイテムをコンパクトにまとめ、今、やるべきことがひと目で分かるように表示されています。

🔍 キーワード

To Doバー	P.309

💡 使いこなしのヒント
To Doバーの順序を変えるには

予定表やタスクなどのTo Doバーは、[To Doバー]ボタンの一覧から選択した順に上から表示されます。To Doバーの表示順を変更したい場合は、下のヒントを参考に、いったん非表示にして表示したい順に選択し直してください。また、複数のTo Doバーを表示しているときは、To Doバーの区切り線にマウスポインターを合わせ、マウスポインターが⇔の形のときに上下にドラッグすれば、分割位置を変更できます。

1 予定表のTo Doバーを表示する

ここではメールの画面に予定表のTo Doバーを表示する

1 [表示]タブをクリック
2 [レイアウト]をクリック

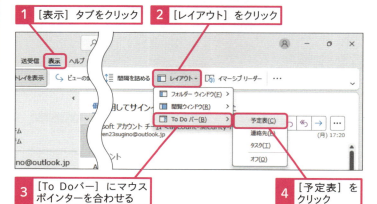

3 [To Doバー]にマウスポインターを合わせる
4 [予定表]をクリック

💡 使いこなしのヒント
To Doバーを非表示にするには

すべてのTo Doバーを非表示にするには、手順2の画面で[オフ]をクリックします。どちらか片方を非表示にするときは、予定表やタスクのTo Doバーの右上にある[プレビューの固定を解除]ボタンをクリックしましょう。

2 タスクのTo Doバーを表示する

画面の右側に予定表のTo Doバーが表示された
予定表のTo Doバーの下にタスクのTo Doバーを表示する

1 [レイアウト]をクリック
2 [To Doバー]にマウスポインターを合わせる

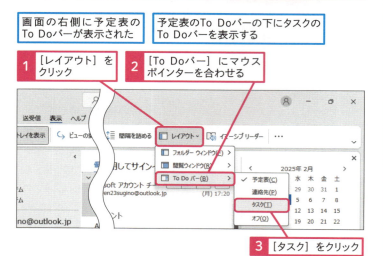

3 [タスク]をクリック

1 [レイアウト]をクリック
2 [To Doバー]をクリック

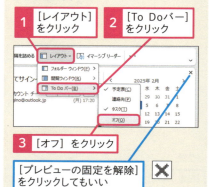

3 [オフ]をクリック
[プレビューの固定を解除]をクリックしてもいい

👍 スキルアップ

To Doバーでタスクの登録や予定の確認ができる

To Doバーを表示しておけば、思い付いたときにすぐに新しいタスクを作成できます。以下の手順のように件名を入力したり、フラグを設定したりするといいでしょう。また、予定表のTo Doバーで日付をクリックすると、選択した日付以降の予定が表示されます。

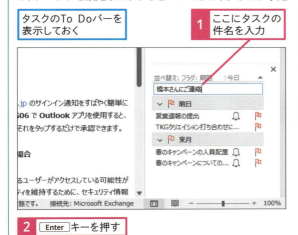

タスクのTo Doバーを表示しておく
1 ここにタスクの件名を入力
2 Enter キーを押す

タスクが登録され、To Doバーに表示された
ここをクリックすると、タスクが完了する
ここをクリックすると、分類項目を設定できる

● タスクのTo Doバーが表示された

画面の右下にタスクのTo Doバーが表示された

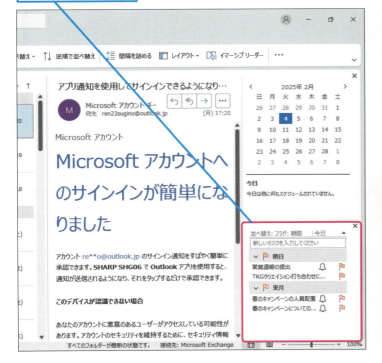

💡 使いこなしのヒント

フォルダーごとにTo Doバーの表示が設定される

このレッスンでは、メールを表示している状態でTo Doバーを表示しました。しかし、予定表やタスク、連絡先の画面にはTo Doバーが表示されません。予定表やタスクなどの画面に切り替えたときは、手順1の方法でTo Doバーを表示してください。

まとめ　To Doバーを見れば、今やるべきことが分かる

To Doバーには、直近の予定のほか、タスクの一覧が表示され、今、すべきことがひと目で分かります。タスクのTo Doバーでは、タスクとフラグ付きメールをまとめて確認できます。また、連絡先のTo Doバーも表示できます。自分の好みに合わせて設定しましょう。

レッスン 93 To Doバーの表示内容を変更するには

列の表示

タスクのTo Doバーは、このレッスンの方法で表示内容を変更できます。自分の用途に合わせて、表示内容や表示順を変更するといいでしょう。

キーワード

To Doバー	P.309
タスク	P.311
ビュー	P.312

1 To Doバーの表示を設定する画面を表示する

ここではレッスン92で表示したタスクのTo Doバーの表示内容を変更する

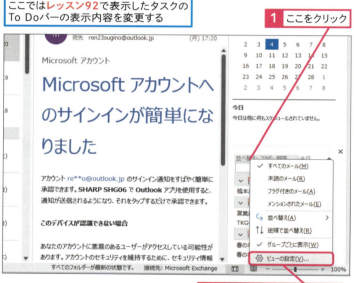

1 ここをクリック
2 [ビューの設定]をクリック

[ビューの詳細設定]ダイアログボックスが表示された

3 [列]をクリック

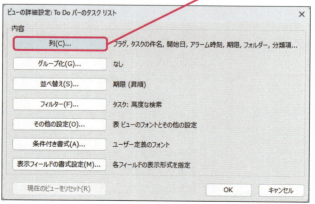

使いこなしのヒント

To Doバーに表示されたタスクを並べ替えるには

下の手順で[今日]をクリックすると、上から[来月][来週][今週][今日]といった順番でタスクを表示できます。また、手順1の方法で[並べ替え]の一覧を表示し、[種類]や[重要度]をクリックしてもタスクの並べ替えができます。

1 [今日]をクリック

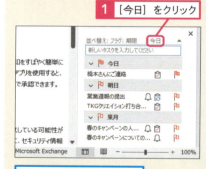

タスクが降順で並び替わる

ここに注意

手順2の操作2で間違った項目を削除したときは、[キャンセル]ボタンをクリックして、操作をやり直します。なお、手順1の操作3の画面で[現在のビューをリセット]ボタンをクリックすると、ビューの設定を元に戻せます。

2 To Doバーの表示内容を設定する

ここではアイコンを表示する

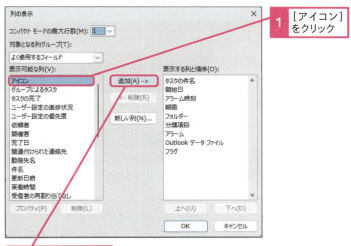

1 [アイコン]をクリック

2 [追加]をクリック

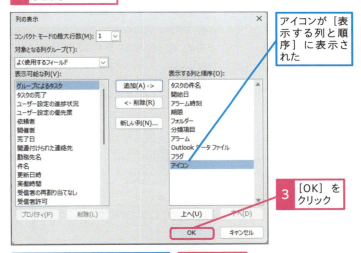

アイコンが[表示する列と順序]に表示された

3 [OK]をクリック

[ビューの詳細設定]ダイアログボックスが表示される

4 [OK]をクリック

To DOバーに表示されていなかったアイコンが表示された

使いこなしのヒント
To Doバーの幅を調節できる

To Doバーの左端を左右方向にドラッグすることで表示幅を自由に変更できます。

区切り線をドラッグして幅を変更できる

使いこなしのヒント
タスクの行数を増やすには

手順2の操作1の画面で[コンパクトモードの最大行数]の行数を増やすと、タスクの期限やアラーム時刻などが表示されるようになります。ただし、To Doバーに表示されるタスクの数が減るので、必要に応じて設定を変更しましょう。

使いこなしのヒント
表示項目を追加するには

タスクに表示される項目を追加するには、[表示可能な列]にある項目を選択して[追加]ボタンをクリックします。[表示可能な列]に表示されていない項目は、[対象となる列グループ]の▽をクリックしてフィールドの種類を変更します。例えば[作成日時]を追加するときは、[日時フィールド]を選択します。

まとめ
使いやすいようにTo Doバーをカスタマイズしよう

このレッスンでは、アイコンを表示にする方法を紹介しました。しかし、これはカスタマイズできる内容の一例です。[ビューの詳細設定]ダイアログボックスを利用すれば、タスクのグループ化や並び順、件名の書式なども変更できます。

レッスン 94 メールの一覧性を上げた表示を作るには

［受信トレイ］フォルダーのカスタマイズ

パソコンの画面は横長ですが、長期間にわたるメールの一覧を確認する場合などは、少しでも多くのメールが一画面に並んでいてほしいものです。ここでは、そのような目的のために、一時的にメール一覧での閲覧ウィンドウを非表示にしてみます。

キーワード

閲覧ウィンドウ	P.310
ビュー	P.312

使いこなしのヒント
表示を初期状態に戻せるようにするには

表示をあれこれと変更しているうちに、元の状態がどうなっていたかがわからなくなってしまうことがあります。現在のビューを新しいビューとして「初期状態」などというビュー名で保存しておけば、変更の結果、使いにくくなってしまっても簡単に元の見え方に戻すことができます。詳しくはレッスン96を参照してください。

1 閲覧ウィンドウを非表示にする

1 ［表示］タブをクリック
2 ［レイアウト］をクリック

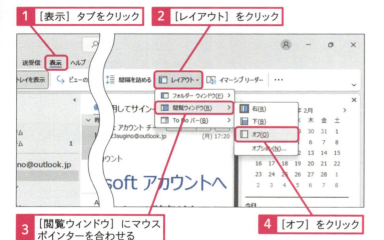

3 ［閲覧ウィンドウ］にマウスポインターを合わせる
4 ［オフ］をクリック

閲覧ウィンドウが非表示になった

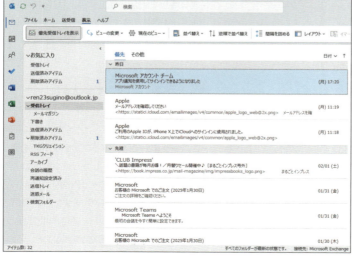

1 ［ビューの変更］をクリック

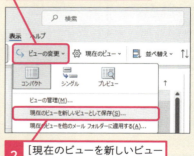

2 ［現在のビューを新しいビューとして保存］をクリック

3 ビュー名を入力

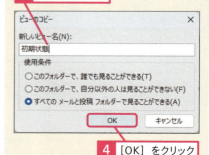

4 ［OK］をクリック

2 表示するメールの数を増やす

1 [表示] タブをクリック
2 [間隔を詰める] をクリック

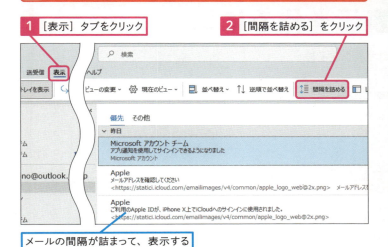

メールの間隔が詰まって、表示するメールの数が増えた

3 メールのプレビューを無効にする

1 [表示] タブをクリック
2 [現在のビュー] をクリック
3 [メッセージのプレビュー] にマウスポインターを合わせる
4 [無効にする] をクリック
5 [すべてのメールボックス] をクリック

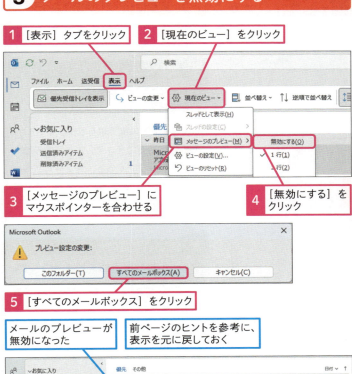

メールのプレビューが無効になった

前ページのヒントを参考に、表示を元に戻しておく

使いこなしのヒント
作った表示はビューとして保存できる

レッスン96で解説しているように、ここで作った見え方は、オリジナルのビューとして保存し、簡単に切り替えることができるようにしておけます。並び替えなどを工夫し表示に凝ったビューを作ったときには、保存して再利用できるようにしておきましょう。

まとめ　自分に最適な表示を作り出してみよう

受信トレイの表示は、フォルダーごとの用途に応じて切り替えて使うことができます。日付順に並んでいたり、差出人ごとに並んでいたり、スレッドに分類されているなど、メールを整理し、大量の情報を素早く消化するための工夫をします。Outlookのビューは、メール一覧の見え方を、そのときの目的に最適なものとなるように設定する機能です。目的に応じて積極的に切り替えましょう。そういう意味では見え方を気にせず、整理もせずに、ただ情報を放り込んでおくだけでもいいのかもしれません。

94 [受信トレイ] フォルダーのカスタマイズ

レッスン 95 タスクの進捗管理に特化した表示を作るには

[タスク]フォルダーのカスタマイズ

YouTube動画で見る
詳細は2ページへ

画面が煩雑になりがちなタスク一覧の標準ビューに手を加え、自分専用のタスク一覧を作りましょう。ビューを変更することで、必要な情報だけを表示できます。

キーワード

タスク	P.311
ビュー	P.312
フィールド	P.312

用語解説

フィールド

1つ1つのタスクは件名や開始日、期限といった複数の項目で構成されています。これらの項目のことをフィールドと呼びます。Excelにたとえると、タスクが行に相当し、フィールドは列に相当すると考えればいいでしょう。

1 フィールドを削除する

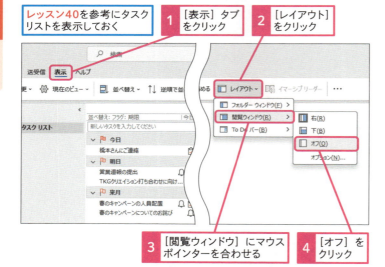

レッスン40を参考にタスクリストを表示しておく

1 [表示]タブをクリック
2 [レイアウト]をクリック
3 [閲覧ウィンドウ]にマウスポインターを合わせる
4 [オフ]をクリック

閲覧ウィンドウが非表示になった

ここでは[開始日]のフィールドを削除する

5 [開始日]を右クリック

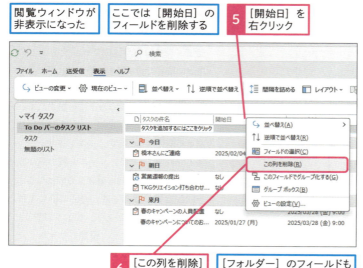

6 [この列を削除]をクリック

[フォルダー]のフィールドも同様に削除しておく

使いこなしのヒント

フィールドの表示幅は自動調整できる

フィールド間の境界線をドラッグすると、表示幅を変更できます。また、境界線をダブルクリックすると、フィールド内のデータのうち、最も長い文字列に合わせて幅が調整されます。

使いこなしのヒント

フィールドの表示幅もビューの一部

アイテムの内容によってはフィールドの表示幅が足りずに、ビューが見にくくなることがあります。その場合はフィールドの境界線をドラッグして幅を調整します。

ここに注意

手順1の操作6で間違ったフィールドを削除してしまった場合は、手順2を参考にもう一度そのフィールドを追加します。

2 フィールドを追加する

[開始日]と[フォルダー]の
フィールドが削除された

1 フィールドを右クリック

2 [フィールドの選択]をクリック

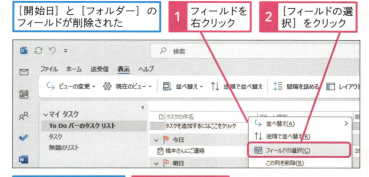

[フィールドの選択]の
画面が表示された

3 [タスクの完了]をクリック

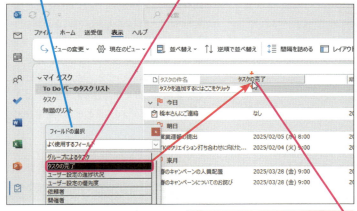

4 [タスクの件名]と[アラーム時刻]の境界線にドラッグ

[タスクの完了]のフィールドが追加された

追加されたチェックボックスをクリックすると、タスクが完了の状態になる

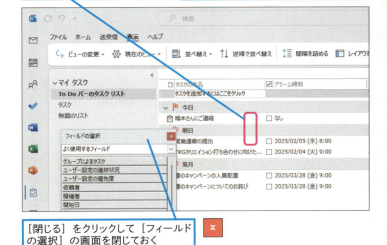

[閉じる]をクリックして[フィールドの選択]の画面を閉じておく

使いこなしのヒント

項目の表示順を変更するには

フィールドの表示順は、フィールドの見出しをドラッグして入れ替えができます。赤い矢印（⬇）が表示されている位置を確認してマウスのボタンを離すと、見出しがその位置に移動し、表示順が変わります。

1 [タスクの完了]にマウスポインターを合わせる

2 [期限]の左側にドラッグ

フィールドの表示順が変わる

使いこなしのヒント

ビューを初期状態に戻すには

カスタマイズしたビューをいったん初期状態に戻すには、[表示]タブの[現在のビュー]をクリックして[ビューのリセット]をクリックします。フィールドや閲覧ウィンドウの表示もすべてリセットされます。

まとめ 必要な情報だけを画面に表示する

Outlookのビューは、汎用的である半面、用途や目的によっては使いにくく感じることもあります。アイテムの種類は同じでも、それを扱うときに必要な項目、また、見やすいと感じる項目の表示順序が違うからです。もちろん、アイテムを一覧する目的によっても見やすいビューは異なります。標準のビューを変更し、自分で使いやすいビューを作成すれば、Outlookの使い勝手がさらに高まります。複数のビューを作成しておき、必要に応じて切り替えることもできます。詳しくは、次のレッスンで解説します。

レッスン 96 作成した表示画面を保存するには

ビューの管理

使いやすいビューが出来上がったら名前を付けて保存しておきましょう。複数のビューを用意しておけば、用途に応じて簡単に切り替えることができます。

キーワード

タスク	P.311
ビュー	P.312
フォルダー	P.312

使いこなしのヒント
現在のビュー設定って何？

既存のビュー設定に、少しでも変更を加えた場合、それは「現在のビュー設定」という一時的なビューとして扱われます。ビューを変更し、それをまた使いたいと思ったら、「現在のビュー設定」をコピーし、名前を付けて保存しておきます。こうしておけば、いつでもそのビューを呼び出せます。

1 ビューを保存する

ここでは**レッスン95**で作成したタスクのビューを保存する

1 [表示] タブをクリック

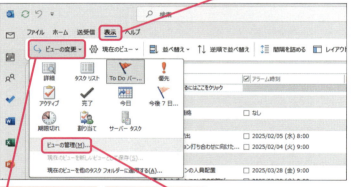

2 [ビューの変更] をクリック

3 [ビューの管理] をクリック

[すべてのビューの管理] ダイアログボックスが表示された

4 [現在のビュー設定] をクリック

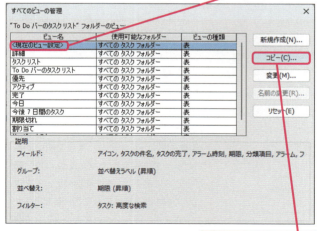

5 [コピー] をクリック

使いこなしのヒント
ビューの [使用条件] って何？

作成したビューをそのフォルダー専用のものにするか、ほかのフォルダーでも使えるようにするのかを、次ページの操作6の画面の [ビューのコピー] ダイアログボックスで設定できます。ビューの数が多い場合は、特定のフォルダー専用にした方がいい場合もありますが、少ないうちはすべてのフォルダーで見ることができるようにしておいた方が便利です。

ここに注意

次ページの操作6の画面でビューの名前を間違えて付けてしまった場合は、次ページの操作9で [名前の変更] ボタンをクリックして名前を変更します。

● ［ビューのコピー］ダイアログボックスが表示された

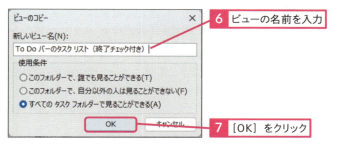

6 ビューの名前を入力
7 ［OK］をクリック

［ビューの詳細設定］ダイアログボックスが表示された

タイトルバーに操作6で入力したビューの名前が表示される

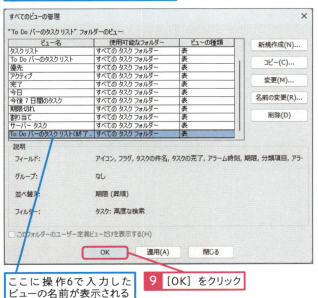

8 ［OK］をクリック

［すべてのビューの管理］ダイアログボックスが表示された

ここに操作6で入力したビューの名前が表示される

9 ［OK］をクリック

使いこなしのヒント

標準のビューはいつでも元に戻せる

［すべてのビューの管理］ダイアログボックスでは、任意のビューをクリックすると、右側に並ぶボタンのうち、一番下のボタンが［削除］または［リセット］に変わります。自分で作ったものは［削除］、標準で用意されているものは［リセット］となり、標準の設定を変更している場合は、リセットすることで初期状態に戻せます。

使いこなしのヒント

並べ替えの順序やフィルターの設定もできる

操作8の画面で、それぞれのボタンをクリックし、ビューの表示をさらに細かく設定できます。特に、［その他の設定］では、フォントに関する設定など、表の見え方を細かく調整し、ビューの完成度を高められます。

使いこなしのヒント

作ったビューを削除するには

自分で作成したビューを削除するには、［すべてのビューの管理］ダイアログボックスで、削除したいビューを選択し、［削除］ボタンをクリックします。

1 削除するビューをクリック

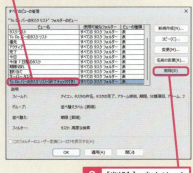

2 ［削除］をクリック

2 ビューをリセットする

変更したビューを元に戻す

1 [表示] タブをクリック
2 [現在のビュー] をクリック

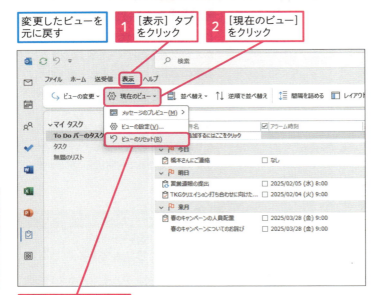

3 [ビューのリセット] をクリック

元のビューに戻すかどうかを確認する画面が表示された

4 [はい] をクリック

ビューが元に戻った

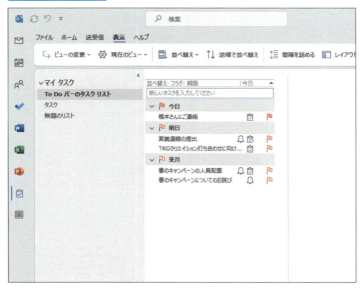

使いこなしのヒント
ビューに加えた変更はそのまま保存される

項目の追加や削除、表示順序など、ビューに加えた変更は、リセットの操作をしない限り、そのまま保存され、次にそのビューを呼び出したときにも、以前の状態が再現されます。

使いこなしのヒント
ビューの設定を簡単に変更するには

作成したビューは、[ビューの変更] ボタンの一覧に表示されます。ビューを右クリックして [ビューの設定] を選択すると、手順1の操作8の [ビューの詳細設定] ダイアログボックスをすぐに表示できます。

1 [ビューの変更] をクリック

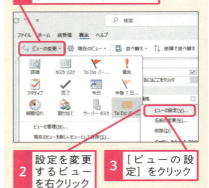

2 設定を変更するビューを右クリック
3 [ビューの設定] をクリック

[ビューの詳細設定] ダイアログボックスが表示される

⚠ ここに注意

手順2の操作4で間違って [いいえ] ボタンをクリックした場合は、もう一度、手順2の操作1から操作をやり直します。

3 保存したビューに切り替える

手順4で保存したビューに切り替える

1 [ビューの変更]をクリック

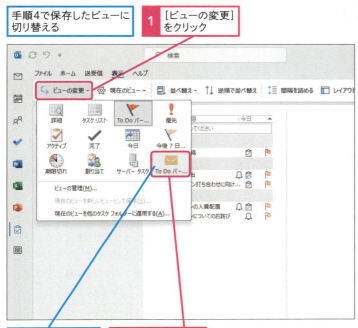

2 保存したビューをクリック

保存したビューが表示された

タスクのビューが保存したビューに切り替わった

時短ワザ
素早くビューを保存するには

表示中のビューに変更を加えたものを素早く保存するには、以下の手順で操作します。

レッスン95を参考にビューを作成しておく

1 [ビューの変更]をクリック

2 [現在のビューを新しいビューとして保存]をクリック

[ビューのコピー]ダイアログボックスが表示された

3 ビューの名前を入力

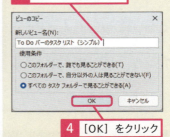

4 [OK]をクリック

まとめ
作ったビューは保存しよう

ビューは自分の好きなものをいくつでも作成できます。表示する必要のない項目を非表示にし、任意の順序で並べ替えるだけで目的に応じた専用のビューが完成します。[ビューのリセット]ボタンで、いつでも元の状態に戻せるので、安心して変更を加えていきましょう。そして、作成したビューが役に立ちそうなら、いつでも呼び出せるように保存しておきます。

レッスン 97 よく使う機能のボタンを追加するには

クイックアクセスツールバー

リボンの下に常に表示されるクイックアクセスツールバーには、自由にボタンを配置できます。自分がよく使う機能のボタンを登録しておきましょう。

キーワード	
Outlookのオプション	P.308
クイックアクセスツールバー	P.310
全員に返信	P.311

1 クイックアクセスツールバーを表示する

クイックアクセスツールバーがすでに表示されているときは手順2に進む

1 ［リボンの表示オプション］をクリック

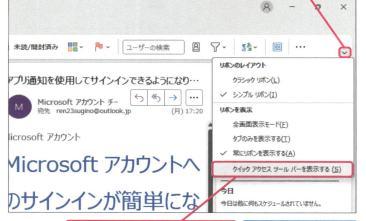

2 ［クイックアクセスツールバーを表示する］をクリック

クイックアクセスツールバーが表示される

時短ワザ
クイックアクセスツールバーからボタンを削除するには

ボタンを右クリックして［クイックアクセスツールバーから削除］をクリックすることで、必要のないボタンを削除できます。

1 削除するボタンを右クリック

2 ［クイックアクセスツールバーから削除］をクリック

選択したボタンがクイックアクセスツールバーから削除される

スキルアップ
リボンにあるボタンをクイックアクセスツールバーに追加できる

登録したいボタンがリボンに表示されているときは、リボンのボタンを右クリックして［クイックアクセスツールバーに追加］をクリックする方法が簡単です。

1 追加するボタンを右クリック

2 ［クイックアクセスツールバーに追加］をクリック

選択したボタンがクイックアクセスツールバーに追加される

スキルアップ
リボンにないボタンも追加できる

リボンにボタンとして表示されていない機能などもクイックアクセスツールバーのボタンとして追加できる可能性があります。[Outlookのオプション]ダイアログボックスの[クイックアクセスツールバー]にある[コマンドの選択]から[すべてのコマンド]を選択すると、Outlookで利用できるすべての機能が表示されます。また、表示順を変えるには、[クイックアクセスツールバーのユーザー設定]でボタンをクリックし、[上へ]ボタンや[下へ]ボタンをクリックしてください。

[ファイル]タブの[オプション]をクリックして、[Outlookのオプション]ダイアログボックスを表示しておく

1 [クイックアクセスツールバー]をクリック
2 クイックアクセスツールバーに追加するボタンをクリック

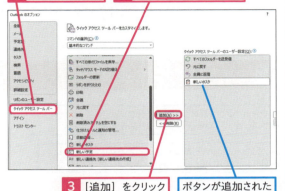

3 [追加]をクリック
ボタンが追加された
4 [OK]をクリック

2 クイックアクセスツールバーにボタンを追加する

ここではクイックアクセスツールバーに[全員に返信]のボタンを追加する

◆クイックアクセスツールバー

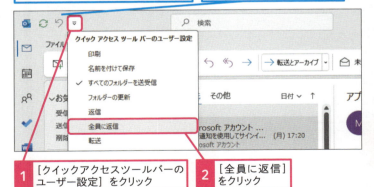

1 [クイックアクセスツールバーのユーザー設定]をクリック
2 [全員に返信]をクリック

クイックアクセスツールバーに[全員に返信]のボタンが追加された

⚠ ここに注意

間違ったボタンを追加してしまった場合は、前ページのヒントの手順を参考にボタンを削除します。

まとめ 最も利用頻度の高いボタンを追加しよう

クイックアクセスツールバーは、Outlookの画面に常に表示されます。クイックアクセスツールバーに利用頻度の高い機能を追加しておけば、リボンからボタンを探して操作するよりも、素早く操作ができます。リボンが折り畳まれているときでも同様です。頻繁に使う機能を登録しておくようにしましょう。

レッスン 98 リボンにボタンを追加するには

リボンのユーザー設定

リボンに表示されるボタンや項目は、Outlookで利用できる機能の一部です。ここでは、よく使う機能のボタンをリボンに追加する方法を紹介します。

キーワード	
クイックアクセスツールバー	P.310
タブ	P.312
フォルダー	P.312
予定表	P.313
リボン	P.313

使いこなしのヒント
コマンドって何？

コマンドとは、Outlookで使える1つ1つの機能のことです。Outlookのリボンでは、タブがいくつかのグループに分けられ、グループごとにコマンドがボタンとして表示されます。

1 リボンにボタンを追加する

[ファイル]タブの[オプション]をクリックして、[Outlookのオプション]ダイアログボックスを表示しておく

ここでは、メールを表示しているときの[ホーム]のリボンに[Outlook Today]のボタンを追加する

1 [リボンのユーザー設定]をクリック
2 [ホーム (メール)]をクリック

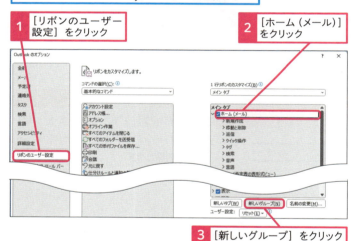

3 [新しいグループ]をクリック

[ホーム]タブに[新しいグループ]というグループが追加された

4 [コマンドの選択]をクリック

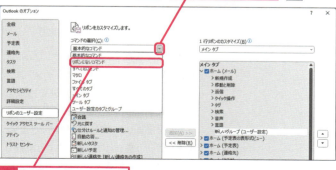

5 [リボンにないコマンド]をクリック

ここに注意
手順1の操作5で間違ったコマンドのグループを選択した場合は、もう一度操作をやり直し、正しいコマンドのグループを表示します。

● リボンに表示されていない項目の一覧が表示された

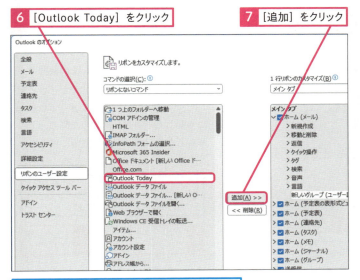

手順1で追加したグループに[Outlook Today]のボタンが追加される

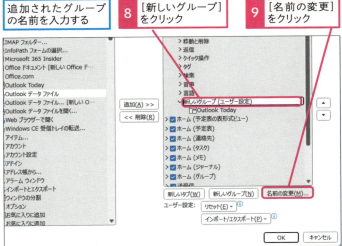

[名前の変更]ダイアログボックスが表示された

使いこなしのヒント

追加したグループを削除するには

追加されたリボンのグループは操作6の画面で、中央にある[削除]ボタンをクリックしていつでも削除できます。また、標準で用意されているリボンのグループでも、使わないボタンについては削除することができます。リボンのカスタマイズ結果は、[リセット]ボタンでいつでも初期状態に戻せます。

使いこなしのヒント

リボンのアイコンを選択できる

追加したコマンドに標準のアイコンがない場合は、操作10で名前を入力するときに、ボタンのアイコンを指定することができます。機能を想像しやすい絵柄のアイコンを選んで設定しておきましょう。

次のページに続く→

できる 281

● リボンの設定を保存する

グループの名前が入力された

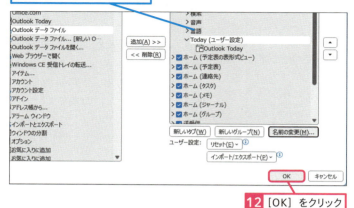

12 [OK] をクリック

作成した [Today] のグループに [Outlook Today] のボタンが表示された

2 追加したボタンを動作させる

メールを表示しておく

追加したボタンをクリックして動作を確認する

1 [その他のコマンド] をクリック

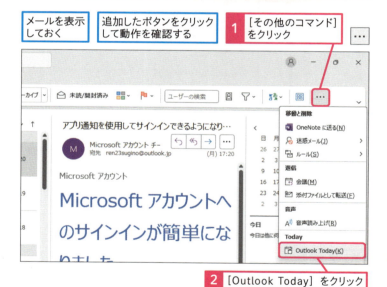

2 [Outlook Today] をクリック

[Outlook Today] の画面が表示された

[受信トレイ] をクリックすればメールの表示に戻せる

使いこなしのヒント

タブやグループの位置を変更するには

リボンに表示されるタブやグループは、表示順の変更もできます。左の画面でタブやグループを選択し、[上へ] ボタンや [下へ] ボタンをクリックしましょう。上に移動した項目がリボンの左側に、下に移動した項目がリボンの右側に表示されます。

[ファイル] タブの [オプション] をクリックして、[Outlookのオプション] ダイアログボックスを表示しておく

1 グループをクリック　　2 [上へ] をクリック

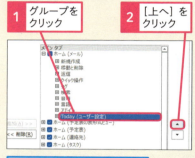

グループの位置が変更された

まとめ　利用頻度の高いボタンを追加しよう

Outlookのリボンは、クイックアクセスツールバーとは違い、メールや予定表など表示する画面ごとに細かくカスタマイズできます。このレッスンではボタンを追加する手順を解説しましたが、使わないボタンを削除したり、よく使うボタンだけをまとめて [ホーム] タブに表示したりすれば、Outlookがより使いやすくなるでしょう。

スキルアップ
Outlook Todayですべての情報を管理する

このレッスンで追加したOutlook Todayは、メールや予定表、タスクを一画面で表示し、その日の概要をひと目で分かるようにしたものです。細かいカスタマイズも可能で、Outlookの起動時に必ず、この画面を表示するように設定することもできます。また、OutlookTodayは、フォルダーウィンドウに表示されたアカウント名をクリックすることでも表示できます。

●予定表のカスタマイズ

前ページの手順を参考に［Outlook Today］の画面を表示しておく

1 ［Outlook Todayのカスタマイズ］をクリック

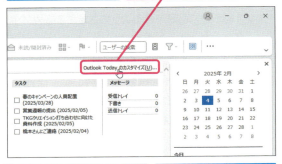

［Outlook Todayのカスタマイズ］の画面が表示された

ここでは表示される予定の期間を変更する

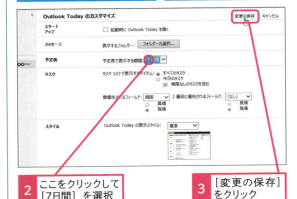

2 ここをクリックして［7日間］を選択

3 ［変更の保存］をクリック

今後7日間の予定が表示されるようになった

●フォルダーのカスタマイズ

1 左の手順を参考に［Outlook Todayのカスタマイズ］の画面を表示

2 ［フォルダーの選択］をクリック

［フォルダーの選択］ダイアログボックスが表示された

3 表示するフォルダーをクリック

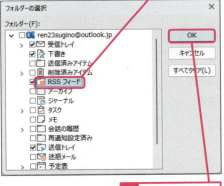

4 ［OK］をクリック

［Outlook Todayのカスタマイズ］の画面が表示された

5 ［変更の保存］をクリック

選択したフォルダーが表示される

この章のまとめ

スムーズな仕事は見やすい表示から生まれる

Outlookを使うことで、蓄積された大量の情報を、自分の望むスタイルで眺められるようになります。パソコンの狭い一画面でも、少しでも多くのメールを一覧できるようにビューを変更するといったことは、ほんの一例にすぎません。表示をちょっとカスタマイズするだけで、今まで見えなかったものが偶然見つかることもあるかもしれません。検索は条件に合致した項目を抽出する機能ですが、抽出された情報をどのように眺め、何を見つけ出すことができるかは、人それぞれで違うからです。また、アプリの操作方法についても、ストレスなく思ったことができるようにさまざまなカスタマイズができます。この章で紹介したTo Doバーのほか、ビューやクイックアクセスツールバー、リボンのカスタマイズ機能を利用して、快適にOutlookを使えるようにしてみましょう。きっと長年愛用している道具のように、愛着を感じられるようになるでしょう。

To Doバーなど、表示する項目を細かく設定できる

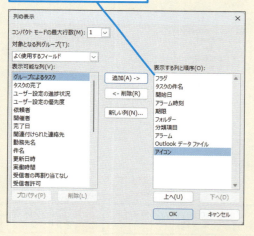

ビューは簡単にリセットできる

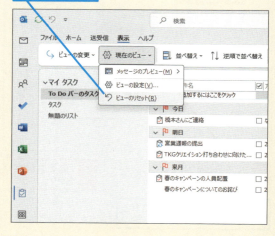

メールやタスク、予定表のビューをカスタマイズしたら、素早く確認できるようになってグッと仕事のミスが減ってきた気がします！

ボタンをカスタマイズできるのも、いいですね。自分だけのOutlookという感じもして、楽しくなってきました。

表示のカスタマイズは簡単に切り替えられるのもポイントだよね。用途に合わせて切り替えて使うのもいいと思うよ。そして自分だけのOutlookにできるっていうのもいいところといえるね！

活用編

第11章

生成AIでメールの処理をもっとスピードアップしよう

ここ数年でビジネス利用が急速に進んだAI。パソコンを利用する際の、あらゆる場面で役に立ちます。もはやAIを使わなければビジネスシーンで生き残れないとまで言われています。もちろんOutlookでも、強力なパートナーとして作業の効率化に貢献してくれます。この章では、その活用についてMicrosoftのAIアシスタント「Copilot」との組み合わせにおける事例を紹介しましょう。

99	生成AIの特長を知ってメール処理を効率化しよう	286
100	メールの下書きを生成するには	288
101	生成された下書きを調整するには	290
102	メールの要約を生成するには	292
103	作成したメールを生成AIで見直すには	294

レッスン **99**

Introduction この章で学ぶこと
生成AIの特長を知ってメール処理を効率化しよう

Outlookにおける生成AIの代表的な利用方法のひとつが、メール関連の作業です。企業や学校といった組織内でのやりとりはもちろん、取引先、顧客とのコミュニケーションでは、意図を正確に伝えるためのメールをスピーディに下書きさせたり、長いメールの要約を得たり、自分で書いたメールをブラッシュアップさせるといった場面で役に立ちます。基本的には有料のサービスですが、無料のCopilotでも同様のことができます。

メールの下書きはAIアシスタント「Copilot」にお任せ！

うーん……。

おや？ どうしたんだい2人とも。困りごとかな？

お客様へ返信しなければならないメールが多くて……。

他部署からメールで大量の問い合わせが……。

2人とも大量のメールを作成しなければならないので困っていたようだね。そんなときはAIアシスタント「Copilot」を使ってみてはどうだろう？

AIアシスタント？ 最近よく聞くChatGPTみたいなものですか？

その通り！ Copilotは生成AIの1つで、Outlookから呼び出して使えるのが大きな特長だよ。メールの内容を指示するだけで、下書きを生成してくれるから、仕事が捗るよ！

活用編 第11章 生成AIでメールの処理をもっとスピードアップしよう

長文のメールも素早く要約できる

外出していて出席できなかった会議の議事録メールをチェックしなきゃ……。どれも長文でチェックがたいへん……。

そんなときもCopilotが役立つよ！長文のメールでもワンクリックで数行に要約してくれる！

数行にまとめてくれるんですか！？ それなら何件あっても素早くチェックできそうです！

作成したメールをブラッシュアップできる

新製品を営業するためのメール案を作ったけど、自信がありません…。先輩にアドバイスをもらいたいけど、外出中なのよね……。

Copilotのコーチングという機能を使えばいいよ！下書きとして作成したメールを多角的な視点でチェック、アドバイスを生成してくれる！

これなら客観的にチェックできていいですね！ぜひ使ってみたいです！

レッスン 100 メールの下書きを生成するには

YouTube動画で見る
詳細は2ページへ

Copilot、下書き

相手に伝えたい基本的な情報を箇条書きなどにすれば、そこから素早くメールの文面を作成させることができます。できあがった下書きを読み直して不満がなければそのまま送信できます。

1 下書きの生成を開始する

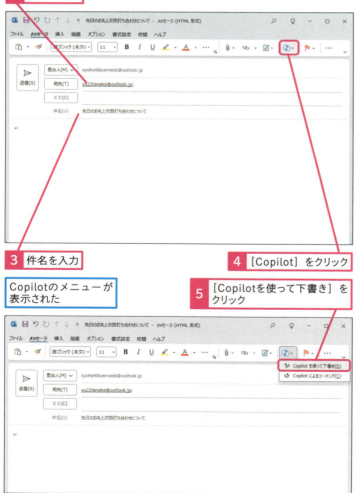

- ここではMicrosoft 365のOutlookを利用する
- 1 レッスン11を参考に新しいメールを作成しておく
- 2 宛先を入力
- 3 件名を入力
- 4 [Copilot] をクリック
- Copilotのメニューが表示された
- 5 [Copilotを使って下書き] をクリック

キーワード

Copilot	P.307
下書き	P.311

用語解説

Copilot

マイクロソフトのAIアシスタント。OpenAIのChatGPTをベースに個人向け、一般企業向け、大企業向けのバリエーションが用意されている。チャット型式の対話ができるのはもちろん、有料サービスではOutlookやExcel、Teamsといったアプリケーション内サービスとしても利用できる。

使いこなしのヒント

EdgeのCopilotで下書きを生成することもできる

Copilotは有料のサービスで、個人向け、大企業向け、一般企業向けのものなど、いくつかのバリエーションが提供されています。また、Windows 標準のサービスとして、ブラウザーのMicrosoft Edgeなどと組み合わせてCopilotを無料で使うこともできます。

- Microsoft Edgeを起動しておく
- 1 [Copilot] をクリック
- 2 下書きの指示を入力
- 3 メッセージの送信をクリック

2 生成された下書きを反映する

メールの内容を入力する画面が表示された

1 生成したいメールの指示を入力

2 [生成] をクリック

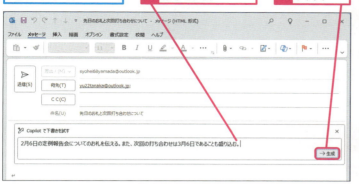

メールの下書きが生成された

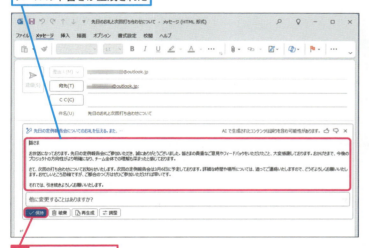

3 [保存] をクリック

メール本文に生成された下書きが入力された

👍 スキルアップ

下書きを生成し直せる

下書きを読んで追加したい文言や修正をさせたい場合は、その旨を指示して再生成させます。

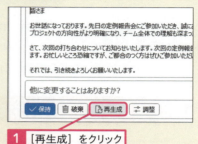

1 [再生成] をクリック

再生成された下書きが表示される

💡 使いこなしのヒント

生成された複数の下書きを切り替えられる

指示の結果、複数の下書きが生成される場合があります。切り替えてどちらか適したものを選びましょう。

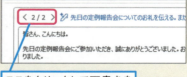

ここをクリックして下書きを切り替えられる

まとめ　新規メールの作成にかかる時間をスピードアップできる

Copilotに指示してメールを下書きさせれば、ゼロからメールを書き起こすことなく、箇条書きでの指示などから最適なメールの文面を生成することができます。いろいろな場面で活用してみましょう。作業の時短に大きく貢献します。

レッスン 101 生成された下書きを調整するには

Copilot、下書きの調整

Copilotが生成した下書きが内容的には満足できても、その表現に不満がある場合などは、下書きをさらに調整させることができます。文面の長短や表現方法などを指示しましょう。

🔍 キーワード

Copilot	P.307
下書き	P.311

💡 使いこなしのヒント

EdgeのCopilotで下書きを調整するには

ブラウザーのEdgeから使えるCopilotが生成した下書きを調整させるには、調整の指示とともに生成された文面を与え、再生成させます。

レッスン100のヒントを参考にEdgeでCopilotを表示しておく

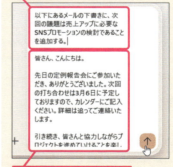

1 調整の指示を入力

2 調整したい下書きを貼り付け

1 下書きの調整を実行する

1 レッスン100を参考にメールの下書きを生成しておく

2 [調整]をクリック

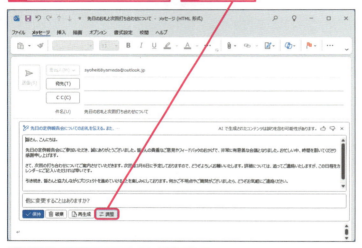

文書のトーンを選ぶメニューが表示された

3 [短くする]をクリック

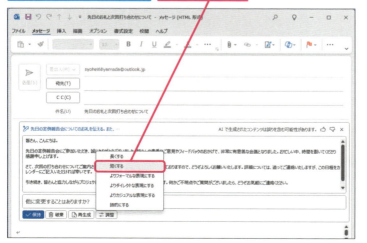

⚠️ ここに注意

指示内容によっては延々と長文が生成され続けたり、Copilotが考え込んで結果の表示までに時間がかかり過ぎたりすることがあります。生成を止めるには[生成の停止]をクリックします。

活用編　第11章　生成AIでメールの処理をもっとスピードアップしよう

290　できる

● 下書きの調整が実行された

短く調整された下書きが生成された

ここではさらに生成された下書きに
文章を追加して再生成する

4 入力ボックスを
クリック

2 指示を追加して再生成する

入力ボックスに追加したい
指示を入力する

1 追加したい内容の
指示を入力

2 ［→］をクリック

追加した指示に応じ、
下書きが再生成された

［保持］をクリックすると、生成された
文章がメール本文に入力される

使いこなしのヒント
生成結果を評価できる

生成された結果については2つのボタンで評価することができます。その評価は今後の生成にも影響を与えます。明確によかったり悪かったりした場合はボタンをクリックして評価するようにしましょう。

2つのボタンで生成結果に
対して評価ができる

使いこなしのヒント
指示として入力する文は簡潔にする

Copilotへの指示はシンプルなものがよさそうです。余計な推測で生成結果に悪い影響を与えられないように簡潔を心がけましょう。敬語を使う必要もありません。

まとめ
下書きの修正に悩む時間を減らせる

生成された下書きを読んで、自分で細部の調整をしているくらいなら、最初から全部自分で書いた方がてっとり早いということにもなりかねません。そうしたことがないように、生成された下書きを最短の手順で調整できるようになりましょう。

レッスン 102 メールの要約を生成するには

Copilot、要約

長いメールの内容を要約させれば短時間でメールに記載された案件の経緯等を把握することができます。過去に目を通したメールでもその場で要約させれば、記憶違いなどによるミスを防げます。

1 メールの要約を実行する

1 レッスン12を参考に要約したいメールを選択しておく

2 [要約]をクリック

キーワード
Copilot	P.307
下書き	P.311
スレッド	P.311

使いこなしのヒント
スレッドにまとめられたメールも要約してくれる

同じ件名で複数回にわたってやりとりされた一連のメールはスレッドにまとめられます。それをまとめて要約すれば、ある程度の期間にわたってのコミュニケーションやディスカッションの経緯を短時間で把握できます。自分にはCCとして送られていた一連のメールを最初から読み直す場合に便利です。

ここに注意
メールを要約させる場合、対象のメールの内容があまりにも短いと要約を生成することはできません。

スキルアップ

要約された内容を引用して活用できる

生成された要約は、コピーしてそっくりそのまま使うだけではなく、必要に応じて加筆修正し、より分かりやすく適切なものにすることができます。どの程度の手を入れるかを判断し、よい結果が得られるようにしましょう。

[コピー] をクリックすると、要約された内容をコピーできる

● メールの要約が表示された

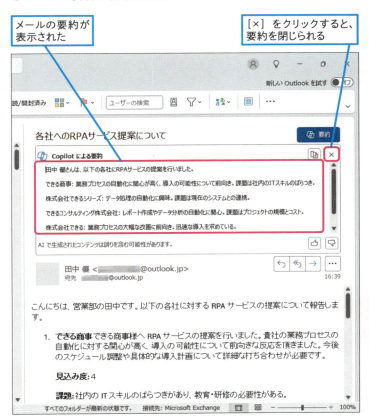

メールの要約が表示された

[×] をクリックすると、要約を閉じられる

使いこなしのヒント

元のメールも軽く目を通して確認しておこう

AIが生成するコンテンツは誤りを含む可能性があります。全面的に信頼するには時期尚早です。要約をさせた場合も、間違いがないかどうか、元の文面は必ず目を通しておくようにしたいものです。

まとめ 長文メールなどを素早く把握したいときに活用しよう

長いメールで要点がぼんやりしてしまって把握しにくい場合には、その文面を要約させ、箇条書きなどにまとめると短時間で内容を把握できます。過去の案件での事実関係をたどるような場合にも便利です。

レッスン 103 作成したメールを生成AIで見直すには

Copilot、コーチング

ゼロからメールを生成させるよりも、ある程度の下書きを自分で作り、それをブラッシュアップさせたほうがいい結果を得られることもあります。

キーワード
Copilot	P.307
下書き	P.311

使いこなしのヒント
評価内容を見ながらメールを書き換える

Copilotのコーチングによって自分で書いたメールの下書きが評価されます。その結果に目を通し、より分かりやすく明確なメールに書き換えていきましょう。

1 下書きのコーチングを開始する

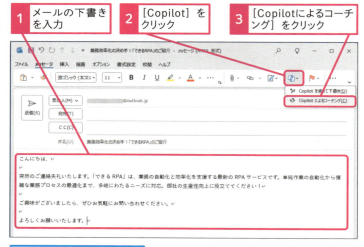

1. メールの下書きを入力
2. [Copilot] をクリック
3. [Copilotによるコーチング] をクリック

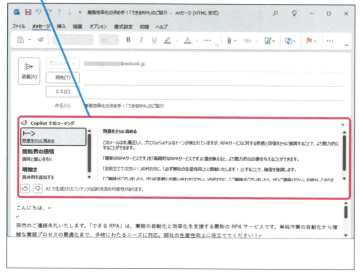

コーチングが実行され、下書きの評価が表示された

ここに注意
生成AIの生成結果を鵜呑みにするのは危険です。必ず事実関係を確認することを忘れないようにしましょう。

💡 使いこなしのヒント

コーチングできる下書きの条件を知っておこう

例えば100文字に満たないなど、下書きの文面が短いなどの理由でコーチングが実行できない場合があります。そのような場合は、文面に別の要素を加筆するか、コーチングさせるのではなく、その文言を指示として与えてCopilotに下書きさせてみましょう。

コーチングが実行できないときはメッセージが表示される

［Copilotで下書きを試す］をクリックして、下書きの生成を開始することもできる

2 評価内容を確認する

表示された3つの評価を切り替える

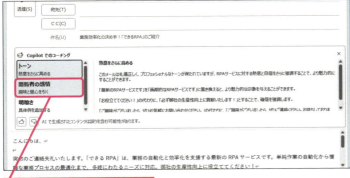

1 ［閲覧者の感情］をクリック

2つ目の評価に切り替わった

2 ［×］をクリック

下書きの評価が閉じる

まとめ
一人で悩まずにメールのクオリティアップが可能になる

書き上げたメールの文面が適切なものであるかどうかを判断するのは難しいものです。そのたびに上司にメールを評価してもらうといったこともできません。AIを使って客観的な評価が得られれば、少しずつ、質の高いメールを書くことができるようになるでしょう。

この章のまとめ

生成AIを併用すれば効率アップが期待できる！

AIの活用でメールの作成作業の効率が大幅に高まるのは間違いありません。下書きの生成や要約、コーチングなどの機能をフル活用できるようになりましょう。ただし、どのようなケースでも生成された内容をそのまま使うのは危険です。ハルシネーションと呼ばれる現象で、事実に基づかない情報を生成する可能性があるからです。あくまでも、優秀な部下程度の位置付けで、最終的には自分で内容をしっかりと確認することが重要です。

生成された下書きをそのまま使うのではなく、適宜、手を加えて使うことが重要

簡単な指示であっという間にメールの下書きが！よし、じゃあ送信……。

ちょっと待った！ 生成された文面はちゃんと確認したかな？

ええ？ じゃあ、確認してみますね……。あ、思っていた内容と違っていました。

AIは便利だけど、生成されたものをそのまま使うのは危険だよ。しっかりと確認して、場合によっては自分で手直しすることも必要だよ。

AIはあくまでサポートとして使うということですね。肝に銘じておきます！

付録1 Microsoftアカウントを新規に取得するには

ここでは、Outlookで利用するメールアカウントとして、Outlook.comのWebページからMicrosoftアカウントを新規に取得する方法を解説します。

1 Microsoft Edgeを起動する

⚠ ここに注意

ここでは、Microsoftアカウントを新規に取得する方法を紹介します。Windows 11でパソコンの初期設定時にMicrosoftアカウントを取得しているときやMicrosoftアカウントを取得済みの場合は、この付録の操作は不要です。

| デスクトップを表示しておく | | 1 [Microsoft Edge]をクリック |

| 2 アドレスバーに下記のURLを入力 | 3 Enter キーを押す |

▼Outlook.comのWebページ
https://outlook.live.com/owa/

ここでは、Microsoftアカウントを新規に取得する

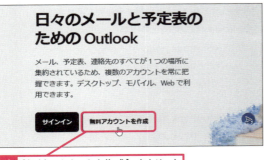

4 [無料アカウントを作成]をクリック

2 ユーザー名とパスワードを入力する

| 1 希望のユーザー名を入力 | 2 ここをクリックしてドメイン名を選択 |

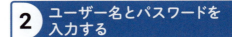

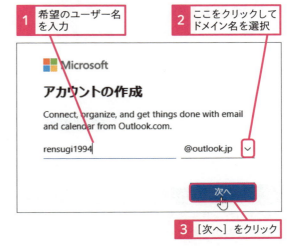

3 [次へ]をクリック

| Microsoftアカウントで利用するパスワードを入力する | パスワードは半角の英数字や記号などを組み合わせて8文字以上にする |

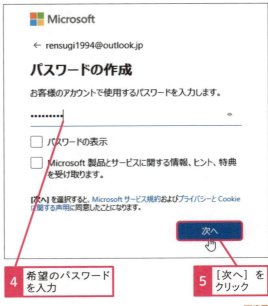

| 4 希望のパスワードを入力 | 5 [次へ]をクリック |

次のページに続く→

297

3 名前を入力する

パスワードを自動的に保存するかどうか確認されたら［保存してオンにする］か［なし］をクリックして選択しておく

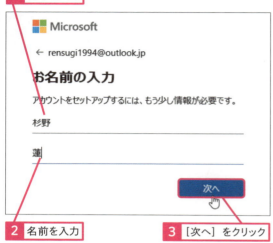

1 名字を入力
2 名前を入力
3 ［次へ］をクリック

💡 使いこなしのヒント
希望のユーザー名をほかの人が取得済みのときは

前ページの5枚目の画面でメールアカウントのユーザー名を入力したとき、すでに別の人が同じユーザー名を利用しているときは、「このメールアドレスは既に使われています。」というメッセージが画面に表示されます。その場合は、文字や数字を追加して入力し直しましょう。また、☑をクリックして、「outlook.com」や「hotmail.com」などのドメイン名（組織やグループ、所属を表す名称）を選んでも構いません。

ほかの人が使っているユーザー名を入力すると、別のユーザー名に変更することを薦めるメッセージが表示される	ユーザー名を削除し、もう一度別のユーザー名を入力し直す

4 地域情報と生年月日を入力する

続けて地域情報と生年月日を入力する

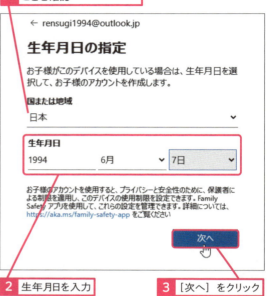

1 ［日本］が選択されていることを確認
2 生年月日を入力
3 ［次へ］をクリック

💡 使いこなしのヒント
以前利用していたアカウントも使える

Windows Live MessengerやHotmailなどのサービスを以前利用していた場合は、利用時に取得していたWindows Live IDをそのままMicrosoftアカウントに利用できます。下の表にあるアカウントを取得済みであれば、新規にMicrosoftアカウントを取得する必要がありません。

●Microsoftアカウントの種類

○△□@hotmail.co.jp
○△□@hotmail.com
○△□@live.jp
○△□@live.com
○△□@outlook.com
○△□@outlook.jp
○△□@msn.com

5 クイズに回答する

人間によるアカウント取得であることを確認する画面が表示される

1 [次へ]をクリック

2 こことここをクリックして左の画像の指の方向と同じになるまで回転させる

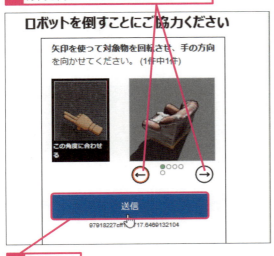

3 [送信]をクリック

⚠ ここに注意

手順5の操作2で間違ったマス目を回答してしまっても、もう一度やり直せます。異なる旨のメッセージと、別の組み合わせとして6つのマス目が表示されます。正しいマスを指定し直しましょう。

💡 使いこなしのヒント

なぜ画像の文字を入力するの？

手順5の操作2で表示される画像は6つのマス目に分かれています。そして、6つのマスのうち、ひとつだけに同一の物体が2つ表示されています。どのマスがそうなのかを正しく指定することで、コンピューターやロボットによる悪意のある攻撃ではなく、人間が操作していることを証明します。

ここではサインインの状態を維持する

4 [はい]をクリック

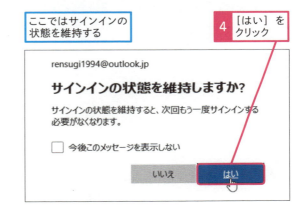

● Microsoftアカウントの新規取得が完了した

Outlook.comの画面が表示された

Webブラウザーを利用してOutlook.comのメールをやりとりできる

Microsoftアカウントを取得できたので、Microsoft Edgeを終了する

5 [閉じる]をクリック

付録

できる 299

付録2 古いパソコンからメールを引き継ぐには

プロバイダーのメールサービスのために使っていた各種メールアプリのデータはOutlookに引き継げます。ここではWindows 10などで使っていたOutlook 2021のデータをWindows 11のOutlook 2024にインポートする方法を紹介します。両方のパソコンを使える状態にしてから、引き継ぎの作業を行いましょう。

1 Outlook 2021のメールをエクスポートする

Outlook 2021を起動しておく

1 ［ファイル］タブをクリック

2 ［開く/エクスポート］をクリック

3 ［インポート/エクスポート］をクリック

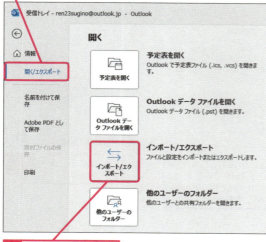

［インポート/エクスポートウィザード］が起動した

4 ［ファイルにエクスポート］をクリック

5 ［次へ］をクリック

［ファイルのエクスポート］の画面が表示された

ここではOutlook専用のファイル形式でエクスポートする

6 ［Outlookデータファイル］をクリック

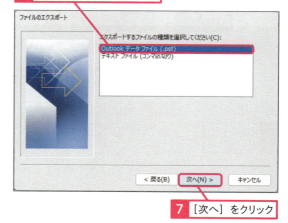

7 ［次へ］をクリック

使いこなしのヒント
エクスポートされるファイルの容量に注意しよう

長年Outlookを使ってきた場合、データの容量がとても大きくなっている可能性があります。ファイルが添付されたメールが大量にある場合は容量が大きくなりがちです。USBメモリーにメールのデータを保存するときは、あらかじめ容量が大きいものを用意しておきましょう。

使いこなしのヒント
サブフォルダーを含めるには

受信トレイや送信済みアイテムなど、Outlookの既定フォルダー以外に、自分でフォルダーを作成して使っていた場合には、[サブフォルダーを含む]にチェックを付けて作業を進めます。自分が作成したフォルダーも同時にエクスポートされます。

2 データファイルの保存場所を指定する

[Outlookデータファイルのエクスポート]の画面が表示された

ここではOutlookに保存されたすべてのフォルダーをエクスポートする

1 エクスポートするメールアカウントをクリック

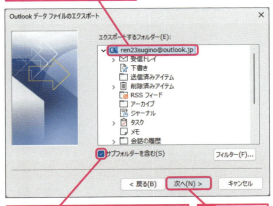

2 [サブフォルダーを含む]をクリックしてチェックマークを付ける

3 [次へ]をクリック

データファイルのファイル名を確認する画面が表示された

4 [参照]をクリック

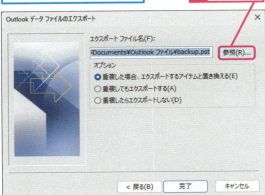

[Outlookデータファイルを開く]ダイアログボックスが表示された

ここでは、パソコンにセットしたUSBメモリーに保存する

5 USBメモリーを選択

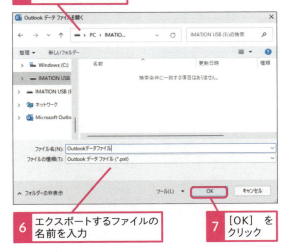

6 エクスポートするファイルの名前を入力

7 [OK]をクリック

選択したファイル名と保存先が表示された

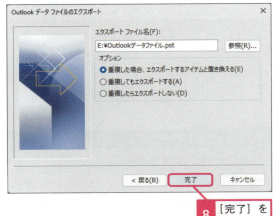

8 [完了]をクリック

3 データファイルにパスワードを設定する

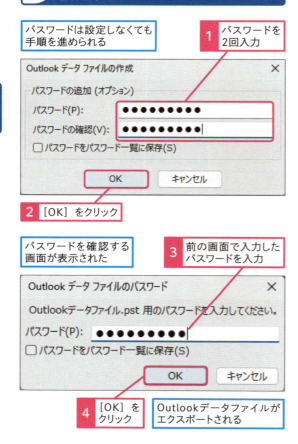

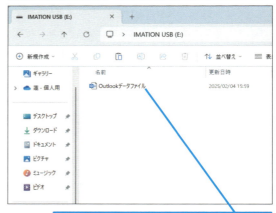

● メールがエクスポートされた

使いこなしのヒント
パスワードを設定する理由

ここではUSBメモリーにメールのデータをいったん保存します。万が一、USBメモリーを紛失するようなことがあった場合、メールの内容が第三者に読まれる可能性があります。紛失しても、個人情報等が漏洩しないよう、必ずパスワードを設定しておきましょう。

⚠ ここに注意

手順3の操作3の画面で入力したパスワードが異なるというメッセージが表示された場合、1回目に入力したパスワードと、確認のために入力した2回目のパスワードが異なっています。もう一度、正しいパスワードを入力し直します。

使いこなしのヒント
新しいOutlookでデータファイルを読み込めるの?

エクスポートされるファイルはOutlookのpstと呼ばれる形式のものです。Outlookではこの形式のファイルを開いてインポートする以外に、追加したフォルダのように読み書きすることができますが、Outlook(new)では書き込みができないなどの制限があります。今後のアップデートなどで対応することも考えられます。

4 Outlook 2024にメールをインポートする

Outlook 2024を起動しておく

ここではエクスポートしたデータをインポートするファイルを作成する

1 [ホーム]タブをクリック

2 [新しいメール]のここをクリック

3 [その他のアイテム]にマウスポインターを合わせる

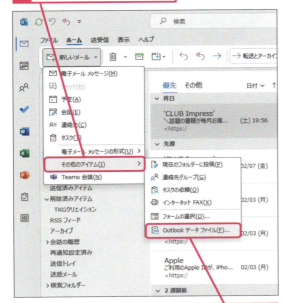

4 [Outlookデータファイル]をクリック

使いこなしのヒント
Outlookのデータファイルには2種類ある

Outlookはクラウド上のメールデータを同期する場合は、そのコピーとして.ostの拡張子を持つファイル(オフラインストレージ)、メールサーバーからメールデータをダウンロードするPOP形式などの場合は、.pstの拡張子を持つファイル(パーソナルストレージ)にデータを保存します。データをエクスポートする場合は、pstファイルとしてデータが書き出され、それを読み込むことでインポートします。

[Outlookデータファイルを開くまたは作成する]ダイアログボックスが表示された

[Outlookファイル]フォルダーに保存するファイルの名前を設定する

5 [Outlookファイル]フォルダーが選択されていることを確認

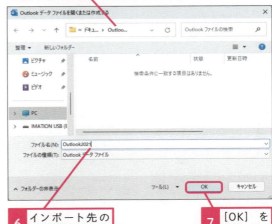

6 インポート先のファイル名を入力

7 [OK]をクリック

次のページに続く→

303

5 インポートを開始する

インポート先のファイルが作成され、空のフォルダーが表示された

Outlook 2021でエクスポートしたファイルが保存されたUSBメモリーを、Outlook 2024がインストールされたパソコンにセットしておく

1 [ファイル] タブをクリック

2 [開く/エクスポート] をクリック

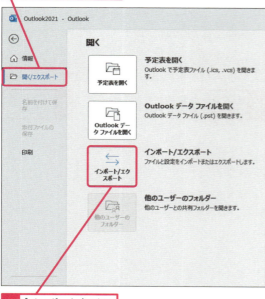

3 [インポート/エクスポート] をクリック

● インポートするファイルの種類を選択する

[インポート/エクスポートウィザード] が起動した

4 [他のプログラムまたはファイルからのインポート] をクリック

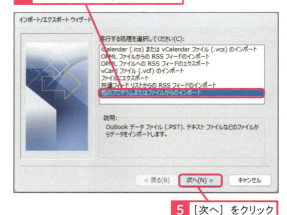

5 [次へ] をクリック

[ファイルのインポート] の画面が表示された

6 [Outlookデータファイル] をクリック

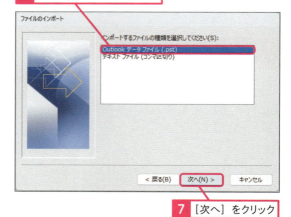

7 [次へ] をクリック

6 データファイルを選択する

インポートするファイル名を確認する画面が表示された

ここではUSBメモリーに保存されたファイルを選択する

1 [参照] をクリック

[Outlookデータファイルを開く] ダイアログボックスが表示された

2 USBメモリーを選択

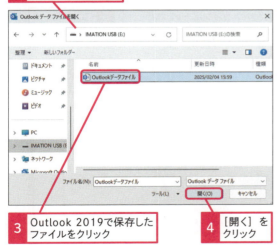

3 Outlook 2019で保存したファイルをクリック

4 [開く] をクリック

⚠ ここに注意

エクスポートしたはずのファイルが手順6の操作2の画面で見つからない場合は、手順3で保存したファイルの場所を確認し、もう一度やり直します。

7 アイテムが重複したときの処理を選択する

Outlook 2019からインポートするファイルが表示された

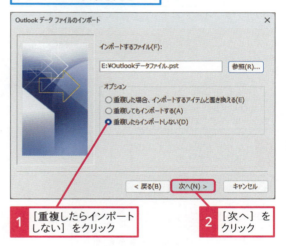

1 [重複したらインポートしない] をクリック

2 [次へ] をクリック

8 パスワードを入力する

インポートするファイルの
パスワードを入力する画面
が表示された

302ページの手順3で
設定したパスワードを
入力する

1 インポートするファイルの
  パスワードを入力

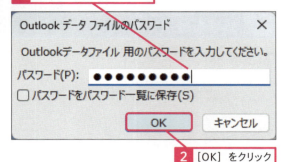

2 [OK] をクリック

パスワードを入力する画面が
もう一度表示された

3 インポートするファイルの
  パスワードを入力

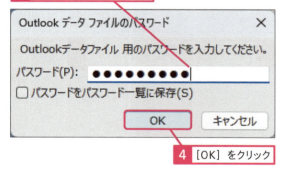

4 [OK] をクリック

使いこなしのヒント
任意のフォルダーだけをインポートするには

手順9の画面でインポートするフォルダーを指定することですべてのデータがインポートされます。任意のフォルダーだけをインポートする場合は、手順9の操作1の画面でOutlookデータファイル名の左にある〉をクリックして展開し、必要なフォルダーを選択します。

---

9 インポートを実行する

インポートするフォル
ダーを選択する画面
が表示された

ここではすべての
フォルダーをイン
ポートする

1 作成したフォルダーが選択
  されていることを確認

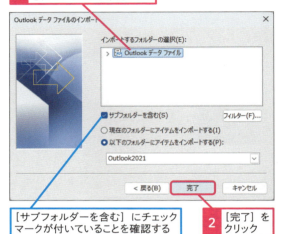

[サブフォルダーを含む] にチェック
マークが付いていることを確認する

2 [完了] を
  クリック

Outlook 2019から保存した
ファイルがインポートされた

3 ここをクリック

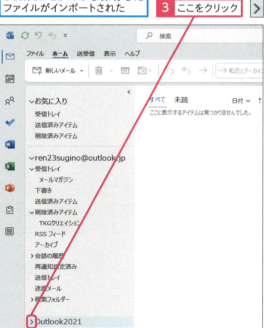

インポートしたデータが表示される

用語集

＠（アットマーク）

メールアドレスで、アカウント名とドメイン名を区切るために使う記号。

→アカウント、メールアドレス

```
◆サブドメイン名   ◆ドメイン名
yamada@xxx.yyyy.ne.jp
◆アカウント名   ◆アットマーク
```

BCC（ビーシーシー）

「Blind Carbon Copy」の略。メールの本来の宛先とは別の宛先に参考として送信する場合に使用する。この場合、本来の宛先には、BCCによって同時に送信した宛先が分からないようになっている。

→メール

CC（シーシー）

「Carbon Copy」の略。メールの本来の宛先とは別の宛先に参考として送信する場合に使用する。この場合、本来の宛先には、CCによって同時に送信した宛先が分かるため、ほかに誰が読んでいるメールか確認できる。

→メール

Copilot（コパイロット）

マイクロソフトのAIアシスタント。OpenAIのChatGPTをベースに個人向け、一般企業向け、大企業向けのバリエーションが用意されている。チャット型式の対話ができるのはもちろん、有料サービスではOutlookやExcel、Teamsといったアプリケーション内サービスとしても利用できる。

→Teams

CSV形式（シーエスブイケイシキ）

CSVは「Comma Separated Value」の略。データ項目をカンマで区切った形式のテキストファイル。

FW:（フォワード）

「Forward」の略。受信したメールをほかの相手に転送するときに、件名の先頭に表示される。「FW:」の表示で、転送メールということが分かる。

→メール

Gmail（ジーメール）

Googleが提供するメールサービス。無料で利用できるのが特長。利用にはGoogleアカウントの取得が必要だが、GoogleアカウントがGmailのメールアドレスとなる。

→Googleアカウント、メール、メールアドレス

Googleアカウント（グーグルアカウント）

Googleのクラウドサービスを利用するためのアカウント。取得することで、GmailやGoogleカレンダー、Googleマップ、Googleドライブなど各種のサービスを利用できるようになる。

→Gmail、アカウント、クラウド

HTMLメール（エイチティーエムエルメール）

HTMLは「Hyper Text Markup Language」の略。Webページを記述するために使われている言語で、文字の装飾や画像などを配したメールを作成できる。

→メール

iCalendar（アイカレンダー）

日時や場所を含む予定の情報をメールなどに添付してやりとりするためのインターネット標準規格。主にICS形式のファイルが採用されている。

→メール

IMAP（アイマップ）

「Internet Message Access Protocol」の略。メールの通信方式の1つ。POPがメールを手元のパソコンにダウンロードする方式であるのに対して、IMAPはサーバーにメールを置いたままで管理するため、複数の機器からの利用に向いている。現在使われているのはIMAP4。

→POP、サーバー、メール

Microsoft Exchange Online（マイクロソフトエクスチェンジオンライン）

マイクロソフトが提供する有料のクラウドメールサービス。Outlookのフル機能をサポートする。無料で利用できるOutlook.comは、Exchangeの機能のうち、メールと予定表、タスクをサポートする。
→Outlook.com、クラウド、タスク、メール、予定表

Microsoft Office（マイクロソフトオフィス）

マイクロソフトが開発しているビジネスアプリの総称。WordやExcel、PowerPoint、Outlookなど、エディションによって含まれるアプリが異なる。ビジネス文書作成に関する事実上の標準。

Microsoft To Do（マイクロソフトトゥードゥー）

To Do情報を管理するための専用アプリ。Outlookのタスク項目も包括的に扱うことができる。[Outlook]アプリは、Microsoft To Doを統合し、そのデータを扱うようになっている。
→タスク

Microsoftアカウント（マイクロソフトアカウント）

Outlook.comやWeb版のOfficeなどのクラウドサービスを利用できる専用のID。マイクロソフトのWebページなどから無料で取得でき、Outlookや［メール］アプリのメールアカウントとして利用できる。
→Outlook.com、クラウド、メール

Outlook.com（アウトルックドットコム）

マイクロソフトが提供する個人用のクラウドメールサービス。Outlookのデータのうち、メール、予定表、タスクをサーバー上に預かり、複数のパソコンやスマートフォン、タブレットから参照できるようにする。
→クラウド、サーバー、タスク、メール、予定表

Outlookテンプレート（アウトルックテンプレート）

Outlookで新規にメールを作成する際に使われるひながたで、OFT（Outlook File Template）形式で保存される。メールの文面、さらに宛先やそのCC、BCCの指定まで含めた完全なメールをあらかじめ作って用意しておける。
→BCC、CC、メール

Outlookのオプション（アウトルックノオプション）

Outookのさまざまな設定をするための画面。各アイテムについての初期設定やメール形式、メールの送信・受信・返信に関する設定ができる。
→アイテム、メール

POP（ポップ）

「Post Office Protocol」の略。メールサーバーからパソコンにメールをダウンロードする際に使われる方式。現在使われているのはPOP3。IMAPと違い、受信したメールはその機器でしか確認できない。
→IMAP、メール、メールサーバー

RE:（リ）

受信したメールを返信するときに、件名の先頭に表示される。「RE:」の表示で返信メールということが分かる。「〜について」という意味。
→メール

SMTP（エスエムティーピー）

「Simple Mail Transfer Protocol」の略。プロバイダーの送信メールサーバーを通じて、メールを送信するための通信方式。
→プロバイダー、メール、メールサーバー

Teams（チームズ）

Microsoftのオンライン会議システム。文字によるチャットや音声通話、ビデオ会議、画面共有などをフルサポートし、インターネットを介したオンラインでのコミュニケーション環境を提供する。

To Doバー（トゥードゥーバー）
予定表、タスク、連絡先という3つのフォルダーの要素を並べ、直近の状況を知ることができる領域。Outlookの画面右側に表示できる。
→タスク、フォルダー、予定表、連絡先

URL（ユーアールエル）
「Uniform Resource Locator」の略。インターネットに接続するコンピューター上の場所を指定するために利用する。Webページのアドレスなどで使われる。

vCard（ブイカード）
個人情報をやりとりするための、電子名刺ファイル。「.vcf」という拡張子が付く。

Webブラウザー（ウェブブラウザー）
Webページを表示するためのアプリ。Windows 11標準のブラウザーはMicrosoft Edge。スマートフォンの普及で、アップルのSafari、グーグルのChromeなどを使うユーザーも多い。

アーカイブ
もともとは古文書や記録、史料などを保存する書庫や倉庫といった意味で使われてきた。情報がデジタルデータになってからも、記録のために情報を保管しておく意味で使われる。

アイテム
受信したメール、入力した連絡先、予定など、Outlookに登録している個々のデータのこと。
→メール、連絡先

アカウント
パソコンやクラウドサービスを利用する際に、本人を特定するために必要な登録情報。一般的にはIDとパスワードの組み合わせが使われる。IDはメールアドレスの形態をしていることが多い。
→クラウド、パスワード、メールアドレス

アラーム
予定やタスクを忘れないようにするために、設定された時刻に、音やメッセージなどでユーザーに知らせる機能。
→タスク

イベント
終日の予定のこと。午前0時から翌日の午前0時までの予定表アイテム。
→アイテム、予定表

色分類項目
特定のキーワードと色を組み合わせ、各アイテムを分類する機能。関連するメールや予定、タスクに同じ色を付けて区別できる。
→アイテム、タスク、メール

インターネット予定表
インターネット上で公開されている予定表情報。一般的にはiCalendar形式（ICSファイル）のデータを一定期間ごとに参照し、購読する形で最新情報を得る。カレンダー共有サービスの多くで利用されている。
→iCalender、予定表

インポート
ファイルからデータを読み込んで、アプリで利用できるデータにすること。逆の操作を「エクスポート」という。
→エクスポート

引用記号
メールに返信するとき、引用されたメール本文の行頭に表示される記号。一般的に「>」が使われる。
→メール

エクスポート
アプリで作ったデータを、別形式のファイルに出力すること。逆の操作を「インポート」という。
→インポート

用語集

できる 309

閲覧ウィンドウ

選択されているアイテムのウィンドウを開かずに、アイテムの内容を表示するOutlookの領域。ウィンドウの右側や下部に表示できる。
→アイテム

オフライン

インターネットに接続されていない状態。逆に、接続されている状態を「オンライン」という。クラウドサービスの場合、オフライン時の作業内容は、オンラインになったときにサービス側に反映される。
→クラウド

カーボンコピー

→CC

稼動日

標準では月曜日から金曜日の5日間。予定表を表示して［ホーム］タブの［稼働日］ボタンをクリックすると、当日を含む5日間の予定表が表示される。
→タブ、予定表

カレンダーナビゲーター

予定表を［日］や［週］、［月］のビューで使うとき、フォルダーウィンドウに表示されるカレンダー。このカレンダー上の日付をクリックすると、選択した日付の予定が表示される。
→ビュー、フォルダーウィンドウ、予定表

クイックアクセスツールバー

Officeアプリの編集画面や操作画面で、リボンの下などに表示される領域。Outlookでは、［すべてのフォルダーを送受信］ボタンと［元に戻す］ボタンが表示される。よく使う機能のボタンを自分で追加できる。
→フォルダー

クイック操作

よく行う操作を一連の手順として登録できる機能。複数の手順をアクションとしてまとめることができ、一度の操作で連続した処理を実行できる。作成した操作にショートカットを設定することもできる。

クイックパーツ

定型文やメール内でよく使う文言を簡単に呼び出して利用できるようにしたもの。クイックパーツギャラリーから参照でき、必要なものを指定して作成中のメール内に挿入できる。
→メール

クラウド

これまでパソコン上で利用していたデータやアプリの機能をインターネット経由で利用できるようにすること。またそのサービス。コンピューターが複雑に連携したネットワークの概念を表すときに雲のイメージで表されることが多く、「クラウド」と呼ばれるようになった。

グループスケジュール

共有されている他人や会議室の予定表を同時に表示して、メンバーや会議室の空いている時間を調べたり、グループスケジュールから会議召集を行ったりできる。
→予定表

検索フォルダー

検索条件を設定し、条件に合致するアイテムだけを集めて表示できる仮想的なフォルダー。アイテムが移動したりコピーされたりすることはなく、検索条件だけが記憶される。頻繁に検索する条件を保存しておけば、素早く検索結果を確認できる。
→アイテム、フォルダー

サーバー

サービスを提供するコンピューター。メールの送受信には、メールサーバーが利用される。
→メール、メールサーバー

再通知

スマートフォン用の［Outlook］アプリにおいて、いったん受信したメールに対して、指定した日時に新規着信したかのように通知するように設定する機能。
→メール

サインアウト

クラウドサービスやパソコンの利用を終了するときに実行する操作。別のユーザーがサインインして利用できる状態にすること。ログアウトなどと呼ぶこともある。
→クラウド、サインイン

サインイン

登録済みのIDとパスワードを入力し、クラウドサービスやパソコンなどを利用できるようにする操作。ログインやログオンと呼ばれることもある。
→クラウド、パスワード

削除済みアイテム

削除したアイテムの情報を一時的に保存するために、Outlookに標準で用意されているフォルダー。Windowsのごみ箱のような機能を備えており、アイテムを誤って削除した場合でも、このフォルダーに残っていれば元に戻すことができる。
→アイテム、フォルダー

差出人

メールの送り主、またはその名前。メールアドレスそのものだけではなく、送り主が設定している名前が表示されることもある。
→メール、メールアドレス

下書き

作成中のメールアイテム。または、それらを保管しておくために、Outlookに標準で用意されているフォルダー。
→アイテム、フォルダー、メール

自動応答

長期の休暇や出張などで、日常通りにメールを読み書きできない場合などに、受け取ったメールに対してその旨を説明する返信を行う機能。緊急の連絡先や、代理スタッフなどを相手に知らせることができる。
→メール

受信トレイ

受信したメールを保管するために、Outlookに標準で用意されているフォルダー。
→フォルダー、メール

署名

自分の名前や会社名、メールアドレスなどを記した、メール本文に挿入する文字列。
→メール、メールアドレス

仕分けルール

条件に一致したメールに対して、指定した処理をするための機能。差出人名や件名などを指定し、受信したメールを専用のフォルダーに振り分けられる。
→差出人、フォルダー、メール

［スタート］メニュー

Windows 11で、よく使うアプリが四角いタイルで並ぶ画面のこと。アプリの登録もできる。

スレッド

一連のメールのやりとりをグループ化して表示する機能。Outlookでは直近の同じ件名を持つメールが同一スレッドと見なされる。件名だけで判断するため、誤った分類が起こる可能性もある。
→メール

全員に返信

メールの差出人と、CCを含む送信先全員に返信するための機能。
→CC、差出人、メール

タスク

予定までにしなければいけないことや備忘録を登録したアイテム。または、それらを管理するために、Outlookに標準で用意されているフォルダー。
→アイテム、フォルダー

用語集

タブ

関連する機能をまとめた項目に表示される見出し。Officeアプリでは、タブの内容はリボンとして表示され、さらにグループに分類され、そこに各種機能がボタンとして配置されている。

→リボン

添付ファイル

メールに付けて送るファイルのこと。画像など、ほかのアプリで作ったファイルも送れる。

→メール

ナビゲーションバー

メールや予定表、連絡先、タスクなどOutlookの機能を切り替える領域。ウィンドウサイズや設定によって表示が変わる。

→タスク、メール、予定表、連絡先

パスワード

サインイン時に本人を証明する合言葉のようなもの。本人しか知らない文字や数字を入力することで、サービスやパソコンを利用するユーザーが本人であることを証明する。

→サインイン

半角カタカナ

漢字やひらがなの表記で使われる「全角文字」の横幅を半分にした大きさのカナ文字のこと。同じポイント数の場合、2文字で全角文字1文字分の大きさになる。インターネット上で送受信するメールでは使わない。

→メール

ビュー

Outlookのアイテムを画面に表示するときの表示方法。

→アイテム

フィールド

データを表示、または入力する領域のこと。Outlookでは [受信トレイ] の [件名] [受信時刻] [差出人] などのこと。

フィッシング詐欺

クレジットカード会社や銀行などの金融機関を偽ったメールなどを大量に送信し、言葉たくみに悪質サイトに誘導し、クレジットカードの番号を入力させるなどして個人情報を盗む詐欺。

→メール

フォルダー

Outlookのそれぞれのアイテムを保存、管理するところ。[予定表] [タスク] [連絡先] などのフォルダーが標準で用意されている。

→アイテム、タスク、フォルダー、予定表、連絡先

フォルダーウィンドウ

Outlookにおいて、ナビゲーションバーで選択した項目のフォルダーが一覧で表示される領域。

→ナビゲーションバー、フォルダー

フラグ

今日や明日、今週、来週など、アイテムに期限を付け、処理しなければならない作業を喚起する機能。アイテムには旗のアイコンが表示される。

→アイテム

プロバイダー

インターネット接続やメールサービスを提供する事業者。「Internet Service Provider」の頭文字をとって「ISP」とも呼ばれる。光回線などを利用してインターネットに接続するには、回線事業者のほかにプロバイダーとの契約が必要。

→メール

ヘッダー

メールは瞬時に届いたとしても、その配信のためにさまざまな経路をたどる。その経路の履歴が付加された情報をヘッダー情報と呼ぶ。どのような経路を通って配信されたか、差出人は本当に自称と一致しているのかなどヘッダー情報を見れば、ある程度メールの素性を判別できる。

→差出人、メール

用語集

マイテンプレート
Outlookのメール作成時に使える定型文。あらかじめ、よく使う文言、フレーズ等にタイトルをつけて登録しておき、メール作成中に必要に応じて参照して挿入する。保存できるのはメール本文のみ。
→メール

メール
コンピューターのネットワークを通じて送受信する、宛名を指定したメッセージのこと。社内だけで使えるものや、インターネット上で外部の人とやりとりできるものなど、いろいろなシステムがある。「電子メール」や「E-mail」（イーメール）ともいう。
→メッセージ

メールアドレス
メールの宛先。郵便の住所と同じように、メールアドレスで相手を特定できる。「ユーザー名＠ドメイン名」という形態で表す。
→＠、メール

メールサーバー
メールの送受信全般を管理するコンピューターのこと。送信用のメールサーバーは「SMTPサーバー」と呼ばれ、インターネットメールの中継を担う。メールは最終的に届いたサーバーのメールボックスに保存され、受信者に読まれるのを待つ。
→SMTP、サーバー、メール

迷惑メール
受信者の承諾なしに送りつけられる広告などのメール。「スパムメール」とも呼ばれている。多くは差出人情報が詐称され、発信元を特定できず、社会問題にもなっている。
→差出人、メール

メッセージ
主にメールで送受信される文字データのこと。
→メール

メモ
一時的な文章や、ほかのフォルダーに分類できない内容などを登録したアイテム。または、それらを管理するために、Outlookに標準で用意されているフォルダー。
→アイテム、フォルダー

文字化け
メールの本文のコード体系が間違って解釈され、人間が見たときに意味不明の文字列として表示されること。アプリ側、サーバー側など原因はさまざまだが、言語等のコード体系を指定することで正常に読めるようになる場合もある。
→サーバー、タブ、メール、

優先受信トレイ
→受信トレイ、メール

優先度
重要度や優先順位の目安となる単位。Outlookには、[低] [標準] [高] の3種類が用意されている。

予定表
予定を登録したアイテム。または、それらを管理するため、標準で用意されているフォルダー。
→アイテム、フォルダー

リボン
Officeアプリのウィンドウ上部に表示される領域。タブやグループからボタンや項目を選択して操作する。Windows 11では、Windows標準の各アプリやエクスプローラーなどにも採用されている。
→タブ

連絡先
住所や電話番号などの個人情報を登録したアイテム。または、それらを管理するために、Outlookに標準で用意されているフォルダー。
→アイテム、フォルダー

連絡先グループ
→連絡先

用語集

索引

記号・数字

@	26, 298, 307

アルファベット

Androidスマートフォン	235
Gmail	247
Googleカレンダー	246
[Googleマップ] アプリ	254
[Microsoft To Do] アプリ	251
[Outlook] アプリ	240
再通知	244
下書き	252
BCC	68, 226, 307
CC	68, 226, 307
Copilot	288, 307
コーチング	294
下書きの生成	288
下書きの調整	290
メールの要約	292
CSV形式	117, 307
Excel	212
FW:	70, 307
Gmail	26, 31, 118, 307
Androidスマートフォン	247
iPhone	246
Googleアカウント	26, 246, 307
Googleカレンダー	
Androidスマートフォン	247
iPhone	246
HTMLメール	45, 307
iCalendar	206, 307
IMAP	30, 241, 307
iPhone	234
Gmail	246
Googleカレンダー	246
[Googleマップ] アプリ	254
[Microsoft To Do] アプリ	250
[Outlook] アプリ	236
再通知	244
下書き	252

Microsoft Edge	288, 290
Microsoft Exchange Online	27, 215, 308
Microsoft Office	28, 308
Microsoft To Do	250, 308
[Microsoft To Do] アプリ	
Androidスマートフォン	251
iPhone	250
Microsoftアカウント	28, 297, 308
Outlook	
画面構成	34
起動	28
終了	38
Outlook Today	283
Outlook.com	26, 308
[Outlook] アプリ	236, 240
Outlookテンプレート	184, 308
Outlookのオプション	46, 91, 188, 210, 260, 308
Outlookメッセージ	187
PDF	72
POP	30, 303, 308
RE:	56, 308
SMTP	30, 308
Teams	222, 308
To Do	125
To Doバー	266, 268, 309
URL	47, 254, 309
vCard	116, 309
Webブラウザー	27, 215, 309

ア

アーカイブ	148, 309
右クリック	148
アイテム	36, 309
アカウント	28, 309
Gmail	31
既定のアカウント	33
プロバイダーメール	30
アラーム	92, 126, 166, 309
イベント	98, 309
色分類項目	150, 160, 309
印刷	72
インターネット予定表	309
インポート	116, 303, 309

引用記号	71, 188, 309
エクスポート	300, 309
閲覧ウィンドウ	34, 54, 105, 310
演算子	162
オフライン	303, 310
オンライン会議	222

カ

カーボンコピー	49, 68, 310
会議出席依頼	206
拡大	74
重ねて表示	264
稼働日	91, 310
カレンダーナビゲーター	86, 310
関連アイテムの検索	158
既定のアカウント	33
起動	28
キャリアメール	26
共有	
URL	254
メール	186
予定表	216, 218, 220
クイックアクセスツールバー	34, 278, 310
クイック操作	174, 310
クイックパーツ	172, 310
クラウド	27, 310
グループスケジュール	220, 310
グループヘッダー	76
検索	
演算子	162
関連アイテムの検索	158
検索条件	164
高度な検索	162
メール	78, 160
メモ	111
予定	100
連絡先	110
検索フォルダー	164, 310
降順	76
コーチング	294
誤送信	210, 227
コマンド	280

サ

サーバー	32, 310
再通知	244, 310
サインアウト	311
サインイン	237, 299, 311
詐欺メール	141
削除	
クイックアクセスツールバー	278
クイックパーツ	173
祝日のデータ	263
添付ファイル	62
ビュー	275
迷惑メール	144
メール	146
予定	95
リボンのグループ	281
連絡先	109
連絡先グループ	198
削除済みアイテム	146, 311
差出人	56, 65, 76, 194, 228, 311
下書き	66, 311
スマートフォン	252
生成	288
[下書き] フォルダー	50
自動応答	178, 311
自動送信	176
重要度	50
終了	38
祝日	97, 260
縮小	74
受信拒否リスト	140
受信トレイ	36, 52, 138, 270, 311
昇順	76
署名	46, 311
仕分けルール	154, 311
新着通知	52
信頼できる差出人	65
ズーム	74
ズームスライダー	34
[スタート] メニュー	29, 311
ステータスバー	34
スレッド	138, 159, 292, 311

できる　315

生成AI	
コーチング	294
下書きの生成	288
下書きの調整	290
メールの要約	292
全員に返信	56, 311
送受信	52
送信	50

タ

タイトルバー	34
ダウンロード	45
タスク	122, 311
To Doバー	266
アラーム	126
完了	128
定期的なアイテム	132
登録	124
編集	130
ナビゲーションバー	124
メールから作成	190
タスクバー	29
タッチパッド	75
タブ	35, 312
通知	237, 241
定期的なアイテム	132
テキスト形式	44
転送	70
添付ファイル	58, 312
削除	62
表示	60
ファイルサイズ	59
保存	62
連絡先	119

ナ

ナビゲーションバー	34, 124, 312
並べ替え	76

ハ

配信タイミング	176
パスワード	32, 237, 297, 312
貼り付けのオプション	212
半角カタカナ	312

ビュー	34, 36, 84, 87, 105, 114, 312
ビューの管理	274
ファイルサイズ	59
フィールド	272, 312
フィッシング詐欺	312
フォルダー	34, 36, 152, 312
一覧の表示	238, 242
作成	152
サブフォルダー	301
仕分けルール	154
［その他］フォルダー	80
フォルダーウィンドウ	34, 49, 312
フォルダー名の変更	152
フラグ	150, 312
右クリック	150
フリガナ	106, 194
プレビュー	60
プロバイダー	30, 300, 312
プロバイダーメール	26, 30, 237, 241
ヘッダー	228, 312
返信	56
引用記号	188
全員に返信	56, 311
保存	
PDF	73
検索条件	164
下書き	66
添付ファイル	62
テンプレート	184
ビュー	274

マ

マイテンプレート	182, 313
マウスホイール	75
未読メール	77
名刺	114
迷惑メール	140, 313
メール	26, 72, 313
Copilotを使って下書き	288
PDF	73
アーカイブ	148
色分類項目	150
インポート	303

引用記号	188
エクスポート	300
画像のダウンロード	64
関連アイテム	158
共有	186
検索	78
コーチング	294
高度な検索	162
誤送信	210, 227
詐欺メール	141
削除	146
作成	48
下書き	66
自動応答	178
自動送信	176
仕分けルール	154
スレッド表示	138
全員に返信	56
送受信	52
送信	50
タスクを作成	190
転送	70, 178
添付ファイル	60
テンプレート	182
並べ替え	76
ファイルの挿入	58
フィルター	160
フラグ	150
返信	56
迷惑メール	140
文字化け	145
要約	292
予定に変換	192
連絡先	112
メールアドレス	47, 48, 226, 313
メールサーバー	32, 51, 303, 313
メッセージ	48, 313
メモ	37, 92, 111, 313
文字化け	145, 313

ヤ

優先受信トレイ	80, 313
優先度	207, 313

要約	292
予定表	84, 313
会議出席依頼	206
重ねて表示	264
今日	88
共有	216, 218
グループスケジュール	220
検索	100
削除	95
指定した日数	89
祝日	260
数日にわたる期間	98
スマートフォン	242
タスクに変換	204
定期的な予定	96
登録	90
変更	94
メールから作成	192
メモ	92

ラ

リアクション	175
リッチテキスト形式	44
リボン	34, 280, 313
連絡先	104, 313
インポート	116
グループ	115
検索	110
削除	109
写真	108
修正	110
登録	106
メールから登録	194
連絡先グループ	196, 313

索引

できる　317

本書を読み終えた方へ
できるシリーズのご案内

※1:当社調べ ※2:大手書店チェーン調べ

Excel関連書籍

できるExcel 2024 Copilot対応

Office 2024&
Microsoft 365版

羽毛田睦土&
できるシリーズ編集部
定価：1,298円
（本体1,180円＋税10%）

Excelの基本から、関数を使った作業効率アップ、データの集計方法まで仕事に役立つ使い方が満載。生成AIのCopilotの使いこなしもわかる。

できるWord 2024 Copilot対応

Office 2024&
Microsoft 365版

田中亘&
できるシリーズ編集部
定価：1,298円
（本体1,180円＋税10%）

Wordの基本操作から仕事に役立つ便利な使い方、タイパを向上させる効率的なテクニックまで1冊で身につく。Copilotにも対応！

できるExcel関数 Copilot対応

Office 2024/
2021/2019&
Microsoft 365版

尾崎裕子&
できるシリーズ編集部
定価：1,738円
（本体1,580円＋税10%）

豊富なイメージイラストで関数の「機能」がひと目でわかる。実践的な使用例が満載なので、関数の利用シーンが具体的に学べる！

読者アンケートにご協力ください！

https://book.impress.co.jp/books/1124101132

「できるシリーズ」では皆さまのご意見、ご感想を今後の企画に生かしていきたいと考えています。お手数ですが以下の方法で読者アンケートにご協力ください。
ご協力いただいた方には抽選で毎月プレゼントをお送りします！

※プレゼントの内容については「CLUB Impress」のWebサイト（https://book.impress.co.jp/）をご確認ください。

1 URLを入力して Enter キーを押す
2 ［アンケートに答える］をクリック

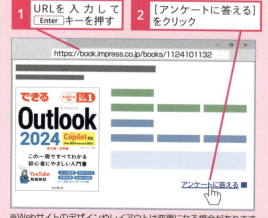

※Webサイトのデザインやレイアウトは変更になる場合があります。

◆会員登録がお済みの方
会員IDと会員パスワードを入力して、［ログインする］をクリックする

◆会員登録をされていない方
［こちら］をクリックして会員規約に同意してからメールアドレスや希望のパスワードを入力し、登録確認メールのURLをクリックする

■著者
山田祥平（やまだ　しょうへい）
独特の語り口で、パソコン関連記事を各紙誌や「PC Watch」
（Impress Watch）などのWebメディアに寄稿。パソコンに限らず、
スマートフォンやタブレットといったモバイル機器についても精力
的に執筆しており、スマートライフの浸透のために、さまざまなク
リエイティブ活動を行っている。

X（旧Twitter）……https://twitter.com/syohei/

STAFF

シリーズロゴデザイン	山岡デザイン事務所<yamaoka@mail.yama.co.jp>
カバー・本文デザイン	伊藤忠インタラクティブ株式会社
カバーイラスト	こつじゆい
本文イラスト	ケン・サイトー
校正	株式会社トップスタジオ
デザイン制作室	今津幸弘<imazu@impress.co.jp>
	鈴木　薫<suzu-kao@impress.co.jp>
制作担当デスク	柏倉真理子<kasiwa-m@impress.co.jp>
編集	小野孝行<ono-t@impress.co.jp>
編集長	藤原泰之<fujiwara@impress.co.jp>
オリジナルコンセプト	山下憲治

本書のご感想をぜひお寄せください　https://book.impress.co.jp/books/1124101132

「アンケートに答える」をクリックしてアンケートにご協力ください。アンケート回答者の中
から、抽選で図書カード(1,000円分)などを毎月プレゼント。当選者の発表は賞品の発送
をもって代えさせていただきます。はじめての方は、「CLUB Impress」へご登録（無料）いた
だく必要があります。　※プレゼントの賞品は変更になる場合があります。

読者登録サービス　CLUB impress　登録カンタン 費用も無料！
アンケートやレビューでプレゼントが当たる！

■商品に関する問い合わせ先

このたびは弊社商品をご購入いただきありがとうございます。本書の内容などに関するお問い合わせは、下記のURLまたは二次元バーコードにある問い合わせフォームからお送りください。

https://book.impress.co.jp/info/

上記フォームがご利用いただけない場合のメールでの問い合わせ先
info@impress.co.jp

※お問い合わせの際は、書名、ISBN、お名前、お電話番号、メールアドレス に加えて、「該当するページ」と「具体的なご質問内容」「お使いの動作環境」を必ずご明記ください。なお、本書の範囲を超えるご質問にはお答えできないのでご了承ください。

- 電話やFAXでのご質問には対応しておりません。また、封書でのお問い合わせは回答までに日数をいただく場合があります。あらかじめご了承ください。
- インプレスブックスの本書情報ページ https://book.impress.co.jp/books/1124101132 では、本書のサポート情報や正誤表・訂正情報などを提供しています。あわせてご確認ください。
- 本書の奥付に記載されている初版発行日から1年が経過した場合、もしくは本書で紹介している製品やサービスについて提供会社によるサポートが終了した場合はご質問にお答えできない場合があります。

■落丁・乱丁本などの問い合わせ先
FAX 03-6837-5023
service@impress.co.jp
※古書店で購入された商品はお取り替えできません。

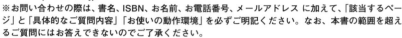

できるOutlook 2024 Copilot対応
Office 2024&Microsoft 365版

2025年4月11日 初版発行

著　者　山田祥平＆できるシリーズ編集部
発行人　髙橋隆志
編集人　藤井貴志
発行所　株式会社インプレス
　　　　〒101-0051　東京都千代田区神田神保町一丁目105番地
　　　　ホームページ　https://book.impress.co.jp/

本書は著作権法上の保護を受けています。本書の一部あるいは全部について（ソフトウェア及びプログラムを含む）、株式会社インプレスから文書による許諾を得ずに、いかなる方法においても無断で複写、複製することは禁じられています。

Copyright © 2025 Syohei Yamada and Impress Corporation. All rights reserved.

印刷所　株式会社広済堂ネクスト
ISBN978-4-295-02143-8 C3055

Printed in Japan